高职高专汽车类专业"十二五"课改规划教材

# 汽车营销实务

主　编　荣建良

主　审　李战伟

西安电子科技大学出版社

# 内 容 简 介

本书以汽车销售顾问所需必备知识为主线,主要内容包括汽车市场概述、销售顾问必备素质、汽车产品的类型、汽车销售流程、汽车保险、汽车销售技术实务等。书中以 4S 店经营模式为背景,围绕销售顾问为客户提供服务的技能,按照汽车销售流程进行展开。本书注重知识的系统性和实用性,特别注重提升学习者的个人素养和个人技能。书中具体介绍了客户开发、展厅接待、客户管理、车辆展示与介绍、异议处理、签约及交车服务和售后跟踪服务等汽车营销流程,并在销售实务技术环节中,围绕如何拓宽知识面,更全面地为客户提供服务,结合行业知识安排了技能拓展的内容。

本书可作为高职高专院校汽车营销专业及汽车服务与营销专业的教材,也可当作中职院校老师的教学参考书,亦适合刚刚从事汽车营销工作的在职人员作为入职学习教材。

**图书在版编目(CIP)数据**

汽车营销实务/荣建良主编. —西安:西安电子科技大学出版社,2014.9(2015.1 重印)
高职高专汽车类专业"十二五"课改规划教材
ISBN 978–7–5606–3504–0

Ⅰ. ① 汽… Ⅱ. ① 荣… Ⅲ. ① 汽车—市场营销学—高等职业教育—教材 Ⅳ. ① F766

**中国版本图书馆 CIP 数据核字(2014)第 196776 号**

策　　划　马晓娟
责任编辑　马晓娟　高丽萍
出版发行　西安电子科技大学出版社(西安市太白南路 2 号)
电　　话　(029)88242885　88201467　邮　编　710071
网　　址　www.xduph.com　　　电子邮箱　xdupfxb001@163.com
经　　销　新华书店
印刷单位　陕西华沐印刷科技有限责任公司
版　　次　2014 年 9 月第 1 版　2015 年 1 月第 2 次印刷
开　　本　787 毫米×1092 毫米　1/16　印张 13
字　　数　307 千字
印　　数　501～3500 册
定　　价　22.00 元

ISBN 978 – 7 – 5606 – 3504 – 0/F

XDUP 3796001–2

# 前　言

近年来，我国汽车市场已经连续多年稳居世界第一，汽车正以前所未有的速度在我国普及和发展，汽车的生产和营销对我国国民经济的影响越来越大，汽车行业的从业人员也越来越多。对汽车销售顾问的需求及其个人收入在汽车市场和职业市场吸引了广大择业者的注意。汽车销售顾问作为汽车生产厂家、汽车经销商和客户的重要连接纽带，对我国汽车市场的发展起着重要的作用，提高我国汽车销售顾问的入职水平，是本书编写的重要目的。

随着我国汽车市场的高速发展，汽车职业教育和汽车职业市场的形态也发生了很大的变化，原来各大职业院校重视汽车运用技术专业、4S店从维修人员中选拔销售顾问这一形态已经成为过去。如何针对汽车营销市场的需要，根据高职高专学生的特点，培养具有现代服务理念、创新精神和团队意识，能积极与客户沟通并为客户提供良好的服务，掌握汽车销售技能的汽车营销人才乃当务之急，也是摆在高职高专院校面前的重要课题。

紧抓上面两个问题的嵌合点，正是编写这本《汽车营销实务》的出发点和原动力。本书具有内容详实、通俗易懂、针对性强、便于课后实践等特点，可作为高职高专院校汽车营销、汽车服务与维修专业学生的必修课教材，也可作为营销专业、管理专业学生的选修课教材，还可作为相关企业的培训教材。

除了上述内容，本书还收录了一些常用的国家法规，便于读者查询。本书的编写参考了一些资料，为了尊重原作者，本书尽可能将其作者、出处等一并列出，并在此向所有原作者表示衷心的感谢。

本书由上海交通职业技术学院荣建良担任主编，负责整体策划和统稿工作，并撰写了第二、三、四、五、六、八章；张亦纯负责撰写了第一章；廖金红负责撰写了第七章。

在编写过程中，本书得到了许多高校营销专家和汽车行业专家的指导。在这里特别感谢原同济大学汽车营销学院院长陈永革教授、原一汽丰田培训室室长曾庆红先生和台湾通和丰田总经理温致醇先生为本书的撰写所给予的指导。

由于编者水平有限，书中可能会有不妥之处，恳请读者和业内专家批评指正。

编　者

2014 年 7 月

# 目　　录

在我国汽车市场成为全球第一大汽车市场的今天，我国政府和国际汽车巨头都不断从战略角度认真研究我国的汽车市场发展，中国汽车工业面临来自国际汽车巨头的严峻挑战。在目前的情形下，认真做好我国汽车市场研究，认识我国汽车市场及营销活动的发展，是基于现实市场和长远战略规划必须考虑的问题。

## 第一节　汽车的社会经济价值

自从世界上第一辆汽车问世以来，汽车作为一种最活跃、最革命的动力因素，不但发展着自己，而且改变着世界，引发着人类世界的各种巨大变化。汽车的出现使人类的机动性有了极大的提高，使人的视野更加开阔，使人类更有能力追求自由。当然，汽车的发展也带来了环境污染和资源消耗等问题，但总体而言，汽车工业对人类的正面影响大于负面影响。汽车对国民经济有着重要的影响力，是因为其除了本身作为重要的工业产业外，还是当前世界上的主要交通工具，另外汽车诞生近 150 年来所衍生的汽车文化等也对人们的日常生活有很大的影响。自上世纪 60 年代以来，以汽车为标记的现代化工业消费为世界经济发展不断地注入活力，也带动了包括石油工业和电子工业等相关产业的发展，成为世界经济最有力的发动机，也造就了人类历史上最宏大的物质财富。

### 1. 汽车提高了人们的活动能力

回顾汽车走过的历史，1771 年，法国人居纽设计出蒸汽机三轮车，使得人类可以利用机械动力实现行走；1885 年，德国人本茨和戴姆勒各自完成了装有高速汽油发动机的机车和装有二冲程汽油发动机的三轮汽车，使得汽油机走上了历史舞台；1908 年，美国人福特采用流水式生产线大量生产价格低、安全性能高、速度快的 T 型汽车，汽车的大众化普及由此开始。

实际上，汽车的发明使人类的机动性有了极大的提高，使 20 世纪人类的视野更加开阔，更追求自由。汽车通过提高人类活动的能力而大大提高了人类社会的发展速度。到今天，汽车的运行速度和载重能力已经与汽车问世时不可同日而语。

世界上最大的汽车是加拿大通用公司专门为 sparwood b.c.露天矿区设计生产的，可以载重 350 吨，自重 250 吨，加起来共重 600 吨。它的宽约为 9 米，当其翻斗放下时，约 7 米高；当它倾翻时，约有 15 米高。如果将车的前端顶住 NBA 球场的篮板，那么其尾部比半个球场(15 米)还长 2.4 米。

在澳大利亚称为 "Road Train" 的卡车，被广泛用于运输铅锌矿山的矿石以及为偏远城镇运送货物。据了解，这种车有一个巨大的车头，最大载重可达 200 吨，发动机功率约为 550 kW。这种车在运输时后面至少拖 3 节车厢，最多的要拖 6 节，长度超过 50 米，有普通轿车 11 辆那么长。当这样一辆"巨无霸"以每小时 110 公里的速度行驶在路上时，甚至会产生"虹吸"现象，也就是与其交汇的车子会被"Road Train"吸引过去，很危险。所以，这样的大车只允许在车辆稀少的澳洲内陆地区行驶，被看做澳洲内陆地区一道流动而独特的风景线。

至于汽车的运行速度，我国汽车由于有关法规限制，即使在高速公路上最高时速也限制在 120 公里/小时，但即使如此，汽车的运行速度也比普通快速列车快，从上海到北京仅需 12 小时即可到达。而在德国，由于没有高速限速的制约，一般高速公路上汽车的行驶速度为 160 公里/小时，从一个城市到另一个城市往往仅需 20 分钟的车程。目前的陆上汽车最高行驶速度是由安迪·格林(Andy Green)在 1997 年驾驶"超音速推进号"(Thrust SSC)创造的，其最高时速达到了 760 英里/小时(约 1223 公里/小时)。

### 2. 汽车产业是创造巨大产值的产业

据统计，世界上 50 家最大的公司中，汽车公司就占了近 20%，其他企业也大都是与汽车工业相关的石化企业和机械企业。另外，不管是在美国、日本、德国、法国和瑞典等发达国家，还是在多数汽车工业的后起发展国家如韩国、巴西和西班牙等，汽车公司往往是这些国家中最大的企业，汽车工业产值一般都占到国民经济总产值的 10%～15%。可以毫不夸张地说，汽车工业是现代经济增长当之无愧的主导产业和支柱产业之一。

从产业地位看，汽车工业是最终的消费品，位于产业链条的末端，或者说位于产业金字塔的顶端，但同其他消费品相比，汽车具有很多独一无二的特征。以轿车为例，它最少由两万多个零部件组成，即使是中低档轿车，价格也在 1 万美元以上。从社会需求量来看，全球轿车年需求量在 1000 万辆以上。我们很难找到第二个产品能够在技术密集程度、价格和社会需求方面都达到轿车水平的，这从客观上决定了汽车工业对整个国民经济起着巨大的带动作用。从人们的需求结构看，在满足了"吃"和"穿"的基本需求后，"行"的需求上升到了提高生活水平的关键位置，而汽车是所有"行"的方式中最便捷、最个性化，也是最能满足这一需求的产品了。可以说，需求方面的力量也决定了汽车工业在现代经济和社会发展中无可推卸的支柱作用。最后，从汽车产品的技术特点看，每辆汽车都是当代高新技术的结晶。

### 3. 汽车是国民经济的命脉

汽车工业是资金、技术密集的大批量生产产业，不是任何国家都有条件发展汽车工业的，汽车工业主要集中在少数有条件的国家。但是，世界上所有国家和地区都需要大量的汽车，这就决定了汽车工业必将成为强大的出口产业，是世界制造业中出口创汇最高的产业之一。

2010 年，我国汽车工业总产值将近 3 万亿元人民币，中国的汽车工业已经成为经济增长的重要组成部分，是带动中国经济增长和结构升级的支柱产业。中国的汽车工业已经确立了它在国民经济，乃至在世界汽车工业中的地位。虽然我国已经成为世界上最大的汽车生产国和汽车消费市场，但也要清醒地看到，我国大而不强的属性没有得到根本改变。我国汽车在产品技术研发、自主创新能力、产业集中度等方面与国际的先进水平和先进的国家相比还有较大的差距。

汽车是国家税收的重要来源。汽车不仅在生产过程中创造巨额税收，在销售、使用过程中也创造巨额税收，而且后者远高于前者。随着汽车工业的发展，汽车税收在国家总税收中占有越来越大的比重。根据德国资料显示，历年来汽车生产、销售、使用的税收之和占国家总税收的比重达 23%，如 1995 年汽车产量 466.7 万辆，销售量 357 万辆，保有量约 4000 万辆，各种税收包括所得税、销售税、汽车税、保险税、关税、燃油税以及其他税收合计为 1900 亿马克(相当于 1300 亿美元)，占国家总税收的 23.4%。2009 年，尽管我国有汽车购置税优惠政策，全年车辆购置税总额约为 1792 亿，比上年增加 628 亿，增长 54%。经测算，2011 年汽车产业税收总计约为 8000 亿元，占全国税收收入的比重为 9%，比 2010 年提高约 1 个百分点。

另外，汽车产业的发展有利于加强投资需求对经济增长的拉动作用。未来 10 年，社会投资需求将仍是中国经济较快增长的一个制约因素。如果中国的汽车工业得到迅速发展，并对相关工业和服务业产生多方面的带动效应，将能够为民间资本提供很多有利的投资机会，拉动民间投资的扩张，从而扩大社会投资的需求，支持国民经济的较高速持续增长。如果将汽车工业对前向和后向产业环节的带动作用综合起来考虑，有专家认为汽车工业是一个 1∶10 的产业，即汽车工业的 1 个单位的产出，可以带动整个国民经济各环节总体增加 10 个单位的产出。如此巨大的带动作用是任何其他产业都望尘莫及的。

总而言之，汽车产业对国民经济有巨大的推动作用，是一个国家的国民经济命脉。汽车产业已经被许多国家视为国民经济的支柱产业。美国、日本、德国、意大利、韩国等国家的汽车产业在其国民经济中占有举足轻重的地位。我国也把汽车产业列为国民经济的支柱产业。

### 4. 汽车对相关行业有很深的影响力

汽车产业是影响范围最广和影响效果最大的产业。从汽车的生产过程来看，汽车工业对钢铁、有色金属、橡胶、塑料、玻璃、涂料等原材料工业，铸、锻、热、焊、冲压、机加工、油漆、电镀、试验、检测等设备制造业，机械、电子、电器、化工、建材、轻工、纺织等配套产品和零部件等会产生巨大的需求；从汽车的使用过程看，汽车对公路建设、能源工业、交通运输业和服务业产生巨大的需求，从而推动这些产业的发展；汽车销售带动了相关贸易业、金融服务、保险、维修等产业的迅速发展。

发达国家，如德国生产一辆汽车的费用为：原材料占 53%，制造占 30%，设计开发占 5%，其他占 12%。美国汽车工业原材料的消耗量为：天然橡胶的 78%、人造橡胶的 49%、机械设备及工具的 40%、铁的 34%、玻璃的 25%、钢材的 11%、锌的 23%、铝的 14%、铜的 10%。

另据有关资料，在欧美发达国家，购买一辆汽车的价格中，大概有 40% 左右要支付给金融、保险、法律咨询、产业服务、科研设计、广告公司等各种服务业。

### 5. 汽车工业促进了社会就业

汽车工业是一个典型的资本技术密集型的产业，但由于其巨大的产业规模和对上下游产业的带动作用，带动就业的能力也很强。它不仅提供了很多直接的就业机会，还带动了很大比例的间接就业。汽车生产企业，从整个汽车产业链上来说，只是位居中间。上游有庞大的零部件制造企业，下游有无数的经销商，外围还有服务于汽车产业的更为庞大的衍生行业。应该说，汽车产业就业所能带动的所有板块中，主机厂只是不大的一部分。

据资料显示，在美国从事汽车制造业及相关产业的雇员共有 310 万人，汽车制造业在全国劳动力市场中占有举足轻重的地位，而这当中并不包括汽车制造业之外的衍生行业，如汽车类的信息咨询公司、汽车广告和公关公司、非汽车企业的金融服务公司等。

这种趋势和现象在汽车尚未普及的我国已体现得很充分。国家发改委在 2006 年就有统计，汽车相关产业的就业人数，已经占到了社会就业总人数的 1/6。而预计截至 2015 年，中国汽车行业的就业人数将增长一倍以上，汽车零部件的生产工人将增长两倍以上。

根据德国汽车工业协会的计算，如果将那些工作岗位与汽车使用有关的就业人员也计算在内，1997 年德国汽车产业的直接和间接就业人数达到 500 万人，其中汽车工业的直接就业人数为 67 万人，配套工业行业的间接就业人数为 98 万人，与汽车销售和使用有关的间接就业人数为 335 万人，汽车产业间接就业人数为直接就业人数的 6.5 倍。

### 6. 汽车工业带动了新技术的发展

众所周知，汽车工业是技术密集的加工工业，是应用机器人、数控机床、自动生产线最大的产业，轿车生产还大量运用新材料、新工艺、新设备和电子技术。汽车工业不但和钢铁、冶金、橡胶、石化、塑料、玻璃、机械、电子、纺织等产业休戚与共，在汽车流水线上，它大规模应用机器人、数控机床、自动控制等电子技术，而且它延伸到商业、维修服务业、保险业、运输业和公路建筑等行业。同时，汽车是现代企业科学管理的先驱，是大批量、高效率、专业化、标准化产业的代表。

可以说，现代汽车产品是现代科技的结晶。当前，汽车安全、环保、节能、替代能源等方面的研究，更是汽车技术创新的重点内容。在汽车安全方面，可加快研究侧面与腿部等安全保护系统、自动驾驶系统、智能灯光系统等。在环保方面，可加快研究双燃料、混合动力、电动汽车等替代能源汽车及氢燃料电池等汽车新能源。在节能方面，可加快研究百公里耗油在 3L 左右的中小型轿车。在智能交通方面，可加快研究卫星定位、信息交流、车辆导航、交通控制、紧急救援、公共交通调度、货运调度等。通过运用高新技术装备汽车产业，促进高新技术产业的发展，提高汽车产业装备水平和产品科技含量。

### 7. 汽车改变了人们的生活方式和消费观念

一个人需要生命力扩张，需要动态的交流，而汽车内这个小空间又是充分自由的，汽车是非轨道的，是无限驾驶的，这些组合在一起不受轨道的限制，非常符合人文文化，所以说汽车行业是符合人性的，是不断发展的。汽车与其他交通工具相比，具有灵活、廉价、方便等特点，因此得到了广泛使用。随着经济的发展，人均汽车拥有量越来越多，汽车成为了人们的代步工具，提高了人们出行的效率，缩短了人们的时空距离。据有关资料统计，在美国，约有 87% 的在职人员是自己开车上下班的，居住地与上班地点距离超过 8 公里的占 54%，包括人们上班、上学、购物、娱乐、探亲等，人们想去哪里都可以开着自己的汽车。因此，汽车在人类出行方面有着重要的贡献。

汽车的普及为人类社会生活创造了许多新生事物，汽车艺术、汽车广告、汽车模特、汽车展会、汽车体育、汽车旅游、汽车旅馆等已渗透到发达国家人们的日常生活之中，改变着人们的生活方式和传统观念，进而改变城市结构、乡村结构和就业结构，改变人们的区域概念、住地选择、消费结构、商业模式、生活方式和休闲方式，改变人们的社会关系、沟通方式、活动节奏、知识结构以及文化习俗。同时，汽车生产厂家又是许多其他企业的客户，汽车生产所需的大量钢材和机械设备，促进了相关产业的发展。

总之，通过扩大汽车消费，增加"有车族"，带动能源、材料、旅游、商品、服务等诸多领域的消费，扩大全社会的消费规模，增强对经济的拉动；通过全社会消费规模的不断扩大和转型升级，增加汽车消费需求，推动汽车产业持续发展，形成良性循环。

## 第二节　我国的汽车市场人才需求

自上世纪九十年代中后期以来，我国确定把汽车产业作为支柱产业进行大力建设，中国汽车生产得到了国家层面的突出支持，汽车的产量和销量迅猛发展进入新世纪，我国汽车销售格局也发生了很大的变化，汽车从主要面向企、事业单位销售转为开始发展民用市场。汽车销量从 2000 年的 200 万辆，到 2006 年，中国汽车市场的需求总量突破 700 万辆，占全球汽车市场销量的份额首次超过 10%。中国汽车市场的迅猛发展，吸引了全球各大汽车厂商。各大厂商纷纷加大了对中国市场的开拓力度，提出了汽车下乡、报废汽车补贴、小排量车购置税降低、燃油税代替养路费、汽车产业振兴政策等政策措施。同时各个厂家纷纷推出新的车型，使中国汽车市场的发展进入一个新的阶段。

汽车保有量的持续增长，随之而来的汽车后市场的新车销售、汽车维修、零部件供应、金融服务、保险服务、附件销售、二手车销售、交通驾驶教育的市场空间膨胀得越大。汽车服务市场需要大量的从业人员，未来相当长的时间内，涉及汽车销售、汽车企业业务管理、二手车服务与交易、汽车保险与理赔等方面的岗位需求越来越大，也急需大量掌握汽车专业知识的专门人才。汽车技术服务与营销人员需求量将持续上升，人才需求将达到较大规模。

二手车市场也同样出现快速增长的势头，而随着新车保有量达到一定程度后，中国二手乘用车市场作为汽车市场的又一生力军正在逐步崛起走强。未来几年，我国二手乘用车的供需总量仍将稳定增长。

有调查显示，与国外相比，中国汽车的发展速度相当于国外发展速度的 4 倍。但汽车人才供应的速度，恰恰与此傲人速度是相反的。目前汽车人才严重的短缺的状况，已成为汽车产业快速发展的"瓶颈"，甚至将演变成"人才危机"。据权威专家预测：我国现阶段汽车产业人才缺口已达 50 万人。其他产品有相对完善的营销体系、渠道，而汽车行业发展太快，汽车行业营销基础太薄弱，人才匮乏导致员工跳槽速度快，员工的流失又不利于汽车服务人员的系统培养。

与国内不断提升汽车服务客户满意度的市场要求相脱节，目前的汽车服务人员素质远远满足不了行业发展的需要，由于经过系统学习的专业人员供不应求，导致大量未经任何培训的人员进入汽车服务行业。我国从事汽车服务行业的人员中，初中及以下文化程度的占 38.5%，高中文化程度的占 51.5%，大专及以上文化程度的仅占 10%(其中专科层次的占了大多数，而本科层次的更少)，结构比例约为 4∶5∶1。而在发达国家，汽车从业人才的结构比例一般为 2∶4∶4。从业人员总体素质较差导致汽车服务水平总体不高，具体表现为员工效率低、管理水平不高、服务质量不到位、客户投诉持续攀升。

我国有不少大学开设了汽车工程、设计、机械制造等专业，培养了大批汽车工程技术人才，但没有培养出真正的汽车营销类服务人才，所以大部分汽车厂家的营销人员都是半路出家，没有受过系统的训练。

从汽车营销企业来说，目前从事汽车销售行业的企业以民营企业居多，占总数量的50%以上，而国企和合资企业各占20%以上，各个企业的整体实力和服务质量参差不齐，从业人员素质大相径庭。一家汽车公司的营销总监讲过一个实际发生的事：经销商对盘点不懂，生产厂家提出降价，经销商原有一批车，这些车有多少搞不清楚，不知道原来进的车有多少，分不清哪些是先进的，哪些是后进的货。但是，这是营销概念中最基础的内容。

汽车营销是个"大营销"概念。一提到汽车营销，人们自然会想到卖车。其实这中间有几个误区：一些企业认为需要的是销售人员，这是对市场营销的误解。一些企业找销售人员的条件是要懂点汽车结构、知识、保养，又懂点怎么卖，认为这就是营销。其实这也是一种误解。真正的营销人才应该是具有系统、全面的基础理论知识的复合型专门人才。复合型指知识结构、经济理论、管理理论、社会学、心理学、现代科技产品的知识。

营销专业的学生应该适合于需要营销的各个方面。汽车这个产品是高科技产品，更新换代的速度很快。在汽车产品开发中，营销人员起着其他专业不能替代的作用。汽车是技术含量较高的产品，它要求营销人员既要懂技术还要懂知识。汽车营销专业的学生主要应学习市场营销、汽车营销和汽车技术等知识。

对于汽车营销人才的需求，目前基本上有以下三点共识：

第一，汽车营销人才短缺还将持续。国内汽车工业成为关系国计民生的支柱性产业，既然是支柱性产业，那么在短时间内，对人才的需求不会饱和。

第二，复合型汽车营销经纪人将扮演重要的角色。优秀的汽车营销经纪人往往需要具备汽车技术、管理、营销、保险、美容等综合技能，而高级经纪人除此之外，还需要具备服务渠道拓展能力和战略管理能力。

第三，未来的汽车营销人才将会流动频繁，市场活跃。人才的频繁流动是一个行业活跃、有朝气的重要表现之一，汽车营销将活跃人才市场。因此，有关汽车营销的大学教育、汽车营销咨询公司等将应运而生，伴随着培训也接踵而来。

## 第三节　中国汽车发展简史

新中国的汽车工业，与共和国共命运，经过半个世纪的努力，发生了翻天覆地的变化。从一个曾经是"只有卡车没有轿车"、"只有公车没有私车"、"只有计划没有市场"的汽车工业，终于形成了一个种类比较齐全、生产能力不断增长、产品水平日益提高的汽车工业体系。回顾中国汽车工业50年来走过的路程，一步一个脚印，处处印证着各个历史时期的时代特色，经历了从无到有、从小到大，包括创建、成长和全面发展三个历史阶段。

### 1. 创建阶段(1953～1965年)

1953年7月15日，我国在长春打下了第一根桩，从而拉开了新中国汽车工业筹建工作的帷幕，第一汽车制造厂拔地而起(如图1-1所示)。国产第一辆汽车于1956年7月13日驶下总装配生产线。这是由长春一汽生产的"解放CA10型"载货汽车(如图1-2所示),结束了中国不能制造汽车的历史,圆了中国人自己生产国产汽车之梦。

图1-1 第一汽车制造厂外景

图1-2 "解放CA10型"载货汽车

一汽是我国第一个汽车工业生产基地。同时,也决定了中国汽车业自诞生之日起就重点选择以中型载货车、军用车以及其它改装车(如民用救护车、消防车等)为主的发展战略,因此,中国汽车工业的产业结构从开始就形成了"缺重少轻"的特点。

1957年5月,一汽开始仿照国外样车自行设计轿车;1958年先后试制成功CA71型"东风CA71型"轿车(如图1-3所示)和CA72型红旗牌高级轿车。同年9月,国产"凤凰牌"轿车在上海诞生。"红旗牌"高级轿车被列为国家礼宾用车,并用作国家领导人乘坐的庆典检阅车。"凤凰牌"小轿车参加了1959年国庆十周年的献礼活动。

图1-3 "东风CA71型"轿车

自 1958 年以来，中国汽车工业出现了新的情况。由于国家实行企业下放，各省市纷纷利用汽车配件厂和修理厂仿制和拼装汽车，形成了中国汽车工业发展史上第一次"热潮"，形成了一批汽车制造厂、汽车制配厂和改装车厂，汽车制造厂由当初(1953 年)的 1 家发展为 16 家(1960 年)，维修改装车厂由 16 家发展为 28 家。各地方发挥自己的力量，在修理厂和配件厂的基础上进行扩建和改建，当时形成的这些地方汽车制造企业，一方面丰富了中国汽车产品的构成，使中国汽车不但有了中型车，而且有了轻型车和重型车，还有各种改装车，满足了国民经济的需要，为今后发展大批量、多品种生产协作配套体系打下了初步基础；但另一方面，这些地方汽车制造企业从自身利益出发，片面追求自成体系，从而造成整个行业投资严重分散和浪费，布局混乱，重复生产的"小而全"畸形发展格局，为以后汽车工业发展留下了隐患。

1966 年之前，汽车工业共投资 11 亿元，主要格局是形成一大四小 5 个汽车制造厂及一批小型制造厂，年生产能力近 6 万辆、9 个车型品种。1965 年底，全国民用汽车保有量近 29 万辆，国产汽车 17 万辆(其中一汽累计生产 15 万辆)。

**2．成长阶段(1966～1980 年)**

1964 年，国家确定在三线建设以生产越野汽车为主的第二汽车制造厂(二汽)，二汽是我国汽车工业的第二个生产基地。与一汽不同，二汽是依靠我国自己的力量创建起来的工厂(由国内自行设计、自己提供装备)，采取了"包建"(专业对口老厂包建新厂、小厂包建大厂)和"聚宝"(国内的先进成果移植到二汽)的方法，同时在湖北省内外安排新建、扩建 26 个重点协作配套厂。一个崭新的大型汽车制造厂在湖北省十堰市兴建和投产，当时主要生产中型载货汽车和越野汽车。二汽拥有约 2 万台设备，100 多条自动生产线，只有 1% 的关键设备是引进的。二汽的建成，开创了中国汽车工业以自己的力量设计产品、确定工艺、制造设备、兴建工厂的纪录，检验了整个中国汽车工业和相关工业的水平，标志着中国汽车工业上了一个新台阶。

与此同时，四川和陕西汽车制造厂和与陕汽生产配套的陕西汽车齿轮厂，分别在重庆市大足县和陕西省宝鸡市(现已迁西安)兴建和投产，主要生产重型载货汽车和越野汽车。60 年代中后期，国家提出"大打矿山之仗"的决策，矿用自卸车成为其重点装备，上海 32 吨矿用自卸车(如图 1-4 所示)试制成功投产之后，天津 15 吨、常州 15 吨、北京 20 吨、一汽 60 吨(后转本溪)和甘肃白银 42 吨电动轮矿用自卸车也相继试制成功投产，缓解了冶金行业采矿生产装备的严重不足。为适应国民经济发展对重型载货汽车的需求，济南汽车制造厂扩建"黄河牌"8 吨重型载货汽车的生产，安徽泗河、南阳、丹东、黑龙江和湖南等地方汽车也投入同类车型生产。邢台长征牌 12 吨重型载货汽车(源于北京新都厂迁建)、上海 15 吨重型载货汽车相继投产问世。

由于当时全国汽车供不应求，再加上国家再次将企业下放给地方，因此造成中国汽车工业发展的第二次热潮。1976 年，全国汽车生产厂家增加到 53 家，专用改装厂增加到 166家，但每个厂平均产量不足千辆，大多数处于低水平上重复。从 1964 年起，上海汽车厂批量生产了"上海牌"(原"凤凰牌")轿车，逐渐形成 5000 辆的年产水平，同时，上海一批零部件厂和附配件厂也随着汽车工业的发展而相继成长。

图 1-4　我国第一台 32 吨矿用自卸车

汽车工业经过这一阶段的摸索成长，1980 年产量达 22.2 万辆，是 1965 年产量的 5.48 倍；1966～1980 年生产中类汽车累计 163.9 万辆；汽车生产向多品种、专业化发展，生产厂点近 200 家；1980 年大中轻型客车产量 1.34 万辆，其中长途客车 6000 多辆；1980 年全国民用汽车保有量 169 万辆，其中载货汽车 148 万辆。

### 3．全面发展阶段(1981 年～现在)

#### 1) 中外汽车企业探索开展合资合作的阶段

1978 年，中国汽车产品结构以中型载货车为主，呈现"缺重少轻，轿车几乎空白"的状况，全国轿车加上越野车年产量不超过 5000 辆，闭门造车多年的中国汽车业，与全球汽车业在观念、管理、技术、产品等方面都存在巨大差距。我国政府适应改革开放的新形势，转变发展思路，允许部分国内汽车企业以各种方式引进国外汽车公司的先进技术、设备和资金。

1986 年，中国政府正式把汽车工业列为支柱产业，并确定了发展轿车工业要"高起点、大批量、专业化"的原则，中国在轿车生产方面走上以合资引进技术为主的道路。一汽、上汽、二汽等大型汽车集团也都认为与外资加强合作是企业生存和发展的必然选择，应通过与跨国汽车公司之间的合资合作获得在国内汽车工业中的主动权，同时利用外国公司的力量，发展自己的研发能力。在此背景下，少数外国资本与国有资本开始有选择、有限度地嫁接，美国汽车公司、大众、五十铃、标致、雪铁龙等跨国汽车企业相继进入中国汽车工业领域。1985 年，上海大众引进的第一款车"桑塔纳"大获成功，带动了我国汽车行业的对外合资合作。

这一时期，中外汽车企业开展合资合作的主要项目有：1983 年，北京汽车制造厂与美国汽车公司成立"北京吉普汽车有限公司"，外方股比占 31.35%；1984 年，中德合资组建上海大众汽车有限公司，中德双方投资比例均为 50%；1984 年至 1985 年，中法合资建立广州标致汽车有限公司，其中广州汽车厂持股 46%，中国国际信托投资公司持股 20%，法国标致汽车公司持股 22%，巴黎国民银行持股 4%；1988 年，一汽与德国大众合资组建一汽-大众公司，一汽集团公司占 60% 的股份，德国大众康采恩集团占 40% 的股份(其中，德国大众公司占 20% 的股份，奥迪公司占 10% 的股份，大众汽车(中国)投资有限公司占 10%

的股份）；1988年，二汽与法国雪铁龙公司按照70%和30%的投资比例合资组建神龙汽车公司等。上述中外合资汽车企业建设基本上采用了"交钥匙(turn-in key)"工程，由外方提供成套技术、工艺流程、生产设备和关键零部件。合资企业内部尽管成立了相应的工程技术部门，但也仅限于从事辅助性的工艺匹配、设备调校、生产过程中的技术管理和质量控制、非核心零部件国产化。在技术部门内部，中外合资双方的关系是外方主导下的"传帮带"，即少数外方技术人员提供知识和技术指导，中方技术人员进行学习和消化。

2）"老三样"时期

1989年，一汽抓住机遇，以3万辆奥迪的技术引进项目起步，开始了与大众15万辆经济型轿车的谈判。中方谈判手是后来国家商务部首任部长吕福源。他以惊人的谈判技巧，以购买奥迪散件为筹码，无偿获得大众公司在美国威斯特摩兰的高尔夫工厂。1990年11月，一汽和大众公司15万辆合资项目签约。经过一次规划，分步实施，历经6年建设，一汽大众于1996年全面建成投产。之后，一汽大众在生产经营、企业管理、产品开发、市场开拓和国产化方面积极进取，其产品捷达也不断改进换型，在市场获得结实耐用的口碑。奥迪A6在1999年问世，成为国内中高级公务车的主流车型。

1994年，我国《汽车工业产业政策》第一次明确提出国家鼓励汽车工业利用外资发展我国的汽车工业，但同时规定合资企业中中方股份比例不能低于50%。伴随着管理体制的改革和中国市场开放度的进一步提高，跨国汽车公司纷纷与国有汽车企业组建合资企业，掀起了合资热潮，世界汽车工业6+3格局中的6大跨国集团和3家实力型企业，还有意大利菲亚特集团、韩国现代集团等通过合资先后进入了中国。这一时期，中外汽车企业开展合资合作的主要项目有：1993年成立的重庆长安铃木汽车有限公司；1993年成立的三江雷诺公司；1994年成立的西安西沃客车有限公司；1995年成立的天津华利汽车有限公司和东南(福建)汽车工业有限公司；1996年成立的南京依维柯汽车有限公司；1997年成立的亚星一奔驰汽车公司和上海通用汽车有限公司；1998年成立的广州本田汽车有限公司；1999年成立的江苏悦达起亚汽车公司；2000年成立的风神汽车有限公司和天津丰田汽车有限公司等。

二汽与雪铁龙30万辆轿车合资项目早在1988年就签订了，但此时因为一些政治原因中法关系交恶，直到1992年才成立了总投资103亿元的神龙汽车公司。中方占70%股份。1995年9月，在新建成的武汉工厂，首批富康ZX两厢轿车下线。车型超前，一次投资过大，新公司远离中方工厂母体等因素，使神龙遭遇了更多的艰辛。

这一时期引人注目的天津夏利，原是"三小"之一，1984年以引进日本大发技术起家，在不事声张之中，成为八五期间国家四个15万辆项目之一。天津夏利完成了从3万辆到15万辆的改造，靠滚动发展，总投资只有27亿元。

20世纪90年代的引进合资，"用市场换技术"达到了首期目标，中国迅速用十多年时间达到了世界一流的轿车制造水平，迅速缩短了"从小学到大学"的差距。上海大众、一汽大众、神龙等合资轿车企业培养人才、积累管理经验，形成了庞大而配套的零部件产业体系。

但是在90年代，由于官车单一的消费结构，市场规模有限；加上轿车业严格的准入审批制度，市场没有充分竞争，中国的轿车业还十分羸弱；轿车市场随着当时动荡的国民经济走势而大起大落，时而销售经理被买车的客户追得没处躲没处藏；时而门庭冷落，厂区停满滞销的轿车。企业没有技术提升的动力和财力，车型多年不变，桑塔纳、捷达、富康成为挥之不去的"老三样"；中国轿车价格居高不下，只能寻求高筑关税壁垒的保护。

　　3）汽车工业的第三阶段

　　2000 年，我国汽车的年产量达到 200 万辆，到 2002 年，产量达到 325 万辆。1980 年，摩托车的年产量达到 5 万辆，到 2002 年，达到 1300 万辆。2002 年，生产农用汽车 260 万辆。2002 年以来，中外汽车企业合资合作进入深化发展阶段。

　　2002 年，中国加入 WTO，是推动汽车产业合资合作深入发展具有里程碑意义的一年。加入 WTO 之后，中国政府根据对世贸组织的承诺，对汽车产业政策进行了调整，在 2004 年发布的《汽车产业发展政策》中，取消了外汇平衡、国产化比例和出口实绩要求等与世贸组织规则相悖的内容。开放初期，为了吸引外资，除中央政府出台的政策外，各地方政府对外资企业在用地、利润、税收等方面有针对性地出台了许多优惠政策。客观地说，外资在这一阶段享受的待遇大大超过国内其他企业，这也是合资企业得以快速发展的重要原因之一。对于外方合作伙伴而言，如果说前期主要是通过转移成熟车型来抢占中国市场的话，那么自中国加入 WTO 后，跨国汽车巨头加大在中国的投资力度更多地是着眼于它们的全球战略，将中国作为它们全球战略的重要一环，进行全面合作、全方位进入、全系列生产，充分发掘中国市场的全球性价值。

　　2002 年以来，大众、通用、丰田、日产、福特、现代、本田等公司在中国均实行了积极的扩张计划，主要项目有：长安汽车与福特汽车公司、马自达汽车公司开展合资合作；一汽与丰田开展全面合作；华晨中国汽车控股有限公司与宝马集团合资组建华晨宝马汽车有限公司；北汽与韩国现代汽车公司合资组建北京现代汽车有限公司；北京汽车控股有限公司与戴—克集团对北京吉普有限公司进行重组并扩大投资；东风与日产汽车公司成立合资公司东风汽车有限公司；东风汽车与日本本田技研工业株式会社合资组建东风本田汽车有限公司；广州汽车集团股份有限公司和丰田汽车公司合资组建广汽丰田；长安汽车和法国标致雪铁龙集团合资组建长安标致雪铁龙汽车有限公司；北汽福田和戴姆勒股份公司合资组建北京福田戴姆勒汽车有限公司等。

　　在这一阶段的合资合作过程中，由于中国汽车市场的竞争日趋激烈，特别是内资民营汽车企业的发展，迫使跨国汽车公司不仅采取增加投资、建立生产厂和更多地设立营销网络等三种合资合作的初等方式，同时也采取设立产品开发中心、转移企业区域总部等合资合作的高等方式。合资企业的创新能力建设开始真正由技术支持和适应性开发为主，向全球研发中心转变，研发投入力度加大，研发活动开始向纵深发展，同时开始逐步涉足底盘与动力总成、整车集成、平台设计、试验认证、电子系统开发等领域。受合资公司中方公司自身技术能力的限制，在产品发展方向上合资外方掌握着主动权和决策权，但伴随着中方技术水平的提升，在研发重点和方向上开始具有了一定的话语权，特别是具有了一定的配套认证能力。

　　自主品牌在诞生之初，没有今天社会舆论的呵护和主管部门的提倡这样的温暖环境。当时，吉利、奇瑞、中华等一批民营和行业外企业的自主品牌轿车生产出来，却迟迟拿不到"准生证"，上不了"目录"，无权上市。它们不是顶着轻型改装车的目录，就是打通关系，在产地或在个别外地城市悄悄销售。吉利打破了原有圈内轿车企业的"价格神话"，造出老百姓能够承受的三万元轿车。在一次和奔驰轿车同台作碰撞试验中，吉利完全合格，然而它的生存却难获准。直至入世，对各大跨国公司进入中国汽车业的合资项目悉数放行之后，主管部门才在 2002 年夏给自主品牌发放了"准生证"。但是，苦出身也磨砺了自主品牌们的顽强性格和拼搏精神。

从产品和技术角度来看，这一阶段合资企业生产的产品逐步向国外市场靠拢，引进的车型和技术平台已经是具有一定国际水平的、成熟的中级车型和技术。合资企业的技术研发部门不再局限于扮演工程技术中心的角色，而开始为适应中国市场需要进行一系列重要的适应性开发和局部改进。相比第一阶段而言，这一阶段的中方技术人员在消化吸收引进技术和项目开发过程中，锻炼和培养了一大批本地技术专家团队；了解和熟悉了汽车开发的流程和管理经验，初步形成独立的产品定义——工程设计——工程验证——生产制造——后市场服务的技术能力；逐步形成属于合资企业自己的独特优势，并逐步具有整合国内国际资源的能力。但总体来看，在研发方向、整车和平台设计、研发流程设计、基础数据库、开发软件、国产化认证、平台设计、核心部件设计等方面，外方仍然牢牢地掌握着主导权，中方的贡献主要集中在与引进技术消化吸收和本土化密切相关的适应性开发方面，尚不具备独立的整车开发能力，合资企业的技术来源依然存在明显的对外依赖性。

## 第四节　我国汽车营销体制的变化

我国汽车营销体制变化大体经历了由计划经济向市场经济模式的转变。

### 1．1982 年以前的汽车销售

中华人民共和国成立之后，进口汽车分配销售，由商业部门负责。1956 年一汽投产后，关于国产和进口汽车分配销售，国家计委委托交通部代管。1961 年起，改由原国家经委物资总局负责。汽车生产厂每年按国家计划组织生产，下线车经调试后交国库，国家物资局按计划分配，由其下属省、市、自治区的机构负责销售。汽车厂只有通过用户调查或用户来信，才能知道自己生产的某种车用在何处、运行经历和用户反映情况。好在当时的汽车都是机构购买，各类用户(包括汽车运输部门)、各大系统(如商业、外贸、石油、冶金等各大企业)，都有自己的保养、维修能力，甚至有自己的维修配件制造能力。

1961 年国家经委批准，将汽车配件生产安排和销售业务归交通部统一管理。在计划经济体制下，建立了华北(天津)、东北(沈阳)、华东(上海)、中南(广州)、西南(重庆)、西北(西安)各大物资供应站，汽车由机电供应站统配。各省、市、自治区建有汽车配件公司，1961年末全国汽车配件销售网点有 158 个。1964 年 10 月中国汽车工业公司成立，改变汽车配件系统隶属关系，全部划归中国汽车工业公司销售公司，中国汽车工业公司停办后，划归第一机械工业部汽车配件公司统一管理。

1969 年，将分设在各省、市、自治区的销售公司和营业处统一下放给地方，分别归机械、交通、物资等部门管理。由于正值地方大上汽车工业，一批条件较好的配件厂成为配套零部件厂或配套维修件兼营厂。这时，出现了主机配套与社会维修争配件的局面，一时间维修件供应紧张，故又产生了一批新的汽车配件厂。

国内主导汽车厂的产品使用范围广，投产后社会保有量逐年增长，维修配件需求量逐步增加且分布在全国各地，主导厂为使自己的产品能得到较好的维修配件，先后在全国各地选点，做技术、管理指导及质量认可，成为自己指定的配件供应商，当时称之为"配件定点"。

自 1958 年出现运输紧张后，汽车一直做为紧缺物资，计划性很强，经济水平又低，汽车很难有报废，故维修配件需求量大、范围广，已非只针对传统意义上的易损件，后来发展到驾驶室及车架总成也成了维修配件。

20 世纪 70 年代中后期，各大汽车厂有了计划外超产车销售的自主权，各厂的销售处(科)用这些车交换同工厂生产与发展密切相关的紧缺物资，实行以车易物式的自主销售，成为汽车厂自己销售汽车产品之发端。

**2. 1982～1991 年期间的汽车销售**

1982 年 7 月，第一机械工业部汽车配件公司改组为中国汽车工业销售服务公司，着力加强为用户做好维修配件供应和销售汽车的技术服务，开展市场调查预测，进行汽车产品产销结合试点，并向集汽车销售、配件供应、维修服务、旧车更新"四位一体"的综合服务体系方向发展。同时，开始在北京、天津、武汉、广州、南京、西安、沈阳、呼和浩特和成都等大、中城市设中国汽车工业公司销售技术服务部，开展非国家统配部分汽车产品销售、技术服务和质量信息反馈等工作。同时，各汽车工业联营公司、骨干汽车厂也相继建立自己的销售公司(处)，到 1983 年全国建成 203 个汽车特约维修服务网点，省、地区(市)两级汽车配件销售网点 322 个。上述一些组织及其开展的业务活动，是汽车工业进入营销领域的探索与试验，为以后发展以市场需求为主导的汽车工业营销模式做了某些有益的铺垫。

当时，汽车生产厂的产品自销量很小，1982 年中汽公司成立后，向国家提出要求，希望在国家计划指标内的统配车给企业 10%～20% 的自销权。1983 年 4 月国家计委、国家经委做出汽车生产企业有一定比例产品自销权的决定，规定载货汽车产品有 10% 的自销权。

1984 年国家计委首次专项安排 3 万辆支持农村经济发展的支农汽车。其中，1 万辆由中国汽车工业销售服务公司负责组织供应。1985 年又有专项支农汽车 2.5 万辆。中汽公司以此为契机，建立适应农村情况的经销体系，建立汽车销售、配件供应、技术服务、维修培训等多功能的销售服务体制。1984 年起支农汽车试点县有 250 个，供应农村汽车中建立技术档案的占 92.5%；建立县级汽车配件供应点 336 个，代销点 128 个，联合经营点 51 个，办各种培训班 23 期，这是中国最早的农村汽车销售服务体系。

1985 年 1 月，中汽公司在广州试办了全国第一家汽车交易市场——中国汽车工业南方贸易公司。到 1985 年底，主要汽车厂、经济特区和沿海城市共办起不同形式的汽车工业贸易公司 37 家，实施计划分配与市场流通相结合的汽车销售体制改革。

1987 年通过市场销售的国产汽车已占 70%，推动了我国汽车工业进一步发展和市场运营机制的进一步完善，各汽车销售部门都在进一步推行汽车销售、配件供应、维修服务、信息反馈等多功能的汽车销售服务体制。进入 20 世纪 90 年代中国汽车产品的产销已经取决于市场需求，可以说，到此我国汽车工业完成了从计划经济包销统配向市场经济产销结合的过渡。

### 3．1992 年后的汽车销售

1992 年中国汽车产量突破 100 万辆，中国汽车工业初步取得调整产品结构、开拓市场带来的成果。

1994 年 2 月，国家计委颁布的《汽车工业产业政策》中规定，国家鼓励个人购买汽车，支持个人使用汽车，鼓励汽车工业企业按照国际通行原则和模式自行建立产品销售系统和售后服务系统。对发展个人购车、汽车生产企业自销汽车以及建立完善的销售服务体系提供了保障和动力。1995 年，国家计划分配的汽车比例已从 1992 年的 15% 下降到不足 5%，95% 以上的汽车产品通过市场销售。个人购买车种主要是商用车，中型货车个人购买比例已达 80%；其次是中型客车与轻型客车；个人购买微型客车的比例增长最快；轿车由于产量小，个人购买比例小，尤其是用做消费的比例更小，如个人购买的夏利、富康多数被用做出租车。当时，个人购车的目的是营运，轿车、大型客车和重型货车的购车主体是机构。至此，面对这种客户构成的、以商用车为主导的汽车营销体制相对成熟。汽车生产企业的汽车产品销售主要有 5 种渠道：

① 联营、联合经销公司。它是生产企业和流通企业(中国机电设备公司、中国汽车贸易公司和中国汽车工业销售公司系统)共同组建的汽车经销公司，为专业性经销商。

② 独资公司。它是汽车生产企业自己投资建立的汽车经销公司，一般只销售本企业生产的汽车。

③ 特约经销公司。它是生产企业选定的、专营本企业产品的经销商，以原流通企业为基础。生产企业只在汽车经销价格、贷款支付方式等方面给予优惠，或提供一定数量的周转车，具排他性。

④ 一般性经销公司。它主要为联营、联合经销公司中所述三类经销公司以外的各级机电公司，中汽贸系统、中国汽车工业销售总公司系统内各级公司，中央各主管部门下属物资经销企业和其他汽车经销企业。生产企业不要求这类公司专营本企业产品。

⑤ 汽车生产企业自销或直销。

1997 年 9 月，中国汽车销售流通体制改革研讨会在北京举行，认为我国汽车销售流通新体制的目标模式应以汽车生产企业为中心，建立"总分销商—地区分销商—零售—顾客"的销售体制，建立汽车生产厂、分销商和经销店各自获利的稳定经销关系，为中国汽车销售流通体制提出了改革目标与方向。

1997 年 8 月，内贸部颁布《汽车租赁试点工作暂行管理办法》，确立了首批汽车租赁试点企业，包括一汽、东风、上汽、重汽、天汽、金杯等 6 家汽车生产企业和中国机电设备总公司等 17 家流通企业。同年 12 月全国出租汽车暨租赁车专供网点在北京成立。

截至 1997 年，采用与国际汽车销售惯例接轨的汽车代理销售方式在我国已形成气候。代理商必须具备汽车销售、维修保养、配件供应和信心反馈的服务能力。

1997 年 11 月，夏利轿车在北京实行零利息分期付款售车，并实施对客户跟踪服务，使夏利车销量大增；上海成立汽车置换公司，实行旧桑塔纳换新车；长安汽车委托北京亚飞汽车连锁总店及其全国 30 多个城市大商场的连锁分店售车。同时，厂家推出在售中、售后服务方面免费保养，延长保修期和优惠供应配件等服务措施；许多厂家实行购车、交费、办理一条龙服务。同时，上汽总公司各企业开始建设地区市场共同体。许多城市已经形成或正在兴建大型汽车交易市场。1998 年，我国汽车市场已由前些年卖方市场转为买方市场，个人购车比例继续增大，已达 40%～50%，北京市达 70%。机关、企事业单位公用车市场萎缩。轿车与客车销售比例上升，汽车生产企业继续加大促销力度、加强售后服务，各企业展开了服务竞赛，特别是把营销重点向个人购买轿车方面转移，推出了许多新举措。同时，金融机构开始开展消费信贷业务，中国银行率先在北京、上海、广州分行试点开展汽车消费贷款，并颁布了实施细则，开国有商业银行办此项业务之先河。1999 年，各主要汽车生产企业适应市场经济的营销理念更加成熟，普遍实行以市场需求信息安排生产。同时，出现网上竞价购车和网上购车服务。更为显眼的是一汽－大众对奥迪 A6 主要采用订单制销售，全国统一售价，经销商"品牌专营"，并按全球统一标准挑选经销商并予以培训；上海通用汽车公司对别克轿车采用单层次零售分销系统，即由上海通用授权的各地特约零售商直接面向最终用户，不设任何中间环节，只有经过企业授权的销售服务中心，才能销售别克系列轿车，其他任何个人和机构均无权销售，并实施全国统一零售价，这种无中间环节向个人零售的销售方式受到个人消费者欢迎。

　　我国汽车销售店是从独立式门面店发展起来的，近些年各地相继建起集聚式综合性(包括汽车配件、汽车用品、驾驶员用品在内)的大型汽车交易有形市场。最近，又发展起一种崭新的、比较适合国情的汽车园式的汽车交易市场，集汽车新车、二手车交易、维修服务、维修配件供应、汽车展览、汽车信息采集与发布、汽车百货、汽车游乐，甚至包括商住、休闲车等多种服务在内的规模巨大、集约化，以汽车消费为主的汽车销售场所，也是一个汽车生产商、销售商展开全方位竞争的比赛场。再有一种是如上海通用、广州本田，采取国际惯用模式，在国内建起汽车销售、维修服务、配件供应和信息反馈四位一体的品牌专营直销店，统一标识、统一形象、科学管理、保证服务，在我国汽车销售体系中，树立了一个具有引导作用的新形象。大体从 2000 年开始，我国汽车产品销售体制是在激烈竞争中调整、重组的，而四位一体的品牌直销、专营和大型综合性汽车交易市场将成为今后发展的主流。

## 第五节　汽车市场格局

### 1. 全球汽车市场格局从 6+3 到四大巨头

　　2008 年爆发的金融危机加速了全球汽车版图调整的速度，最主要体现在北美三巨头的变化上。其中，克莱斯勒分立两年后无法独立生存，重新被菲亚特整合，而通用汽车和福特汽车不断分拆出售自己下属品牌或资产以求自保。一系列变化导致全球汽车产业将可能出现新的"6+3+X"的格局。

　　传统意义上的"6+3"，是指全球乘用车市场上的 6 个汽车集团或联盟和 3 个大型独立的企业，即通用-菲亚特-铃木-富士重工-五十铃联盟，福特-马自达-沃尔沃轿车集团，戴姆勒-克莱斯勒-三菱集团，丰田-大发-日野集团，大众-斯堪尼亚集团，雷诺-日产-三星集团，加上本田、标致-雪铁龙和宝马汽车。然而，时过境迁，传统意义上的"6+3"早在 2005 年开始就发生着显著的变化。

　　新的 6 大集团包括日本丰田集团、德国大众集团、新通用和福特、日欧联合企业雷诺-日产联盟及新的菲亚特-克莱斯勒联盟(这个联盟可能还会增加新的成员)。新的 3 小集团包括现代-起亚、本田和标致-雪铁龙。另外，戴姆勒、宝马和包括铃木在内的多家日本汽车企业，不断成长的中国和印度新兴市场的汽车工业也是全球汽车版图中不可忽视的力量。根据 2008 年全球汽车销量的估算——5800 万辆，新的"6+3"占据全球汽车约 80%以上的市场份额。

　　2012 年全球汽车销量首次超过 8000 万辆，四大巨头争夺霸主的格局愈发明显，这四大巨头的年度销量走势如图 1-5 所示。作为全球车企的领头羊，丰田、通用、大众以及雷诺-日产眼下则在觊觎"全球首家年销量突破 1000 万辆的汽车制造商"这一荣誉头衔，竞争异常激烈。

　　中国，身为全球第一大汽车市场，其市场份额势必将影响到四大巨头的销量博弈，甚至左右冲击"千万俱乐部"的胜负成败。有一种声音很具代表性：四大巨头在中国市场的表现差异将决定全球第一大汽车制造商的桂冠花落谁家。

　　年销量 1000 万辆！6 年前，当上任伊始的大众集团首席执行官文德恩宣布其规划的"2018 战略"时，大众集团的全球年销量仅为 620 万辆，与丰田和通用的差距均为 300 万辆以上。但依靠平均增幅近 50%的年销量增长，大众集团在 6 年的时间内却一举冲上了 927.6 万辆的历史新高，直逼"千万俱乐部"的门槛。身为"2018 战略"的规划人，文德恩此前已"迫不及待"地宣布：大众不仅将成为第一家年销量突破 1000 万辆的汽车制造商，同时也将在原定 2018 年之前完成目标。而在近日接受媒体采访时，大众集团高层也表态或将微调"2018 战略"，因为其中的目标一定会提前实现。

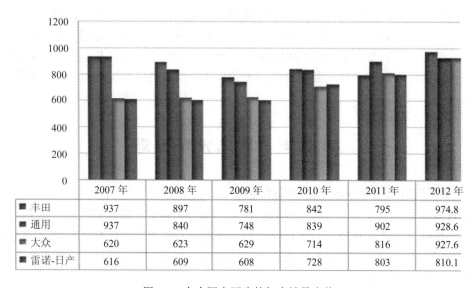

图 1-5　车企四大巨头的年度销量走势

　　面对大众咄咄逼人的气势，2012 年全球销量 974.8 万辆，暂列全球第一大汽车制造商的丰田当然不会轻易交出自己的王冠。受到销售数据的鼓舞，一改保守做派的丰田高层日前也公开宣布将会调高 2013 年的产销目标，并希望在全球车企中率先实现年销量 1000 万辆的目标。全新目标规划：丰田计划在 2013 年达到全球销量 996 万辆(其中丰田汽车 895 万辆，包括丰田、雷克萨斯、赛恩三个品牌)。而据专家推测，丰田 2014 年的销量就有望突破 1000 万辆的大关，这甚至比大众集团设想实现目标的 2016 年还要提前 2 年。

当然，除了丰田与大众之外，曾长达 77 年占据全球汽车销量榜首的通用以及雷诺-日产也有在未来 3 至 4 年内实现年销量突破千万的可能。特别是眼下与丰田、大众并称汽车界"三巨头"的通用也是一直谋求抢回"世界霸主"的地位，但增速却远远无法达到大众的水准。专业人士称：预计到 2018 年之前，汽车界三巨头竞速的局面将很难发生质的改变，它们彼此之间咬得很紧，排名出现风水轮流转的可能性很大。

但与此同时，雷诺-日产的崛起或许会让局势变得更加复杂，从而形成四巨头争霸的"肉搏战"。雷诺-日产 CEO 卡洛斯-戈恩日前表示，加上 2014 年完成收购的伏尔加汽车，雷诺-日产联盟到 2016 年(2016 年 4 月至 2017 年 3 月)的年销量应该可以达到 1000 万辆。分析机构和汽车媒体的预期则与雷诺-日产大致相同，他们给出的数字是：2016 年日产全球销量 600 万辆，雷诺 320 万辆，伏尔加 120 万辆，销量总计 1040 万辆。

四巨头同时向"千万俱乐部"进军，寻求新兴市场的销量增长点很关键。作为当今全球第一大汽车市场，中国市场的成败无疑也将左右四大巨头全球博弈的战局。事实上，"野心勃勃"的大众之所以敢提出成为第一家年销量突破千万的汽车制造商，这与他们制定的中国规划绝对有着密不可分的关系。大众中国掌门人海兹曼就曾经进行过这样的表态："对于大众集团来说，中国市场 100%处于中心位置"。

### 2. 国内汽车市场格局

中国汽车工业协会提供的数据显示，2012 年汽车销量排名前十位的企业集团分别为上汽、东风、一汽、长安、北汽、广汽、华晨、长城、奇瑞和吉利，分别销售 446.14 万辆、307.85 万辆、264.59 万辆、195.64 万辆、169.11 万辆、71.22 万辆、63.80 万辆、62.46 万辆、56.33 万辆和 49.14 万辆。

数据显示，上述十家企业集团共销售 1686.28 万辆，同比增长 5.2%，高于全行业增速 0.9 个百分点，占汽车销售总量的 87.3%，比上年同期提高 0.7 个百分点，2012 年汽车市场集中度有所提高。

根据这一排名，中国汽车已经形成了稳定的前五大汽车集团，短期内不大可能发生变化。这五家汽车集团形成的格局自 2010 年东风超越一汽成为老二后，一直未曾出现变化。然而，看似稳定的格局却开始萌生一些新的不确定性，特别是北京现代开始放量式增长、长安微车下滑、北汽开始逼近长安等。数据显示，2012 年销量差距已缩小至 26 万辆，民营车企长城、吉利也正在不断逼近一直稳居前列的国有汽车集团。

2012 年，上汽依旧毫无悬念地稳夺国内车市冠军，比第二名东风汽车多出近 140 万辆。其中，上汽旗下上海通用、上海大众依旧稳健增长，上汽通用五菱在微车行业整体下滑的情况下仍旧取得了大幅度增长，销量达 132.26 万辆。

虽然一汽旗下的一汽-大众在 2012 年取得了 132.89 万辆的销量，但由于旗下其他板块增长乏力，一汽整体增势不佳。

东风毫无疑问的是前三大集团里最值得关注的车企，少壮派高管朱福寿、刘卫东的上台都将让这家企业在扩张上更为积极。朱福寿上任后，东风开始实施"大自主"战略。随即，东风自主品牌发布了"乾"D300 计划。根据该计划，到 2016 年，东风总体自主品牌销量达 300 万辆，其中不仅有大乘用车，也有大商用车板块。东风沃尔沃商用车合资项目能够让东风重新找到最优秀的盟友，而雷诺的合资项目虽然是小众车型，但随着中日关系的不确定性,东风与雷诺-日产势必会加大对雷诺项目的投入,而东风日产的销量一旦复苏,也会促进东风销量的大幅提升。

2012 年,北汽集团累计销售汽车 169.11 万辆,同比增长 10.8%,营业收入 2100 亿元,利润 170 亿元。其中,北京现代是北汽集团最大的增长点,2012 年销量达 85.96 万辆。随着 2012 年 6 月投产的三工厂产能逐步释放,北京现代在 2013 年正式向百万辆销量发起冲击。

同时,北京梅赛德斯-奔驰销售有限公司的正式成立,让困扰北京奔驰多年的渠道问题得到解决,理顺股东双方关系后的奔驰国产车势必会卖得更顺利一些。值得一提的是,北汽基于萨博平台开发的自主品牌"绅宝"车型也在 2013 年上半年发布,虽然短期内难以帮助北汽取得巨大销量,却是北汽全新的增长点。

相比较之下,虽然长安旗下的上市公司长安汽车 2012 年累计销量 175.66 万辆,比去年同期增长 5.57%,但中汽协公布的长安(指中国长安)2012 年 195.64 万辆的销量较 2011 年的 200.85 万辆有所下降,尤其是 2012 年上半年,长安微车销售 32.98 万辆,同比下降 8.85%。

SUV 在中国市场的空前火热让位于河北保定的民营车企长城在自主品牌阵营中一枝独秀。2012 年,长城不仅成为中国利润率最高的车企(在全球也仅次于奥迪),也成为自主品牌销量的第一名。

数据显示,长城汽车全年销售 62.46 万辆,同比增长 28%,超过了 60 万辆的销量计划。近年来,长城持续以 30%左右的幅度高速增长,去年更是首次挺进中国汽车行业前八,登上了自主品牌销量老大的位置,与华晨 63.8 万辆的数字十分接近,与广汽的差距也仅为 8.76 万辆。

在长城汽车的销量构成中,SUV 仍是绝对主力,其中哈弗 SUV 全年销量达 28.1 万辆,增幅高达 71%,而轿车销量为 20.6 万辆,增幅只有 2.8%。数据显示,2012 年,长城汽车实现净利润 57.08 亿元,同比增长 62.6%,净利润率达 13.2%。

广汽因 2012 年受日系车严重下滑拖累,其 2012 年销量较 2011 年的 74.04 万辆下滑 2.82 万辆。近年来,广汽集团不断实行区域扩张,重组长丰、合资菲亚特、入主吉奥,但其总体销量并没有太大增长,一直在 70 万辆上下徘徊。去年 9 月中旬,中日纠纷开始,广汽第三季度单季实现投资收益 5.52 亿元,同比下滑 55.30%。

 **阅读材料一　世界汽车生产大国排名**

### NO.1:中国

2012 年乘用车销量 1549.52 万辆;汽车销量 1930.64 万辆。据中汽协发布的汽车销售报告显示,2012 年我国汽车产销为 1927.18 万辆和 1930.64 万辆,同比分别增长 4.63%和 4.33%。其中乘用车产销 1552.37 万辆和 1549.52 万辆,同比增长 7.17%和 7.07%;商用车产销 374.81 万辆和 381.12 万辆,同比下降 4.71%和 5.49%。

有德国研究机构称,中国汽车市场预计未来数年内将继续膨胀,到 2030 年,中国乘用车注册量(2012 年中国乘用车注册量为 1320 万辆)将超过欧洲和美国之和。

### NO.2:美国

美国轻型车 2012 年总销量为 1449 万辆,是 2007 年至今最好的成绩。作为参照,2011

年美国车市轻型车总销量 12 779 007 辆，同比提升 13.4%。这也是美国车市自 1973 年以来，连续第 3 个年头以两位数比例增长。美国经济给消费者的信心超出预期，人们对失业的恐慌不及之前剧烈，银行和其他金融机构也愿意为购车者提供贷款。另外，美国市场上车型不断改进，岁末还出现皮卡大战，适逢大量旧车老化待更，这些都推动了美国汽车销量的增长。从车企表现看，12 月份美系车在本土市场增长速度不及其他系别，增幅最高的克莱斯勒也只有 10% 左右，不过克莱斯勒得益于上半年的强劲表现，全年销量同比增幅超过两成。本田和大众等成为带动增长的主力。

### NO.3：日本

2012 年汽车销量为 539 万辆，同比增长 27.54%。据日本汽车行业协会发布的数据，2012 年日本汽车销量为 339 万辆(不含微型车)，同比增长 26.1%。2012 年前 8 个月，日本国内车市销量都保持同比增长态势，但从 9 月开始，日本车市连续 4 个月同比下跌。从全年角度而言，前 8 个月的增长盖过了后 4 个月的下行，总销量为 3 390 274 辆。计入微型车，全年销量为 5 369 721 辆，较之 2011 年的 4 210 225 辆，同比增长 27.54%，卡车和客车的销量分别为 363 685 辆和 11 938 辆。

### NO.4：巴西

2012 年轻型车销量 363.4 万辆，汽车销量 380.1 万辆。巴西全国汽车制造商协会和巴西全国汽车经销商协会发布的数据显示，2012 年全年，巴西轻型车销量为 3 634 421 辆，2011 年为 3 425 270 辆，同比提升 6.1%。涵盖重型商用车，巴西去年汽车总销量达到 3 801 859 辆，在 2011 年 3 632 842 辆的基础上同比增长 4.6%。

巴西作为典型的新兴市场，目前吸引了全球各大车企投资的兴趣，大众计划到 2016 年在巴西投资 34 亿欧元(约合 44 亿美元)，升级其巴西市场产品阵容并在当地建厂。

我国不少自主车企也已经开始在巴西投资建厂，江淮汽车在巴西的第一家工厂已经奠基，2014 年投产，每年可生产 10 万辆乘用车和商用车。

### NO.5：德国

2012 年轻型车销量为 308 万辆，下跌 2.9%。据德国机动车辆管理局数据，2012 年 12 月，德国轻型车的新车注册量为 204 330 辆，同比下滑 16.4%，这导致 2012 年全年销量只有 308 万辆，较 2011 年的 317 万辆同比下跌约 2.9%。不过德国仍然保持了欧洲最大汽车市场的地位。德国市场是名符其实的德系车市场，从销量数据来看，德国汽车巨无霸大众毫无疑问是德国市场上的绝对王者。2012 年仅大众品牌(不包括大众旗下各子公司品牌)在德国的销量就达到 67 万辆，市场份额超过五分之一。从车系上来看，2012 年韩系车在德国市场表现突出，现代和起亚分别获得了 16.1% 和 30.3% 的高增长。

### NO.6：俄罗斯

2012 年俄罗斯市场销量 293.5 万辆，为欧洲第二大单一市场。据欧洲商会 AEBRUS 日前发布的数据，俄罗斯 2012 年全年销量 293.5 万辆，同比提升 11%。其中我国自主品牌在俄罗斯市场表现依然强劲，12 月份吉利、奇瑞和长城等多家中国车企销量增长一半以上，长城销量增长超过一倍。奇瑞、吉利和长城中国自主品牌全年销量都翻倍。

俄罗斯加入世界贸易组织 WTO 后，汽车类产品进口关税将逐渐下调，推动车市增长，同时吸引更多车企涌入俄罗斯建厂投产。在上述背景下，俄罗斯已经成为欧洲仅次于德国的第二大单一汽车市场，并且差距在不断缩小。

### NO.7：印度

2012 年，印度市场乘用车销量 204 万辆，同比增长 4.74%。据印度汽车制造商协会(SIAM)提供的数据，2012 年全年，印度乘用车销量为 2 042 521 辆，同比增长 4.74%。2012 年全年，印度商用车销量为 813 839 辆，同比增长 4.97%。

2012 年，印度市场汽车销量 2 856 360 辆，2011 年为 2 719 118 辆，同比增长 5.0%。

印度目前是全球汽车行业几大新兴市场之一，最近几年车市销量整体情况呈现上行趋势。我国的自主品牌如吉利、长城都正在谋划印度建厂扩张印度市场。

### NO.8：英国

2012 年英国市场总销量 204 万辆，增长 5.32%。据英国汽车生产商与经销商协会公告，2012 年全年，英国新车总销量 2 044 609 辆，在 2011 年 1 941 253 辆的基础上同比增长 5.32%。

英国汽车生产商与经销商协会表示，去年创下 2008 年以来汽车年销量最高值，同时也是自 2001 年以来英国车市最大同比增幅。不过与金融危机之前相比，2012 年仍未能恢复到 2007 年的水平，当时新车年销量达到 240 万辆，2012 年低于该数字 14.9%。

2012 年英国市场上全年销量最高的品牌为福特，全年累计销量 281 917 辆，市场份额为 13.79%。

### NO.9：法国

2012 年法国市场乘用车销量 189.9 万辆，同比下滑 13.9%。法国汽车制造商协会数据显示，2012 年，法国乘用车销量累计达到 1 898 872 辆，同比下滑 13.9%，2012 年法国轻型商用车销量同比下跌 10.5%，跌至 384 121 辆。造成汽车销量下滑的主要原因为欧洲债务危机和经济下滑所造成的消费者对购车的保守态度。法国本土汽车公司雷诺汽车表现不佳，2012 年的年销量下降了 22%。德国汽车制造商大众汽车在法国汽车市场上同样遭遇销量下滑。2012 年大众在法国销量降低了 5.1%。业内人士表示，法国汽车市场在 2013 年将不会有大幅度的回升。

### NO.10：加拿大

2012 年加拿大市场轻型车销量超 167 万辆，增长 5.7%。2012 年全年，加拿大市场上轻型车销量累计达 1 675 675 辆，同比增长 5.7%，仅次于 2002 年 170.3 万辆的历史最好成绩，其动力主要来自于日产车系及豪华车销售。其中，福特去年销出 27.6 万台，居于销量首位。丰田车销量在去年增长了 18%，达到 19.2 万台，其它如克莱斯勒亦增长 6%，现代增长 5%。

 **阅读材料二　2012 年十大汽车公司排名**

#### 第十名：铃木汽车

2012 年全球产量 289.4 万辆，同比增长 6.2%。

2012 年，铃木汽车日本产量为 1 061 863 辆，同比 2011 年增长 11.8%；非本土市场产量为 1 831 739 辆，同比增长 3.1%；全球产量为 2 893 602 辆，同比 2011 年增长 6.2%。

尽管铃木尚未公布去年销量数据，但 2011 至 2012 年产销量数据可以作为参考。铃木 2011 年的全球产量为 2 802 392 辆，同比下降 2.6%；全球销量为 2 560 050 辆，同比下降 3.1%。按照估算，将铃木排在销量 TOP 10 排行榜第 10 位。

### 第九名：标致雪铁龙

2012 年全球销量 296.5 万辆，同比下跌 16.5%。

2012 年，如果包括在伊朗以全散件(CKD)方式组装的车辆，标致雪铁龙在全球范围内销售了 2 965 000 辆汽车，对比 2011 年的 3 549 000 辆，同比下降 16.5%。其中，标致品牌销量为 1 700 000 辆，在 2011 年 2 114 000 辆的基础上同比下滑了 19.6%；雪铁龙品牌销量为 1 265 000 辆，较之 2011 年的 1 436 000 辆，同比下降 11.9%。

倘若不包括 CKD 车辆销量，标致雪铁龙 2012 年全球销量为 2 820 000 辆，而 2011 年为 3 092 000 辆，同比滑落 8.8%。标致品牌从 1 656 000 辆同比下跌 6.1%，跌至 1 555 000 辆；雪铁龙品牌从 1 436 000 辆同比下跌 11.9%跌至 1 265 000 辆。

### 第八名：本田

2012 年全球销量 381.7 万辆，同比增长 23%。

本田汽车 2012 年全球销量为 381.7 万辆，对比 2011 年的 309.5 万辆，同比增长 23%。在产量方面，去年本田全球产出创造 411.0 万辆新高，2011 年为 290.0 万辆，同比增长 41%。

在日本本土，本田去年销量为 74.5 万辆，较之 2011 年的 50.3 万辆，同比增长 48%。而去年本田在海外销量达到 307.2 万辆，在 2011 年 259.2 万辆的基础上同比增长 19%。

在最大单一市场美国，本田去年销量为 142.2 万辆，对比 2011 年的 114.7 万辆，同比增长 24%。而在去年钓鱼岛事件导致日系车受抵制的中国，本田去年销量从 62.4 万辆同比缩减 3%至 60.3 万辆。

### 第七名：菲亚特集团

2012 年销量 421 万辆，同比增长 4%。

2012 年第 4 季度，菲亚特集团全球销量为 108.4 万辆，2011 年同期为 99.5 万辆，同比增长 8.9%。2012 年全年，菲亚特集团全球销量达到 421.9 万辆，较之 2011 年的 404.39 万辆，同比增长 4.2%。不过由于菲亚特从 2012 年 6 月开始将克莱斯勒纳入销量统计，因而在财务报表中显示 2011 年销量为 316.2 万辆。

两大业务部门中，克莱斯勒 2012 年第 4 季度销量为 533 000 辆，较 2011 年同期的 479 000 同比增长 11.3%；交运销量为 613 000 辆，同比增长 13%。克莱斯勒全年销量为 220 万辆，较 2011 年的 190 万辆同比增长 18%；交运销量为 240 万辆，较 2011 年的 200 万辆同比增长 20%。

### 第六名：福特

2012 年全球销量 566.8 万辆，同比下滑 0.5%。

福特汽车 2012 年全球销量为 566.8 万辆，对比 2011 年的 569.5 万辆，同比下滑 0.5%。去年第 4 季度在全球范围内销售了 153.4 万辆汽车，2011 年同期为 142.7 万辆，同比增长 7.5%。

2012 年第 4 季度，福特北美区域销量为 75.5 万辆，2011 年同期为 69.3 辆，同比增长 8.9%。福特南美区域销量为 14.4 万辆，2011 年同期为 12.4 万辆，同比提升 16.1%。福特欧洲区域销量为 32.7 万辆，2011 年同期为 39.1 万辆，同比下滑 16.4%。福特亚太非区域销量为 30.8 万辆，2011 年同期为 21.9 万辆，同比攀升 40.6%。

2012 年全年，福特北美销量为 278.4 万辆，较之 2011 年的 268.6 万辆，同比增长 3.6%。福特南美销量为 49.8 万辆，较之 2011 年的 50.6 万辆，同比下跌 1.6%。福特欧洲销量为 135.3 万辆，较之 2011 年的 160.2 万辆，同比下跌 15.5%。福特亚太非区域销量为 103.3 万辆，较之 2011 年的 90.1 万辆，同比提高 14.7%。

### 第五名：现代起亚

2012 年全球销量约 712 万辆，同比增长 8%。

现代汽车集团 2012 年全球总销量约为 712 万辆，较 2011 年的 660 万辆同比增长约 8% 左右。其中，子公司现代汽车贡献了 440 万辆销量，而起亚为 272 万辆。

如果按照子公司提供的精确数据，现代汽车 2012 年全球销量为 4 401 947 辆，而 2011 年为 4 051 716 辆，同比增长 8.6%。起亚汽车 2012 年全球销量为 2 710 017 辆，2011 年为 2 479 430 辆，同比增长 9.3%。两者之和为 7 111 964 辆，2011 年为 6 531 146 辆，同比增长 8.9%，这一结果和总数略有差距。

### 第四名：雷诺-日产联盟

2012 年销量 810 万辆，同比增长 1%。

2012 年，雷诺-日产联盟在全球范围内销售了 8 101 310 辆汽车，2011 年该联盟销量为 8 029 222 辆，同比增长 0.9%。

联盟旗下各公司中，雷诺集团去年全球销量为 2 550 286 辆，对比 2011 年的 2 722 883 辆，同比下跌 6.3%；日产全球销量 4 940 133 辆，2011 年为 4 671 399 辆，同比上涨 5.8%；伏尔加销量 610 891 辆，在 2011 年 637 179 辆的基础上同比下滑 5.5%。

### 第三名：大众汽车集团

2012 年全球销量 907 万辆，在华创 281 万新高。

2012 年 12 月，大众汽车集团全球销量为 784 300 辆，在 2011 年 12 月 649 700 辆的基础上，同比提高 20.7%。去年全年，大众全球销量首次突破 900 万辆大关，从 2011 年的 816 万辆同比增长 11.1% 至 907 万辆。

去年 12 月，大众汽车集团在最大单一市场中国的销量约为 28 万辆，前年同期为 15 万辆左右。去年全年，大众汽车集团在华销量达到 281 万辆，对比 2011 年的 226 万辆，同比提升 24.5%。

大众 2012 年在北美销量从 2011 年的 666 800 辆同比提高 26.2% 至 841 500 辆。去年大众在南美销量从 93 万辆同比增长 8.2% 至 101 万辆。在车市低迷的欧洲，大众去年销量为 367 万辆，2011 年为 368 万辆，同比下跌 0.3%，在中东欧地区增长势头强劲。大众去年销量为 644 300 辆，较 2011 年的 547 800 辆同比增长 17.6%。上述大众汽车集团销量不含斯堪尼亚和曼恩两大商用车集团。如果加上两家公司总销量，大众汽车集团去年总销量有可能达到或超过通用汽车的水平，上升至第 2 位。

### 第二名：通用汽车

2012 年全球销量 928.6 万辆，同比增长 2.9%。

2012 年，通用汽车在全球范围内销售了 9 285 991 辆汽车，2011 年则以 9 023 502 辆问鼎全球汽车行业，去年同比增长 2.9%。

通用国际运营部覆盖亚太、北非、撒哈拉非洲和中东，2012 年销量为 3 613 645 辆，2011 年销量为 3 281 245 辆，同比增长 10.1%。

通用北美覆盖美国、加拿大、墨西哥和其他北美市场，2012 年销量为 3 018 576 辆，2011 年销量为 2 925 256 辆，同比增长 3.2%。

通用欧洲覆盖西欧、中欧和东欧(含俄罗斯和独联体国家)，2012 年销量为 1 607 176 辆，2011 年销量为 1 750 599 辆，同比下跌 8.2%。通用南美 2012 年销量为 1 046 594 辆，2011 年销量为 1 066 402 辆，同比下滑 1.9%。

### 第一名：丰田

2012 年全球销量 974.8 万辆，力压通用大众夺冠。

2012 年，丰田集团(包括丰田汽车、日野和大发)全球总销量达到 974.8 万辆，2011 年该集团全球销量为 795.0 万辆，同比增长 22.6%。

在各业务部中，丰田汽车 2011 年销量为 710.0 万辆，2012 年同比增长 22.8%至 871.8 辆；大发 2011 年销量为 73.0 万辆，2012 年同比提高 19.9%至 87.6 万辆；日野 2011 年销量为 12.0 万辆，2012 年同比攀升 27.2%至 17.5 万辆。

三个业务部/子公司在日本本土和海外市场销量均实现大幅增长。海外市场 2012 年总计为丰田集团贡献了 733.6 万辆销量，较 2011 年的 617.0 万辆同比提高 19.0%。其中，丰田汽车从 590.0 万辆同比增长 19.2%至 702.5 万辆；大发从 18.0 万辆同比增长 8.9%至 19.8 万辆；日野由 9.0 万辆同比提高 28.5%至 11.2 万辆。

日本本土市场在反弹作用下增幅更高，从 2011 年的 1 783 942 辆同比增长 35.2%至 2 411 890 辆。其中，丰田汽车从 1 201 013 辆同比增长 40.9%至 1 692 228 辆；大发从 548 340 辆同比增长 23.5%至 677 200 辆；日野从 34 234 辆同比增长 24.0%至 42 462 辆。

# 第二章 汽车营销业务员的素质

## 第一节 汽车销售顾问

销售是一项报酬率非常高的艰难工作，也是一项报酬率最低的轻松工作。所有的决定均取决于自己，一切操之在我。我可以是一个高收入的辛勤工作者，也可以成为一个收入最低的轻松工作者。销售就是热情，就是战斗，就是勤奋工作，就是忍耐，就是执着的追求，就是时间的魔鬼，就是勇气。

——原一平

这是日本推销之神原一平的座右铭。他告诉我们销售是能让销售顾问充分发挥自主性和表现性的职业，可以靠智慧和坚毅的精神而取得成功，并赢得自由的职业。销售是不断地迎接挑战，又是投资小、见效快、收益高等各种因素综合在一起的工作。销售还是助人为乐、能使自己在精神上得到满足、不断完善自我的工作。

销售行业极富创造性与挑战性，销售是一门深奥的学问，它是一种综合了市场学、心理学、人际关系学、管理学、表演学等知识的艺术工作，尤为重要的是，销售工作是对人性修养的一种重要磨砺手段。所以，使用双手的是劳工；使用双手与头脑的是舵手；使用双手、头脑、心灵的是艺术家；只有使用双手、头脑、心灵再加上双腿的才是合格的销售员，而要做一位优秀的销售员还要极具悟性，需要在工作和生活中汲取灵感，并有效地应用到销售实践中。

汽车销售顾问是指为客户提供顾问式的专业汽车消费咨询和导购服务的汽车销售服务人员。其工作范围实际上也就是从事汽车销售的工作，但其立足点是以客户的需求和利益为出发点，向客户提供符合客户需求和利益的产品销售服务。其具体工作包含：客户开发、客户跟踪、销售导购、销售洽谈、销售成交等基本过程，还可能涉及到汽车保险、上牌、装潢、交车、理赔、年检等业务的介绍、成交或代办。在4S店内，其工作范围一般主要定位于销售领域，其他业务领域可与其他相应的业务部门进行衔接。

由于汽车商品的复杂性，销售顾问应熟练掌握各品牌汽车的产品知识，并做到按照公司培训要求的流程规范地介绍各品牌汽车。优秀的销售顾问应以顾客为中心，最大限度地满足客户需求，从而成为客户信赖的销售顾问和汽车专家，达到顾客和企业双赢的目的，创造企业的利润。

我们每天都会面对各种各样的客户，其中有一些是真心要购车的客户，有一些不过是随便看一看，优秀的销售人员可以通过一定的技巧来发现真实的客户，并紧密地跟踪这样的客户，从而完成自己的销售工作。有时，销售人员需要上门拜访客户，于是就需要识别最有潜力的客户的技巧和能力，并在识别的基础上应用专业的销售技巧来完成销售任务。

专业的汽车销售人员不仅要掌握上面提到的了解客户，识别需求，阐述、展示产品，处理异议，商业沟通以及商业谈判等技巧，而且还要有客户心理，采购行为等方面的知识，甚至还要发展自己个人的销售风格，独特的销售方法，根据不同的客户来调整自己的销售方法。

对于中国的绝大多数汽车消费者来讲，当他们决定买车时，汽车对他们只是一个概念，他们不知道什么样的汽车产品符合他们的要求，手里的钱要投向哪里。对选什么样的品牌、什么样的车型、什么样的汽车销售商一无所知，此时他们最先想到了请专家。所以会发现，几乎第一次买车的客户在身边或多或少总会有几位看起来是专家角色的人员，原因只有一个，就是专家最可信。

针对这样的情况，各汽车销售企业提出了要让自己的汽车销售人员成为"销售顾问"，要进行顾问式的销售，要能够帮助客户去选车。但客户并不一定领情，因为在他们眼中，这些销售人员只看中他们钱袋中的钞票。为什么会出现这样的认知呢？原因很简单，一方面现在的汽车销售人员不够专业，不能专业地解决客户现实的需求与未来的需求之间的矛盾；另一方面他们太急功近利，只想着如何搞定客户，因为每一台车的销售都跟他们的收入有关联。这永远是一对矛盾，你将如何解决呢？

既然客户相信专家，那么就要让每一位销售人员真正成为"专家型的销售顾问"，让他们能够胜任这样一个角色，成为四个方面的专家，即"客户信任的投资专家"、"客户赞赏的技术专家"、"客户敬佩的市场专家"、"客户认可的服务专家"。只有这样，才能将客户对汽车产品的关注转换成产品及服务的投资购买行为。

### 1. 比老板更了解自己的公司

客户一旦确定了品牌和车型，接下来就是选择销售商，此时他们最关注的一个问题就是将要合作的这家公司是什么样的公司、实力如何、会存活多长时间、是否值得他们依赖、未来会得到哪些保障等问题。为此，销售人员必须了解公司的发展历史、企业文化、规模、经营现状、股东情况、未来的发展方向与目标、客户对自己所在公司的评价与口碑，借此来强化客户的认同。

在客户选择经销商的过程中，他们除了直接向销售人员询问外，还会根据外部调查的情况进行证实。他们会非常注意细节的方面，因而不可忽略的是他们会在与销售人员的接触中，通过销售人员不经意的一些言谈举止对该公司的情况进行评价。此时，销售人员对自己所在企业的好感会直接影响到客户的决策。如果汽车销售人员对公司的成长历史、现在所取得的成就、未来的发展远景、公司的文化等方面没有一个清晰认识，没有比公司的老板对有利于影响客户决策的部分有更深刻的了解，将无法赢得客户的信赖。只有通过对企业发展前景的描绘，通过对公司热爱、对公司老板敬佩等方面真实情感的表露，才能让客户感觉到这是一家说到做到、有良好企业文化和发展前景的企业，增强客户的购买信心，促使他们尽快做出购买决定。

这里，特别提醒，即使对公司有任何的意见和不满，或负面的看法，在客户面前决不允许也不能谈及。如果销售人员在与客户沟通的过程上，有意无意地透露了一些负面的情况，势必会加大客户的心理负担与压力，促使他们在合作中产生更多的顾虑。

反之，如果销售人员对自己所在公司的评价都是积极的、正面的，这种情绪会从正面直接影响到客户选择的倾向性。所以，如果客户不与自己成交，并非他们的错，而要反思自己是否在销售伊始已经在客户的大脑中注入了不良的信息。

另外，销售人员通过对自己所在公司的深入了解，认真总结出自己公司的优势与特点，在销售中能够针对客户提出的一些异议及时进行化解。这里强调的是，公司的优势应该用客户熟知的一些标准和公布的结果来说明，对于一些未公开但的确独树一帜、与众不同的内容也要提供给客户作为参考。比如说，客户很关心售后服务的问题，为了说明公司在售后服务方面的能力与水平，可以列举某个时间同行业的维修技术练兵和比武的情况，如果本公司赢得了该比赛的第一名，就应该通过该情况的描述让客户认同自己的企业。如果客户对企业的专业能力表示怀疑，可以列举企业内各类人员的文化程度，公司对员工培训的情况，所有维修人员从事专业维修的总年限来说明。

**2．比竞争对手更了解自己**

知己知彼方能百战不殆，这是孙子兵法阐述的兵家制胜原理，也是商战中必须把握的原则。销售人员必须围绕竞争汽车产品，了解竞争对手的以下几个方面情况。

(1) 品牌优势：包括品牌历史、品牌知名度和影响力、品牌给予客户的附加价值等。

(2) 产品优势：产品的技术特点、性能水平、重要差别，同类产品销售情况、相对的优缺点等。

(3) 销售商的情况：该销售商的成长历史，企业文化现状、经营现状，企业领导人的特质，销售人员的专业能力情况，客户对他们的评价等。

(4) 特殊销售政策：正在进行或已经进行过的销售活动、他们对客户的承诺。

一般情况下，客户在选购汽车产品的时候，会要求销售人员对同类产品进行比较，此时如果销售人员不清楚竞争产品与竞争商家的情况，很难向客户阐明自己的销售主张，影响他们的决策。当客户要求比较和评价时，切忌做出负面的评价，这是专业汽车销售基本的常识，但也不能对竞争产品倍加赞赏。从消费心理看，如果按照客户的要求说明竞争对手的劣势，他们会从反方向拉大与销售人员的距离，不利于打消他们的异议。特别是对客户已经认同的竞争对手、竞争产品进行评价时，负面作用更加明显。

因而，汽车销售的一大禁区就是任何的销售人员绝对不要去说竞争对手的坏话，必须运用化解客户异议的技巧有效地处理这方面的问题。

**3．比客户更了解客户，比他们的知识面更广**

如果销售人员问客户："您了解自己的需求吗？"客户一定会告诉："废话，这还要问吗，当然是我最了解自己。"事实则不然，在汽车销售的实践中发现，有相当一部分客户，特别是对汽车产品极不专业的客户，当问及他们需要选购什么样的汽车产品时，会提出一些不相关甚至是不切实际的要求。的确，客户从萌发购车的欲望到最终完成购买，会经历一个相对漫长的过程，从"初期的羡慕"、"心动"、"想要"到"需要"，在前三个阶段中，只是一种想法而已，并不可能落实到行动上。此时，销售人员要做的工作就是如何让这个过程缩短，加速客户购买心理的变化，抢在竞争对手之前让他们的需求与欲望明确化，最终达到销售的目标。要实现这种变化，销售人员就必须能够透视客户心理，明确客户的需求，即比客户对他们自己的了解还要深入、还要准确。

此外，客户是各种各样的，他们的职业经历、职业背景、专业特征各不相同。与他们的沟通必须因人而异，根据他们的特征针对性地做出处理。因而，市场营销知识可以帮助销售人员面对复杂的市场情况，准确地把握客户的需求。企业管理知识有利于销售人员与高层次的客户建立同感，财务知识可以帮助客户提高投资效率、降低购买成本。专业的汽车销售顾问必须具备全面的知识，有自己独到的见解，能够建立客户的信任度，并帮助他们建立倾向于自己所销售汽车产品的评价体系与评价标准。

### 4．比汽车设计师更了解汽车

汽车销售最大的难点是每位销售人员必须对自己所销售的汽车产品有一个全面、深入的了解，对竞争品牌的产品有深入的认识，非常熟悉汽车相关的专业知识。现在，国内已经上市的汽车品牌大大小小已经上百个，加上每个品牌有多个规格和型号，销售人员要面对的汽车产品不胜枚举。这样，销售中花在产品认识上的时间与精力就比做其他的产品要多得多。如果对自己的销售工作没有一个正确的认识，不肯花大量的时间进行这方面的研究，就会一知半解，不利于自己的销售。从客户的决策过程看，他们在决定购买前，一定会要求销售人员对他们提出的任何问题给予一个满意的答复，只要有一点不认可，就会让整个销售前功尽弃。所以，丰富的产品专业知识是汽车销售的核心问题。

### 5．能够帮助客户投资理财

汽车消费中有相当一部分是家庭消费投资，对于这类客户，他们手中的资金有限，如何有效利用有限的资金达成更高的购买目标是他们关注的目标。如果销售人员具备较为专业的投资理财方面的知识，提供一些这方面的技巧，将会在消费者购车的过程中帮助他们选择到适合自己的车型、付款方式等，协助客户以最有效的投资组合方式获得多方面的投资效益。

## 第二节　汽车销售顾问的要求

中国有句俗话"态度决定一切"，在英文中态度对应的单词是 attitude。如果将英文 26 个字母排上顺序号，那么，a 是 1，d 是 4，t 是 20，i 是 9，u 是 21，e 是 5，于是，attitude 就是 1 + 20 + 20 + 9 + 20 + 21 + 4 + 5 = 100 分。英文 hardwork 是努力工作的意思，用同样的方法来计算一个努力工作的得分，你会得到：98 分。西方文字基本上都是源于拉丁文的，因此，也可以说这样来解释努力工作和态度是一种巧合。但是，一个人在其一生中取得的成就，获得的幸福很大的成份取决于其态度是有一定的道理的。

世界上没有天生的优秀销售人员，销售能力不是通过遗传得到的，都是后天训练出来的。我们训练过大量的销售人员之后发现，在参加培训初期看到的非常有经验有潜力，俗话说天资不错的学生，最后取得良好销售业绩的反而不多，而那些看来不聪慧的，但心态良好的，有积极态度的学员在我们随后一年的销售业绩追踪结果中，却取得了非常优秀的销售成绩。这个结果至少证明，那些天资并不卓越的人，通过后天的努力和练习也可以最大程度地发挥他们的潜力；而那些看来有潜力的人，得意于自己的潜力从而错过了对全新销售技能的理解和实践，导致之后一年的销售成绩的提升并不理想。

人的一生有很多次可供选择的机会。能否选择到适合自己的目标，事关人生的前途与命运，事关人生的沉浮与幸福。既然在人生的某一阶段选择了做销售员这个行当，就要把销售员这个行当做好、做出成绩。在销售领域，销售人员素质高低、能力大小差异很大。罗马不是一日造成的，通过后天训练与努力，那些天资普通的人员也可以最大程度地发挥自己的潜力，成为对个人能力而言，非常成功的销售人员。

作为社会中的一员，每一个人对事物的认识都有他的立场、观点。当然，这些与其所处的环境、社会背景有关。但是要想成为一名优秀的销售业务员，必须善于总结别人成功的经验，并不断地学习、充实、提高自己。

一个成功的销售员必须要有以下最基本的特征(如图 2-1 所示)：

(1) 正确的态度；

(2) 良好的个人素养；

(3) 具有汽车专业理论，熟悉汽车构造；

(4) 丰富的销售经验和熟悉本企业的业务流程；

(5) 熟悉汽车配套服务规则，了解相应的政策、法规、制度；

(6) 了解顾客的心理，善于与顾客沟通。

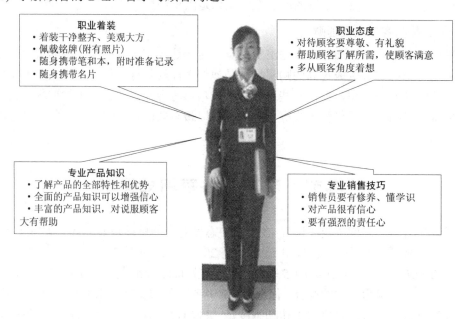

图 2-1 成功的销售员具备的特征

下面就正确的态度和良好的个人素养展开讨论。

### 1. 正确的态度

作为销售人员，在工作和生活中要培养良好的心态，把销售工作作为一件乐事来做。在汽车销售业迅速发展的今天，要想做好销售就更加的不容易，必须要有正确的态度：自信(相信销售能带给别人好处)、销售时的热忱、乐观态度、积极关心您的客户、勤奋工作、能被人接受(有人缘)、诚恳等都是销售员必须具备的态度。下面从两个方面论述销售员的正确态度：

**1）成功的欲望**

任何销售员的脱颖而出，都源自于成功的欲望，成功的欲望源自于你对财富的渴望，对家庭的责任，对自我价值实现的追求，不满足是向上的车轮！这种成功的欲望正是促使销售员不断向前的推动力。

要想做好汽车消售，首先要注意的就是有强烈成功的欲望和激情。要想成功，你必须要有强烈的成功欲望，就像一个溺水的人有强烈的求生欲望，一个优秀的足球前锋最可贵的素质就是强烈的射门意识一样，一个顶尖的推销员最优秀的素质就是要有强烈的成交欲望。你的欲望愈强烈，目标谋取就愈靠近，正如弓拉得愈满，箭就飞得愈远一样。100%的成功等于100%的意愿。"意愿"即你达成该目标的意愿强度，也就是说你到底想要什么？是"想要"，还是"一定要"。成功的销售员应该具备强烈的企图心。强烈的企图心就是对成功的强烈欲望，没有强烈的企图心就不会有足够的决心。

**2）正确的心态**

正确的心态 = 乐观的心态 + 强烈的自信 + 锲而不舍的精神

事物永远是阴阳同存，积极的心态看到的永远是事物好的一面，而消极的心态只看到不好的一面。积极的心态能把坏的事情变好，消极的心态能把好的事情变坏。当今时代是悟性的赛跑！

任何一名成功的销售员都对自己的职业充满由衷的热爱，对事业充满强烈的信心，而这也正是一个销售员所应具备的。

销售是从失败开始的，整个销售过程都充满艰辛和痛苦，因此锲而不舍的精神是销售成功的重要保证。无数次实践证明：在销售之前遇到的挫折越大，克服挫折产生的成绩就会越大。

**2. 良好的个人素养**

**1）高度为客户提供服务的热忱心**

优秀的销售员要有高度的为客户服务的热忱心，顶尖的销售员都把客户当成自己长期的终身朋友。关心客户需求，表现为随时随地地关心他们，提供给客户最好的服务和产品，保持长久的联系。

成功的销售人员能看到客户背后的客户，能看到今天不是自己的客户，但并不代表明天不是，尊重别人不仅仅是一种美德，而是自身具有人格魅力的体现。销售人员推销的不仅是产品，还应包括服务。现代销售更注重服务品质的较量，服务要胜人一筹，棋高一招。每一次成功推销都是一次服务的较量，拼的就是服务的品质和人员素质。

**2）非凡的亲和力**

许多销售都建立在友谊的基础上的。销售人员销售的第一产品是销售员自己，销售员在销售服务和产品时，如何获得良好的第一印象，是至为关键的事。这时候，你的人格魅力，你的信心，你的微笑，你的热情都必须全部调动起来，利用最初的几秒钟尽可能地打动客户，这就需要销售员具备非凡的亲和力。

**3）对结果自我负责，百分之百地对自己负责**

成功的人不断找方法突破，失败的人不断找借口抱怨。要获得销售的成功，还得靠你自己。要为成功找方法，莫为失败找理由！在销售的过程中，难免会犯错。犯错误不可怕，可怕的是对犯错误的恐惧。答应等于完成，想到就要做到。一个勇于承担责任的人往往容易被别人接受，设想谁愿意跟一个文过饰非的人合作呢？成功的销售员对结果自我负责，百分之百地对自己负责。

4) 平和的心态

要懂得生命的价值和社会发展的规律。不能急功近利，不可操之过急，学会寻找机会和把握住机会！

5) 勤奋

当业务人员开始进入职场时，总是充满激情，但是，随着时间推移、工作当中遇到困难增加等因素的出现，业务人员难免出现懈怠心理，尤其是资深业务人员，业绩过得去，收入状况已经过了温饱阶段，公司内部大家都熟悉了，客户基本给个面子，更是有可能成为油条，慢慢懒惰下去，直到结束自己的职业生命。

6) 忠诚

忠诚是一种优秀的传统精神。销售员的基本素质首先需要忠诚。忠诚于你的团队，忠诚于你的产品，忠诚于你的合作伙伴。其次，需要每日不断提升责任心，高度团队合作精神和培养对市场的洞察力。

任何一家公司的老板对公司员工的选择首先要求的不是你的能力，你的学历，而是你的忠诚度！

7) 严谨的工作作风

优秀的销售人员总是善于制定详细、周密的工作计划，并且能在随后的工作中不折不扣地予以执行。其实，销售工作并不存在什么特别神奇的地方，有的只是严密地组织和勤奋地工作。销售人员最需要的优秀品格之一是努力工作，而不依靠运气或技巧(虽然运气和技巧有时也很重要)；或者说，优秀的销售人员有时候之所以能碰到好运气是因为他们总是早出晚归，他们有时会为一项计划工作到深夜，或者在别人下班的时候还在与客户洽谈，还在制定明确的目标和计划(远见)。

8) 竞争与创新的观念与能力

物竞天择，适者生存，营销人员也必须有竞争，有竞争才能提高，竞争已经无时不在、无处不在，要么被淘汰，要么淘汰他人，社会资源的匮乏与生存的压力使得所有事情都有竞争，你必须日清日高、不断进步；你必须做任何事都想着创新，你必须时时想着不被对手淘汰，否则就会真的被人淘汰出局。

提高自己竞争力的最有效的方法就是不断创新、不断变化，不求变化意味着你正在被淘汰。

9) 团队意识与协作精神

最新的研究表明，对于大多数行业来说，一个人成功的重要因素中，情商的作用远远大于智商，情商与智商的作用在一个人成功的比例大约是 7∶3。情商除了自我情绪调节与控制外，更重要的是与人的沟通、协作、配合、相处的能力。

靠一个人单打独斗创天下的时代已经一去不复返了，企业要成功、要发展壮大，就必须有一群志同道合的人共同努力，自从有了组织就有协调配合问题，就存在团队精神与意识问题。

10) 善于学习

学习的最大好处就是通过学习别人的经验和知识，可以大幅度地减少犯错和缩短摸索时间，使我们更快速地走向成功。

销售是一个不断摸索的过程，销售员难免在此过程中不断地犯错误。反省是认识错误、改正错误的前提。

成功的销售员总是能与他的客户有许多共识。这与销售员本身的见识和知识分不开。有多大的见识和胆识，才有多大的知识，才有多大的格局。

# 第三节　合理的知识结构

知识不但是力量，更是企业和个人创造财富的核心能力。从某种意义上说，如果销售工作要求销售员有一定的天分，那么肯定有些人有这些天分，而另一些人没有这样的天分。显然，天分是不可以强求的，但可以通过后天的勤奋学习得到弥补。那么，一名销售员可以通过学习得到什么呢？可以得到知识和技巧。

优秀的销售人员必定是一个专家，是一个可以成为客户顾问的人。那么，销售人员必须要掌握哪些知识呢？

要想成为一个专业的、高效率的汽车销售顾问，应掌握以下方面的知识：

(1) 汽车品牌的创建历史，该品牌在业界的地位与价值；

(2) 制造商的情况，包括设立的时间、成长历史、企业文化、产品的升级计划、新产品的研发情况、企业未来的发展目标等；

(3) 汽车产品的结构与原理，与其他竞争产品相比较的优势与卖点；

(4) 应用于汽车的新技术、新概念，如 ABS、EBD、EDS、GPS、全铝车身、蓝牙技术等，对某些追新求异的客户，应该在新技术的诠释上超过竞争对手；

(5) 世界汽车工业发展的历史，对一些影响汽车工业发展的历史事件要知根知底；

(6) 汽车贷款的常识；

(7) 汽车保险的常识；

(8) 汽车维修与保养的常识；

(9) 汽车驾驶的常识；

(10) 汽车消费心理方面的专业知识；

(11) 其他与汽车专业相关的知识。

只有全面深入地掌握了比竞争对手更多的产品专业知识，才能超越竞争对手，赢得销售成功。下面就具体某些知识结构进行分析。

## 1. 产品(服务)知识

只有了解了产品(或者服务)，才能为客户准确地介绍产品，并且不仅要会介绍产品性能、特点，还要能亲手操作。不了解汽车技术，或者对汽车知识一知半解，就好比盲人摸象。连你自己都说不清楚的东西，又怎么向客户推荐呢？要销售汽车，就得充分了解汽车。

汽车销售人员应熟悉自己汽车的优点、缺点、价格策略、技术、品种、规格、宣传促销活动、竞争产品状况、替代产品状况等。只有全面、深入地掌握这些知识，才能有的放矢，准确回答客户的提问，才能把产品真正变成商品。

了解和熟悉汽车，首先要了解汽车的价值取向，就是汽车能给客户带来的价值，了解构成汽车使用价值的因素。如果汽车销售人员想要做到对自己销售的汽车了如指掌，产品分析是必不可少的工作。这应是汽车销售人员长期进行的工作。汽车销售人员除了熟悉自己的汽车之外，还必须熟悉竞争对手的汽车。这不是企业某个部门的事情，也不是某个人的事情，在短时间内做出有价值的产品分析是不可能的。只有在不断地寻找潜在客户的过程中，通过接触和了解，才能真正懂得你所销售产品的价值取向，你还可以根据自己所需要掌握的信息进行增减，做到每一项分析都有价值，能说明一定的问题。找出产品可能的利益点，在与客户接触后找到客户需求的重心。

汽车销售人员熟悉自己销售的汽车就意味着知道它的特别之处，知道谁会购买该汽车，了解该汽车的性能和特点，了解公司在市场中的地位，知道自己销售的汽车与竞争对手的汽车有何异同，懂得如何充满自信地展示自己销售的汽车。

### 2. 掌握丰富的汽车销售相关知识

优秀的汽车销售人员之所以优秀，不仅因为他们具备专业的汽车基础知识，还因为他们具备丰富的汽车销售知识。以下三点是汽车销售人员应掌握的汽车销售知识。

汽车消费信贷。在汽车销售的过程中，客户经常会在付款方式和价格方面提出异议。如果汽车销售人员在说服客户时能向他们解释清楚分期付款的好处，对促进成交非常有利。所以，汽车销售人员必须了解汽车消费信贷的有关知识，比如汽车消费贷款的对象及条件、汽车消费贷款的额度、汽车消费贷款的期限、汽车消费贷款的利率、贷款买车后的还款方式和汽车消费贷款的程序等。

新车上户及年检。在我国，随着汽车市场的逐渐成熟，服务成为各个汽车经销商在激烈的竞争中更加关注的问题。很多商家把帮助客户新车上户作为吸引客户的促销手段。因此，汽车销售人员必须熟悉新车上户的各个环节，对新车上户的程序、车辆上路前需要交纳哪些费用和汽车的年检都能向客户讲解清楚、明白。

新车保险。通常汽车销售人员并没有义务为客户办理汽车保险事宜，但是为了赢得客户的信任，树立顾问的形象，汽车销售人员必须掌握汽车的保险知识，以随时解答客户的疑问，处理有关保险的异议，实现顺利成交。汽车销售人员应对车辆损失险、第三者责任险、机动车附加险、车辆损失险的附加险和第三者责任险的附加险都有非常透彻的了解。

### 3. 行业知识

行业知识指销售人员对客户所在的行业在使用汽车上的了解。如，面对的潜在客户是一个礼品制造商，而且经常需要用车带着样品给他的客户展示，那么，他对汽车的要求将集中在储藏空间，驾驶时的平顺等。客户来自各行各业，如何做到对这个不同行业用车的了解呢？其实，这个技能基于你对要销售的汽车的了解。比如，客户属于服装制造业，那么也许会用到汽车空间中可以悬挂西服而不会导致皱褶的功能。许多销售人员对客户用车习惯的注意及了解都是从注意观察开始的。

行业知识不仅表现在对客户所在行业用车的了解上，还表现在对客户所在行业的关注上。当你了解到客户是从事教育行业的时候，你也许可以表现的好奇地问：听说，现在的孩子越来越不好教育了吧？其实不过是一句问话，对客户来说，这是一种获得认同的好方法。当客户开始介绍他的行业特点的时候，你已经赢得了客户的好感，仅仅是好感，已经大大缩短了人与人之间的距离。汽车销售中这样的例子非常多，但并不是容易掌握的，关键是要学会培养自己的好奇心，当你有了对客户行业的好奇心之后，关切地提出你的问题就是你销售技能的一种表现。

客户购买产品，势必要货比三家。作为优秀的销售员，我们必须能够为顾客提供很好的行业知识参考，在客户有需求时能够提供自己品牌与竞争对手的产品之间优缺点的对比，从而引导顾客正确消费。这就需要销售人员拥有丰富的行业知识。

### 4．关于消费心理学的知识

销售，作为一门学问来看，主要是研究与人打交道的，因此必须熟练掌握人性的学说。销售是心与心的交流，销售人员要打的是一场"心理战"。做销售如果不懂心理学，就犹如人在茫茫的黑夜里行走，永远只能误打误撞。销售过程中需要把握客户的心理活动，挖掘客户的心理需求、引爆客户的购买冲动、找准客户的心理突破口以及读懂客户的身体语言。销售人员想要提升自己的销售业绩，就一定要懂得察言、观色、攻心，真正明白心理学对销售工作的重要性。

### 5．其他知识

最好的销售人员总是在销售过程中能与顾客变成朋友的人，能够寻找到共同语言的人。因此，天文地理、诸子百家，古今中外，样样都要有所涉猎才能应付各种各样的顾客。例如，与一个经历过文革风雨的人交往，基本不懂中国革命史，肯定不行；而与一个80年代的人交往，对网络一窍不通肯定没有共同语言。有人描叙优秀销售人员是：见人讲人话，见鬼讲鬼话，就是描述成功销售人员能够与所有目标客户取得共鸣，被客户所接受。

### 6．客户关系知识

不知道到哪里去寻找客户，寻找到客户不知如何与客户进行有效联系，有时候销售员千方百计约到了某个客户，但是在和这个客户进行面对面交流的时候，销售员却往往不知道要说些什么。这些情况非常典型，而它的病根就在于不重视对客户知识的积累。

一般以销售为核心的企业注重客户关系偏重在维持长久的客户关系上，从而可以不断提升客户的忠诚度，让客户终身成为自己企业的客户，而且还会不断介绍新的客户进来，这也是一种营销手段。如果强调在销售人员上，这四个字则更多地被用在鼓励销售人员为客户提供更多更好的服务以及一种非常贴近的服务态度。而在这里谈到的客户关系的主要倾向是如何有效地促进以销售为目的的客户关系，如何通过掌控客户关系来完成销售，或者有效地通过客户关系来影响客户的采购决策。

### 7．企业(组织)知识

销售人员其实就是企业的对外形象大使。要像了解自己家一样了解企业，这样才能让客户感觉到你对公司的认同，才能让人感觉到你的自信，从而相信你的介绍而接受你的产品。如果销售经理在客户面前萎靡不振，客户也会认为这家企业不怎么样，从而不接受这家企业的产品。

另外，销售业务是公司整体价值链的一个环节，在工作中，销售人员总是需要其他部门的配合与支持，那么，对企业情况的了解，特别是企业运行政策的了解，会使你更加清楚你能够为客户争取什么？不能承诺什么？这样，你在从事销售工作时才能更加得心应手。

这些方面的知识反映的是一个销售人员在试图影响目标客户时可以运用的核心实力。如果对以上的各项技能运用自如，不仅可以成为一个出色的汽车销售人员，而且销售任何贵重的、昂贵的产品都可以做到所向披靡。

# 第四节　销　售　礼　仪

礼仪是一个人立足社会、成就事业、获得美好人生的基础。学习礼仪是为了能够与他人和谐相处，而且个人懂不懂得礼仪，会影响到一个组织、一个国家的形象。作为一名销售顾问，懂得商务礼仪是必不可少的。

礼仪指的是在人际交往之中，自始至终地以一定的、约定俗成的程序、方式来表现的律己、敬人的完整行为。从个人修养的角度来看，礼仪可以说是一个人的内在修养和素质的外在表现。也就是说，礼仪即教养，素质体现于对礼仪的认知和应用。从道德的角度来看，礼仪可以被界定为为人处世的行为规范，或称为标准做法、行为准则。从交际的角度来看，礼仪可以说是人际交往中适用的一种艺术，也可以说是一种交际方式或交际方法。从民俗的角度来看，礼仪既可以说是在人际交往中必须遵行的律己敬人的习惯形式，也可以说是在人际交往中约定俗成的示人以尊重、友好的习惯做法。简言之，礼仪是待人接物的一种惯例。从传播的角度来看，礼仪可以说是一种在人际交往中进行相互沟通的技巧。从审美的角度来看，礼仪可以说是一种形式美。它是人的心灵美的必然的外化。

## 1. 仪容

仪容，通常是指人的外观、外貌。其中的重点是指人的容貌。礼仪对个人仪容的首要要求是仪容美。

### 1) 头发

按照一般习惯，人们注意、打量其他人，往往是从头部开始的。而头发生长于头顶，位于人体的"制高点"，所以更容易先入为主，引起重视。有鉴于此，修饰仪容通常应当"从头做起"。修饰头发，应注意勤于梳洗，头发是人们脸面之中的脸面，所以应当自觉地作好日常护理。不论有无交际应酬活动，平日都要对自己的头发勤于梳洗，不要临阵磨枪，更不能忽略此点，疏于对头发的"管理"。通常理发，男士应为半月左右一次，女士可根据个人情况而定，但最长不应长于1个月。洗发，应当3天左右进行一次，若能天天都洗自然更好。如有重要的交际应酬，应于事前再进行一次洗发、理发、梳发，不必拘泥于以上时限。

### 2) 面容

仪容在很大程度上指的就是人的面容，由此可见，面容修饰在仪容修饰之中举足轻重。修饰面容，首先要做到面必洁，即要勤于洗脸，使之干净清爽，无汗渍、无油污、无泪痕、无其他任何不洁之物。洗脸，每天仅在早上起床后洗一次远远不够。午休后、用餐后、出汗后、劳动后、外出后，都是需要即刻洗脸的。男士若无特殊宗教信仰和民族习惯，最好不要蓄须，并应经常及时地剃去胡须。在社交场合，即使胡子茬为他人所见，也是失礼的。

3）手臂

在正常情况下，手臂是人际交往之中人的身体上使用最多、动作最多的一个部分，而且其动作还往往被附加了多种多样的含义，因此，手臂往往被人们视为社交之中每个人都有的"第二枚名片"。从某种程度上讲，它甚至比人们常规使用的印在纸片上的那枚名片更受重视。手上的指甲应定期修剪，大体上应每周修剪一次。不要长时间不剪手指甲，使其看上去脏兮兮、黑乎乎。也不要留长指甲，它不仅毫无实用价值，而且不美观、不卫生、不方便。修剪手指甲，应令其不超过手指指尖为宜。反之，即可视为过长。指甲外形不美时，亦可进行修饰。社交礼仪规定，在非常正式的政务、商务、学术、外交活动中，人们的手臂，尤其是肩部，不应当裸露在衣服之外。也就是说，在这些场合，不宜穿着半袖装或无袖装。而在其他一切非正式场合，则无此限制。因个人生理条件的不同，有个别人手臂上汗毛生长得过浓、过重或过长。这件事一般无关大局，没有必要非去进行"干涉"不可。不过，若是情况反常，特别是有碍观瞻的话，最好还是要采用适当的方法进行脱毛。还要强调，在他人面前，尤其是在外人或异性面前，腋毛是不应为对方所见的。它属于"个人隐私"，不甚雅观，被人见到是很失礼的。根据现代人着装的具体情况，女士特别要注意这一点。在正式场合，一定要牢记，不要穿着会令腋毛外现"露怯"的服装。而在非正式场合，若打算穿着暴露腋窝的服装，则务必先行脱去或剃去腋毛。

4）腿部

中国人看人的一般习惯性做法，是"远看头，近看脚，不远不近看中腰"。腿部在近距离之内常为他人所注视，在修饰仪容时自然不能偏废。严格地说，在正式场合是不允许光着脚穿鞋子的。它既不美观，又有可能被人误会。在欧美国家，光脚穿鞋，即被视为"性感"做法。不仅如此，一些有可能使脚部过于暴露的鞋子，如拖鞋、凉鞋、镂空鞋、无跟鞋，也因此而不得登上大雅之堂。在正式场合，不允许男士的着装暴露腿部，即不允许穿短裤。女士可以穿长裤、裙子，但不得穿短裤，或是暴露大部分大腿的超短裙。越是正式的场合，讲究女士的裙子越长。在庄严、肃穆的场合，女士的裙长应过膝部以下。女士在正式场合穿裙子时，不允许光着大腿不穿袜子，尤其不允许其光着的大腿暴露于裙子之外。在非正式的场合，特别是在休闲活动中，则无此规定。

5）化妆

化妆，是修饰仪容的一种高级方法，它是指采用化妆品按一定技法对自己进行修饰、装扮，以便使自己容貌变得更加靓丽。一般情况下，女士对化妆更加重视。其实，它不只是女士的专利，男士也有必要进行适当的化妆。在人际交往中，进行适当的化妆是必要的。这既是自尊的表示，也意味着对交往对象较为重视。

进行化妆时，应认真遵守以下礼仪规范，不得违反：

(1) 勿当众进行化妆；

(2) 勿在异性面前化妆；

(3) 勿使化妆妨碍于人，将自己的妆化得过浓、过重，香气四溢，令人窒息；

(4) 勿使妆面出现残缺，若妆面出现残缺，应及时避人补妆；

(5) 勿借用他人的化妆品，借用他人化妆品不卫生，故应避免。

6) 服装

服装，是对人们所穿着的衣服的总称。在人际交往中，服装被视为人的"第二肌肤"，既可以遮风、挡雨、防暑、御寒、蔽体、掩羞，发挥多重实用性功能，又可以美化人体，扬长遮短，展示个性，反映精神风貌，体现生活情趣，发挥多种装饰性功能。

(1) 三色原则。三色原则是选择正装色彩的基本原则。它的含义，是要求正装的色彩在总体上应当以少为宜，最好将其控制在三种色彩之内。这样做有助于保持正装庄重、保守的总体风格，并使正装在色彩上显得规范、简洁、和谐。正装的色彩若超出三种色彩，一般都会给人以繁杂、低俗之感。

(2) 三一定律：鞋子、腰带、公文包颜色要统一协调(黑色优先)。

(3) TPO原则。总的说来，着装要规范、得体，就要牢记并严守TPO原则。TPO原则是有关服饰礼仪的基本原则之一。其中的T、P、O三个字母，分别是英文时间、地点、目的这三个单词的缩写。它的含义，是要求人们在选择服装、考虑其具体款式时，首先应当兼顾时间、地点、目的，并应力求使自己的着装及其具体款式与着装的时间、地点、目的协调一致，较为和谐般配。

7) 佩饰

佩饰，这里所指的是人们在着装的同时所选用、佩戴的装饰性物品。佩饰的实用价值不是很强，有些佩饰甚至毫无实用价值。从总体上讲，它对于人们的穿着打扮，尤其是对于服装而言，只起着辅助、烘托、陪衬、美化的作用。与人类须臾不可离开的服装所不同的是，佩饰可以使用，也可以不使用。有时，它也叫饰物。

(1) 首饰。首饰以往是指戴在头上的装饰品，现在则泛指各类没有任何实际用途的饰物。由于其装饰作用十分明显，因而受到社会各界，尤其受到广大妇女的青睐。

(2) 手表。手表又叫腕表，即佩戴在手腕上的用以计时的工具。在社交场合，佩戴手表，通常意味着时间观念强、作风严谨；而不戴手表的人，或是动辄向他人询问时间的人，则总会令人嗤之以鼻，因为这多表明其时间观念不强。 在正规的社交场合，手表往往被视同首饰，对于平时只有戒指一种首饰可戴的男士来说，更是备受重视。

(3) 领带。在男士穿西装时，最抢眼的，通常不是西装本身，而是领带。因此，领带被称为西装的"画龙点睛之处"。一位只有一身西装的男士，只要经常更换不同的领带，往往也能给人以天天耳目一新的感觉。

## 2. 仪态

仪态是指人在行为中的姿势和风度，姿势是指身体呈现的样子，风度是气质方面的暴露。仪态是一种不说话的"语言"，能在很大程度上反映一个人的素质、修养及其被别人信任的程度。冰冷生硬、懒散懈怠、矫揉造作的举止行为，无疑有损于良好的形象。相反，从容潇洒的动作，给人以清新明快的感觉；端庄含蓄的行为，给人以深沉稳健的印象。因此，汽车销售人员必须在训练中达到提高个人仪态与风度的目的，尤其注意自己的站姿、坐姿、走姿、手势等仪态，如图2-2所示。

图 2-2 站姿和坐姿

1) 站姿

正确的站姿是抬头、目视前方、挺胸直腰、肩平、双臂自然垂下、收腹、双腿并拢直立、脚尖分呈 V 字形、身体重心放到两脚中间；也可两脚分开比肩略窄，将双手合起，放在腹前或腹后。

① 男性站姿：双脚平行打开，双手握于小腹前或腹后。

② 女性站姿：双脚要靠拢，膝盖打直，双手握于腹前。

③ 当客户、上级或职位比自己高的人走来时应起立。

站立时，双手不可叉在腰间，也不可抱在胸前；不可驼着背，弓着腰，不可眼睛左右斜视；不可一肩高一肩低，不可双臂胡乱摆动，不可双腿不停地抖动。不宜将手插在裤袋里，更不要下意识地出现搓、剔动作，也不要随意摆动打火机、香烟盒，玩弄皮带、发辫等。这样不但显得拘谨、有失庄重，还会给人以缺乏自信和没有经验的感觉。

2) 坐姿

入坐时要轻，至少要坐满椅子的三分之二，后背轻靠椅背，双膝自然并拢(男性可略分开)。身体稍向前倾，则表示尊重和谦虚。

男性坐姿：可将双腿分开略向前伸，如长时间端坐，可双腿交叉重叠，但要注意将上面的腿向前伸，如长时间端坐，可双腿交叉重叠，但要注意将上面的腿向回收，脚尖向下。

女性坐姿：入座前应先将裙角向前收拢，两腿并拢，双脚同时向左或向右放，两边叠放于腿上。如长时间端坐可将两腿交叉重叠，但要注意上面的腿向回收，脚尖向下。

特别提示：

(1) 与人交谈时，不可双腿不停地抖动，甚至鞋跟离开脚跟晃动。

(2) 坐姿与环境要符合，入座后不能翘起二郎腿，或前俯后仰。

(3) 不能将双腿搭在椅子、沙发和桌子上。

(4) 女士叠腿要慎重、规范，不可呈"4"字形，男士也不能出现不雅的坐姿。

(5) 坐下后不可双腿拉开呈"八"字形，也不可将脚伸得很远。

3) 走姿

① 男士：抬头挺胸，步履稳健、自信，避免八字步。

② 女士：背脊挺直，双脚平行前进，步履轻柔自然，避免做作。可右肩背皮包，手持文件夹置于臂膀间。

③ 行走最忌内八字、外八字；不可弯腰驼背、摇头晃肩、扭腰摆臂；不可膝盖弯曲，或重心不协调，使得头先至而腰、臀跟上来；不可走路时吸烟、双手插入裤兜；不可左顾右盼；不可无精打采，身体松垮；不可摆手过快，幅度过大或过小。

4) 蹲姿

在拾取低处物件时，应保持大方、端庄的蹲姿。一脚在前，一脚在后，两腿向下蹲，前脚全着地，小腿基本垂直于地面，后脚跟提起，脚掌着地，臀部向下。

5) 手势

① 指引。需要用手指引某样物品或接引顾客和客人时，食指以下靠拢，拇指向内侧轻轻弯曲，指示方向。

② 招手。向远距离的人打招呼时，伸出右手，右胳膊伸出高举，掌心朝着对方，轻轻摆动。不可向上级和长辈招手。

③ 交际场合不得当众搔头皮、掏耳朵、抠鼻孔或眼屎、搓泥垢、修指甲、揉衣角、用手指在桌上乱画、玩手中的笔或其他工具；切记做手势或指指点点。

6) 行礼

当顾客走到展厅门前 2 m 左右，门前接待人员要立即与顾客眼神接触，报以亲切的微笑，对顾客说"欢迎光临"或者其他适当的语言来打招呼、行礼，同时起到提醒展厅内销售人员有顾客到来的目的。当顾客在店内停留 3 分钟后或发出需要帮助的信号(如目光搜寻、在一辆车前停留后尝试打开车门时)，销售人员就应快步上前提供服务。

展厅接待人员的行礼角度，可依次分为 3 种：15°——"请稍等一会儿"；30°——"欢迎光临"；45°——"谢谢光临"，如图 2-3 所示。这三种角度中，15° 和 30° 都要看着顾客的眼睛，将头慢慢朝下。

图 2-3 行礼

欢迎的行礼角度，以 30 最为恰当，如果角度再大一点虽略显夸张，但从礼貌上来讲并不是不好。在打招呼的同时，还应注意顾客的视线以及顾客的表情，这是很重要的。

在目送准备离去的顾客时，因为服务已经告一段落，应该表示谢意，因此，行礼的角度不宜过小，需在 45° 左右。

另外，销售人员在接受顾客委托或是请顾客稍等时的行礼角度，只需轻微的 15° 即可。如果销售人员和顾客眼睛碰上时，行礼的角度也是 15°。

7) 视线

与顾客交谈时，两眼视线落在对方的鼻间，偶尔也可以注视对方的双眼。

恳请对方时，注视对方的双眼。

为表示对顾客的尊重和重视，切记斜视或光顾他人、他物，以免让顾客感觉你非礼和心不在焉。

销售人员要随时检点自己的行为，如图 2-4 所示。

**销售人员要随时检点下列行为**

| | |
|---|---|
| 头发脏乱，有头屑 | 衬衣的领、袖口不洁 |
| 满脸油光或有汗水 | 领带松散、歪斜 |
| 脸上的胡子没有修剪 | 系一条褪色的皮带 |
| 眼睛、眉毛上妆太重 | 浅色衬衣内穿深色内衣 |
| 眼镜不洁或有破损或佩戴目镜 | 浅色袜子配深色皮鞋 |
| 饭后未漱口 | 夏天着装暴露，穿拖鞋 |
| 指甲过长且不干净 | 皮鞋、西装上有污渍 |
| 涂抹指甲油 | 浓妆艳抹，香水味浓重 |

图 2-4　销售人员注意的行为

### 3. 介绍礼仪

1) 自我介绍

汽车销售人员每天要与各种各样的陌生人打交道，要经常进行自我介绍，那么怎样使自己做得更好去赢得顾客的信任呢？

(1) 自我介绍的时机。

① 在社交场合，与不相识者相处时，或是有不相识者表现出对自己感兴趣时，或是有不相识者要求自己做自我介绍时。

② 在公共聚会上，与身边的陌生人组成交际圈时，或是打算介入陌生人组成的交际圈时。

③ 有求于人，而对方对自己不甚了解，或一无所知时。

④ 前往陌生人单位，进行工作联系时。

⑤ 拜访熟人遇到不相识者挡驾，或是对方不在，而需要请不相识者代为转告时。

⑥ 初次通过大众传媒向社会公众进行自我推荐、自我宣传时。

⑦ 在出差、旅行途中，与他人临时接触时。

(2) 自我介绍的内容。内容简短而完整，说出单位、职务、姓名，给对方一个自我介绍的机会。如：您好！我是××4S 汽车专营公司的业务代表，我叫陈××。请问，我应该怎样称呼您呢？

(3) 自我介绍时的仪态。可将右手放在自己左胸上，不要用手指指着自己说话。如方便，可握住对方的手做介绍；有名片的，可在说出姓名后递上名片。

(4) 自我介绍时的表情。坦然、亲切、大方，面带微笑，眼睛看着对方或是大家，不可不知所措或者随随便便、满不在乎。

总之，自我介绍要做到自然大方，不要慌慌张张、毛手毛脚，表现出自信友好和善解人意。注意时间，要抓住时机，不要打断别人的谈话而介绍自己，应在对方有空闲，而且情绪较好，又有兴趣时，这样就不会打扰对方；态度诚恳，一定要自然、友善、亲切，应落落大方，彬彬有礼。既不能唯唯诺诺，又不能虚张声势；实事求是，不可自吹自擂，夸大其词。

2）介绍他人

介绍他人，是作为第三方为彼此不相识的双方引见、介绍的一种介绍方式。介绍他人通常是双向的，即将被介绍者双方各自均做一番介绍。

(1) 介绍他人的时机。

① 陪同上司、长者、来宾时，遇见了不相识者，而对方又给自己打招呼时。

② 本人的接待对象遇见不相识的人士，而对方又跟自己打招呼时。

③ 在办公室或其他社交场合，接待彼此不相识的客人或来访者时。

④ 与家人、亲朋外出，路遇家人、亲朋不相识的客人或来访者时。

⑤ 打算推荐某人加入某一方面的交际圈时。

⑥ 受到为他人做介绍的邀请时。

(2) 介绍他人的顺序。在介绍他人时要掌握优先权的原则，即："尊者居后"。把身份、地位较低的一方介绍给身份、地位较为尊贵的一方，以表示对尊者的敬重之意。

① 介绍陌生男女相识。通常情况下，先把男士介绍给女士认识。如果男士的年纪比女士大很多时，则应将女士介绍给男士长者，以表示对长者的尊重。

② 先把晚辈介绍给长辈，后把长辈介绍给晚辈。

③ 把客人介绍给主人。通常在来宾众多的场合中，尤其是主人未必与客人个人相识的情况下。

④ 把地位低者介绍给地位高者。

⑤ 把个人介绍给团体。当新加入一团体的个人初次与该团体的其他成员见面时。

(3) 介绍他人时的要点。

① 做介绍时，介绍人应起立，行至被介绍人之间。在介绍一方时，应微笑着用自己的视线把另一方的注意力引导过来。手的正确姿态应是手指并拢，掌心向上，胳膊略向外伸，指向被介绍者。但绝对不要用手指去对被介绍者指指点点。

② 陈述的时间宜短不宜长，内容宜简不宜繁。通常的做法是连姓带名加上尊称、敬语。较为正式的话，可以说："尊敬的吴某某先生，请允许我把王某某介绍给您。"比较随便的一些话，可以略去敬语与被介绍人的名字，如"吴小姐，让我来给你介绍一下，这位是王先生。"

③ 作为被介绍者，应该表现出结识对方的热情。被介绍时，应该面向对方并注视对方，不要东张西望，心不在焉，或是羞怯得不敢抬头。

④ 介绍完毕，被介绍的双方应该相互以礼貌语言向对方问候或微笑点头致意，可以说："很高兴认识你"等，这种客套话是需要的，但不要太过分；像"不胜荣幸""幸甚幸甚"等就过于单调和做作了。

(4) 注意事项。介绍他人时，有以下 3 个注意事项：

① 介绍者为被介绍者介绍之前，一定要征求一下被介绍双方的意见，切勿上去开口即

讲，让被介绍者感到措手不及。

② 如果需要把一个人介绍给其他众多的在场者时，最好能够按照一定的次序。如采取自左至右或自右至左等方式依次进行。

③ 态度要热情友好、认认真真，不要给人以敷衍了事或油腔滑调的感觉。

3) 接受介绍

在社交场合中，不论以介绍人还是以被介绍人的身份出现，你的言行举止都暴露在众人的注意力之下。作为汽车销售人员应该注意以下的态度和行为：

(1) 起立。在介绍时或接受介绍时，无论是男士还是女士同样都要起立，尤其是介绍长辈之时，不起立，表示你的身份比对方高。但在宴会、会谈的进行中可不必起立，被介绍者只要面带微笑并切身致意即可。

(2) 握手。握手是大多数国家的人们相互见面和离别时的礼节，如图 2-5 所示。在交际场合中，握手是司空见惯的事情。一般在相互介绍和会面时握手，遇见朋友先打招呼，然后相互握手，寒暄致意。

图 2-5  握手

特别提示：

在握手时不要戴着手套或墨镜。

手要洁净、干燥和温暖。

掌心应向左，不应向下。

不用左手握手。

一般应控制在 3 s 以内

### 4. 交递名片

汽车销售人员在与人初次见面并与对方握手寒暄之后，应递上自己的名片。名片使用同样是按照位尊者优先知情权的原则，如图 2-6 所示。

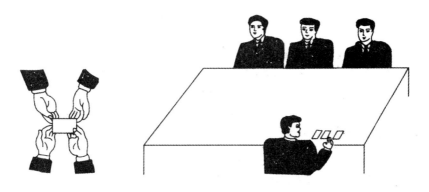

图 2-6  交递名片

1) 名片的放置位置

名片可以放在衬衣的左侧口袋或西装的内侧口袋，也可以放在随行包的外侧，口袋不要因为放置名片而鼓起来。不要将名片放在裤袋或西裤的后兜中，养成一个基本的习惯：会客前检查和确认名片夹内是否有足够的名片。

2) 交换名片顺序

① 地位低的人先向地位高的人递名片。

② 男性先向女性递名片。

③ 当面对许多人时，应先将名片递给职务较高或年龄较大者，如分不清职务高低或年龄大小时，则可先和自己对面左侧的人交换名片。

3) 递名片的方法

递名片讲究"奉"，即奉送之意，表现谦恭、恭敬。应面带微笑，注视对方，如图2-7所示。下面介绍三种递名片的方法：

① 手指并拢，将名片放在手掌上，用大拇指夹住名片的左端，恭敬地送到顾客胸前。名片的名字对向顾客，使顾客接到名片时就可以正读，不必翻转过来。

② 食指弯曲与大拇指夹住名片递上。同样名字对象顾客。

③ 双手食指和大拇指分别夹住名片左右两端奉上。

图 2-7 递名片的方法

4) 接名片的方法

接名片讲究"恭"，即恭恭敬敬。营销人员在工作中常常要接受名片，接受方式是否恰当，将会影响你给顾客的第一印象，具体如下：

(1) 空手的时候必须以双手接受。试想如果别人以此种方式接受你的名片，你一定高兴。

(2) 接受后要马上过目，不可随便瞟一眼或有怠慢的表示。初次见面，一次同时接受几张名片，要记住哪张名片是哪位先生或小姐的。

(3) 接受名片后应把对方名片放入自己的名片夹中，要注意不可犯以下错误：

① 不要无意识地玩弄对方的名片。

② 不要把对方名片放入裤兜里。

③ 不要当场在对方名片上写备忘事情。

(4) 在一般情况下，不要伸手向别人讨名片，必须讨名片时应以请求的口气，如"您方便的话，请给我一张名片，以便日后联系。"

5) 名片使用的注意事项

无论参加私人或商业餐宴，名片皆不可用餐时发送，因为此时只宜从事社交而非商业性的活动。与其发送一张破损或脏污的名片，不如不送。应将名片收好，整齐地放在名片夹、盒或口袋中，以免名片毁损。破旧名片应尽早丢弃。

### 5. 表情礼仪

表情礼仪主要探讨的是眼神、笑容、面容三个方面的问题。其总的要求是，要理解表情，把握表情，在社交场合努力使自己的表情热情、友好、轻松、自然。眼神，是对眼睛的总体活动的一种统称。眼睛是人类的心灵之窗。对自己而言，它能够最明显、最自然、最准确地展示自身的心理活动。对他人而言，与其交往所得信息的 87% 来自视觉，而来自听觉的信息仅为 10% 左右。所以孟子才说："存乎人者，莫良于眸子，眸子不能掩其恶。胸中正，则眸子瞭焉。胸中不正，则眸子眊焉。听其言，观其眸子，人焉廋哉。"

人们在日常生活之中借助于眼神所传递出信息，可被称为眼语。在人类的五种感觉器官眼、耳、鼻、舌、身中，眼睛最为敏感，它通常占有人类总体感觉的 70% 左右。因此，泰戈尔便指出："一旦学会了眼睛的语言，表情的变化将是无穷无尽的。"眼语的构成，一般涉及时间、角度、部位、方式、变化五个方面。

1) 时间

在人际交往中，尤其是与熟人相处时，注视对方时间的长短，往往十分重要。在交谈中，听的一方通常应多注视说的一方。

(1) 表示友好。若对对方表示友好，则注视对方的时间应占全部相处时间的约 1/3 左右。

(2) 表示重视。若对对方表示关注，比如听报告、请教问题时，则注视对方的时间应占全部相处时间的约 2/3 左右。

(3) 表示轻视。若注视对方的时间不到相处全部时间的 1/3，往往意味着对其瞧不起，或没有兴趣。

(4) 表示敌意。若注视对方的时间超过了全部相处时间的 2/3 以上，往往表示可能对对方抱有敌意，或是为了寻衅滋事。

(5) 表示兴趣。注视对方的时间长于全部相处时间的 2/3 以上，还有另一种情况，即对对方本人发生了兴趣。

2) 角度

在注视他人时，目光的角度，即其发出的方向，是事关与交往对象亲疏远近的一大问题。注视他人的常规角度有：

(1) 平视。平视，即视线呈水平状态，它也叫正视。一般适用于在普通场合与身份、地位平等之人进行交往。

(2) 侧视。它是一种平视的特殊情况，即位居交往对象一侧，面向对方，平视着对方。它的关键在于面向对方，否则即为斜视对方，那是很失礼的。

(3) 仰视。仰视，即主动居于低处，抬眼向上注视他人。它表示着尊重、敬畏之意，适用于面对尊长之时。

(4) 俯视。俯视，即抬眼向下注视他人，一般用于身居高处之时。它可对晚辈表示宽容、怜爱，也可对他人表示轻慢、歧视。

3) 部位

在人际交往中目光所及之处，就是注视的部位。注视他人的部位不同，不仅说明自己的态度不同，也说明双方关系有所不同。在一般情况下，与他人相处时，不宜注视其头顶、大腿、脚部与手部，或是"目中无人"。对异性而言，通常不应注视其肩部以下，尤其是不应注视其胸部、裆部、腿部。

允许注视的常规部位有：

(1) 双眼。注视对方双眼，表示自己聚精会神，一心一意，重视对方，但时间不宜过久。它也叫关注型注视。

(2) 额头。注视对方额头，表示严肃、认真、公事公办。它叫作公务型注视，适用于极为正规的公务活动。

(3) 眼部至唇部。注视这一区域，是社交场合面对交往对象时所用的常规方法，它因此也叫社交型注视。

(4) 眼部至胸部。注视这一区域，表示亲近、友善，多用于关系密切的男女之间，故称近亲密型注视。

(5) 眼部至裆部。它适用于注视相距较远的熟人，亦表示亲近、友善，故称远亲密型注视，但不适用于关系普通的异性。

(6) 任意部位。对他人身上的某一部位随意一瞥，可表示注意，也可表示敌意。它叫作随意型注视，多用于在公共场合注视陌生之人，但最好慎用。通常，它也叫瞥视。

### 6．保持距离

社交礼仪认为：人际距离在某种情况下也是一种无声的语言。它不仅反映着人们彼此之间关系的现状，而且也体现着其中某一方，尤其是保持某一距离的主动者对另一方的态度、看法，因此对此不可马虎大意。通常人与人之间的距离大体可以分为四种类型，对此应正确地加以运用。

(1) 私人距离。当两人相距在 0.5 米之内时，即为私人距离。它又称亲密距离，仅适用于家人、恋人、至交之间。与一般关系者，尤其是陌生人、异性共处时，应避免采用。

(2) 社交距离。当两人相距在 0.5～1.5 米之间时，即为社交距离。这一距离主要适用交际应酬之时。它是人们采用最多的人际距离，故又称常规距离。

(3) 礼仪距离。当两人相距在 1.5～3 米之间时，即为礼仪距离。它有时亦称敬人距离。该距离主要适用于向交往对象表示特有的敬重，或用于举行会议、庆典、仪式。

(4) 公众距离。当两人相距在 3 米开外时，即为公众距离。它又叫大众距离或者"有距离的距离"，主要适用于与自己不相识的人共处。在公共场合行路时，与陌生人之间应尽量采取这种距离。

### 7．汽车有关的礼仪

人们可以乘坐的车辆有多种类型，有轿车、公共汽车、火车等。下面主要介绍一下有关乘坐轿车的礼仪规范，以供参考。

乘坐轿车，通常是讲究快节奏、高速度的人士在"行"的问题上的首要选择。乘车之时虽然短暂，但仍有保持风度、以礼待人的必要。不要为了只求快速抵达目的地，而忘乎所以，不计其余。乘坐轿车时，应当牢记的礼仪问题主要涉及座次、举止、上下车顺序三个方面。

(1) 座次。在比较正规的场合，乘坐轿车时一定要分清座次的尊卑，并在自己适得其所之处就座。而在非正式场合，则不必过份拘礼。驾驶轿车的司机，一般可分为两种人：一是主人，即轿车的拥有者，二是专职司机。国内目前所见的轿车多为双排座与三排座，以下分述其驾驶者不同时，车上座次尊卑的差异。由主人亲自驾驶轿车时，一般前排座为上，后排座为下；以右为尊，以左为卑。

(2) 举止。与其他人一同乘坐轿车时，即应将轿车视为一处公共场所。在这个移动的公共场所里，同样有必要对个人的行为举止多加约束。具体来说，应当注意以下问题：

① 不要争抢座位。上下轿车时，要井然有序，相互礼让。不要推推搡搡，拉拉扯扯，尤其是不要争抢座位，更不要为自己的同行之人抢占座位。

② 不要动作不雅。在轿车上应注意举止，切勿与异性演出"爱情故事"，或是东倒西歪。穿短裙的女士上下车最好采用背入式或正出式，即上车时双腿并拢，背对车门坐下后，再收入双腿；下车时正面面对车门，双脚着地后，再移身车外。这样作的好处，是不会"走光"。若跨上跨下，爬上爬下，则姿态将极不雅观。

③ 不要不讲卫生。不要在车上吸烟，或是连吃带喝，随手乱扔。不要往车外丢东西、吐痰或擤鼻涕。不要在车上脱鞋、脱袜、换衣服，或是用脚蹬踩座位，更不要将手或腿、脚伸出车窗之外。

④ 不要不顾安全。不要与驾车者交谈，以防其走神。不要让驾车者听移动电话或看书刊。协助尊长、女士、来宾上车时，可为之开门、关门、封顶。在开、关车门时，不要弄出声响，夹伤人。在封顶时，应一手拉开车门，一手挡住车门门框上端，以防止其碰人。当自己上下车、开关门时，要先看后行，切勿疏忽大意，出手伤人。

(3) 上下车顺序。上下轿车的先后顺序也有礼可循，其基本要求是：倘若条件允许，须请尊长、女士、来宾先上车，后下车。具体而言，又分为多种情况，它们主要包括：

① 主人亲自驾车。主人驾驶轿车时，如有可能，均应后上车，先下车，以便照顾客人上下车。

② 分坐于前后排。乘坐由专职司机驾驶的轿车时，坐于前排者，大都应后上车，先下车，以便照顾坐于后排者。

③ 同坐于后一排。乘坐由专职司机驾驶的轿车，并与其他人同坐于后一排时，应请尊长、女士、来宾从右侧车门先上车，自己再从车后绕到左侧车门后上车。下车时，则应自己先从左侧下车，再从车后绕过来帮助对方。若车停于闹市，左侧车门不宜开启，则于右门上车时，应当里座先上，外座后上。下车时，则应外座先下，里座后下。总之，以方便易行为宜。

④ 折叠座位的轿车。为了上下车方便，坐在折叠座位上的人，应当最后上车，最先下车。这是广为沿用的做法。

⑤ 乘坐三排九座车。坐三排九座车时，一般应是低位者先上车，后下车。高位者后上车，先下车。

⑥ 乘坐多排座轿车。乘坐多排座轿车时，通常应以距离车门的远近为序。上车时，距车门最远者先上，其他人随后由远而近依次而上。下车时，距车门最近者先下，其他人随后由近而远依次而下。

小知识：45秒准则

与顾客初次接触的前45秒，顾客对销售顾问会形成基本的看法，然后才会对销售顾问的提议作出评判，最后才会对销售的汽车形成看法。在销售过程中丢失机会，75%是由于在这45秒内客户对销售顾问的印象不好造成的。因此，在初次接待顾客时，一定要让顾客对自己有个好印象，引起顾客的注意力，让他们对自己和所销售的汽车产生兴趣。

汽车的市场营销活动是在不断发展、变化的环境条件下进行的，它既对汽车市场产生影响，又对汽车营销造成制约，更对汽车市场中的各种要素产生着重要的正面或负面影响。来自市场影响和营销制约的两种力量，就是汽车市场营销环境。

目前我国汽车市场处于高速发展时期，市场竞争与市场机遇并存，各家企业与销售人员如何能结合自身所处的实际市场，认真研究销售环境和市场动态，对提升企业和销售员对汽车市场的应变能力显得尤为重要。

分析汽车市场营销环境的目的，一是要发现汽车市场环境中影响汽车营销的主要因素及其变化趋势；二是要研究这些因素对汽车市场的影响和对汽车营销的制约；三是要发现在这样的环境中的机会与威胁；四是要善于把握有利机会，避免可能出现的威胁，发挥汽车市场营销者的优势，克服其劣势，制定有效的汽车市场营销战略和策略，实现汽车市场营销目标。

市场环境为汽车市场营销提供了必要性。除了要分析必要的各项要素外，研究环境前，可以先借鉴研究国外汽车营销市场的发展历程，并了解中国汽车市场发展的过程，这样可以有效地对汽车市场发展的各项影响因素找到必然规律。

汽车市场营销环境因素包括：政治与法律环境、经济与人口环境、汽车使用环境、汽车销售模式、社会文化环境六方面，本章重点从前四个方面进行探讨。

## 第一节　政治与法律环境

营销学中的政治与法律环境，又叫政治环境(political environment)，是指能够影响企业市场营销的相关政策、法律以及制定它们的权力组织。市场经济并不是完全自由竞争的市场，从一定意义上说，市场经济本质上属于法律经济，因而在企业的宏观管理上主要靠经济手段和法律手段。政治与法律是影响企业营销的重要的宏观环境因素。政治因素像一只有形之手，调节着企业营销活动的方向，法律则为企业规定商贸活动行为准则。政治与法律相互联系，共同对企业的市场营销活动发挥影响和作用。

### 1. 政治环境因素

政治环境指企业市场营销活动的外部政治形势和状况以及国家方针政策的变化对市场营销活动带来的或可能带来的影响。

1) 政治局势

政治局势指企业营销所处的国家或地区的政治稳定状况。一个国家的政局稳定与否会给企业营销活动带来重大的影响。如果政局稳定，生产发展，人民安居乐业，就会给企业造成良好的营销环境。相反，政局不稳，社会矛盾尖锐，秩序混乱，这不仅会影响经济发展和人民的购买力，而且对企业的营销心理也有重大影响。战争、暴乱、罢工、政权更替等政治事件都可能对企业营销活动产生不利影响，能迅速改变企业环境。例如，一个国家的政权频繁更替，尤其是通过暴力改变政局，这种政治的不稳定，会给企业投资和营销带来极大的风险。因此，社会是否安定对企业的市场营销影响极大，特别是在对外营销活动中，一定要考虑东道国政局变动和社会稳定情况可能造成的影响。像中东地区的一些国家，虽然有较大的市场潜力，但由于政治不稳定，国内经常发生宗教冲突、派系冲突，还有恐怖组织的恐怖活动，国家之间也常有战事，这样的市场有较大的风险，需要认真评估。

2) 方针政策

各个国家在不同时期，根据不同需要颁布一些经济政策和经济发展方针，这些方针、政策不仅要影响本国企业的营销活动，而且还要影响外国企业在本国市场的营销活动。

为了促进汽车产业的健康、快速发展，国家近年来颁布了一系列有关汽车业的产业政策，来规范汽车业的生产、销售和技术开发等环节，汽车产业政策重点从生产环节向销售环节转变，以便更好地发挥汽车产业的支柱作用。

2004年已经出台的《汽车产业发展政策》要求地方政府一律取消不利于汽车消费的政策，最近出台的汽车报废政策允许给予补贴鼓励报废之后购买新车。

国家商务部公布的《汽车品牌销售管理实施办法征求意见稿》提出只要汽车生产商授权，进口车可以和国产车同网销售。2006年，在国家宏观调控的政策指导下，各项政策相继出台。这些新政策正不断影响着车市的走向，其中包括：降低关税、解禁"限小"、规范汽车外部标识、新消费税出台等。在此前提下，2006年中国汽车产销增幅高达40%，国内汽车销量将突破700万辆，汽车市场再次迎来"井喷年"。

从2008年11月以后我国相继提高出口退税幅度，调整存款准备金率存贷款利率以及一大批国家投资项目的投放等有效抵制了国际金融危机对我国经济的冲击，促进了我国国民经济平稳较快地增长、恢复和稳定了百姓消费信心，对汽车消费起到很大支撑作用。2010年，全国汽车销量超过了1800万辆，其中北京销量超过90万辆，同比增长28.4%。

3) 地方保护主义

地方法规是地方政府自行制定的，仅在其所辖范围内适用的法规，因此，也可称之为"土政策"。地方法规如果与中央的政策是统一的，显然没有存在的必要；如果与中央的政策是对立的，那就失去了存在的根据。显然，地方法规大多具有地方保护的特点。地方割据、市场被人为分割，不但影响了汽车资源的优化配置，而且违背了优胜劣汰的市场规律。大家都是乌合之众，当国外具有优质性价比的汽车如秋风扫落叶般到来之时，只能造成国产汽车万木凋零的结果。因此，认识并清理地方汽车法规应当成为各地方政府的共识。

某种程度上，各国政府是地方保护主义的最大实施者，为了保护自己的国内市场，各国政府采取了许多手段。目前，国际上各国政府采取的保护国内汽车市场干预措施主要有：

① 进口限制。这指政府所采取的限制进口的各种措施，如许可证制度、外汇管制、关税、配额等。它包括两类：一类是限制进口数量的各项措施；另一类是限制外国产品在本国市场上销售的措施。政府进行进口限制的主要目的在于保护本国工业，确保本国企业在市场上的竞争优势。

② 税收政策。政府在税收方面的政策措施会对企业经营活动产生影响。比如对某些产品征收特别税或高额税，则会使这些产品的竞争力减弱，给经营这些产品的企业效益带来一定影响。

③ 价格管制。当一个国家发生了经济问题时，如经济危机、通货膨胀等，政府就会对某些重要物资，以至所有产品采取价格管制措施。政府实行价格管制通常是为了保护公众利益，保障公众的基本生活，但这种价格管理直接干预了企业的定价决策，影响企业的营销活动。

④ 外汇管制。外汇管制指政府对外汇买卖及一切外汇经营业务所实行的管制。它往往是对外汇的供需与使用采取限制性措施。外汇管制对企业营销活动特别是国际营销活动产生重要影响。例如，实行外汇管制，使企业生产所需的原料、设备和零部件不能自由地从国外进口，企业的利润和资金也不能或不能随意汇回母国。

⑤ 国有化政策。国有化政策指政府由于政治、经济等原因对企业所有权采取的集中措施。例如，为了保护本国工业避免外国势力阻碍等原因，将外国企业收归国有。

**4) 国际关系**

这是国家之间的政治、经济、文化、军事等关系。发展国际间的经济合作和贸易关系是人类社会发展的必然趋势，企业在其生产经营过程中，都可能或多或少地与其他国家发生往来，开展国际营销的企业更是如此。因此，国家间的关系也就必然会影响企业的营销活动。这种国际关系主要包括两个方面的内容：

① 企业所在国与营销对象国之间的关系。例如，中国在国外经营的企业要受到市场国对于中国外交政策的影响。如果该国与我国的关系良好，则对企业在该国经营有利；反之，如果该国对我国政府持敌对态度，那么，中国的企业就会遭到不利的对待，甚至攻击或抵制。比如中日两国之间的贸易关系就经常受到两国外交关系的影响。日本由于和中国在钓鱼岛问题上存在争端，导致中国在媒体宣传引导和国民感情等方面，影响了日本汽车在中国的市场份额。

② 国际企业的营销对象国与其他国家之间的关系。国际企业对于市场国来说是外来者，但其营销活动要受到市场国与其他国家关系的影响。例如，中国与伊拉克很早就有贸易往来，后者曾是我国钟表和精密仪器的较大客户。海湾战争后，由于联合国对伊拉克的经济制裁，使我国企业有很多贸易往来不能进行。阿拉伯国家也曾联合起来，抵制与以色列有贸易往来的国际企业。当可口可乐公司试图在以色列办厂时，引起阿拉伯国家的普遍不满，因为阿拉伯国家认为，这样做有利于以色列发展经济。而当可口可乐公司在以色列销售成品饮料时，却受到阿拉伯国家的欢迎，因为他们认为这样做会消耗以色列的外汇储备。这说明国际企业的营销对象国与其他国家之间的关系，也是影响国际企业营销活动的重要因素。

钓鱼岛事件对日系汽车在华销售造成重大影响，同时也影响其它外资、合资品牌车系和中国内资自主品牌车系的市场格局变化。2012 年 9 月，日产、本田、马自达的合资工厂以及一汽丰田工厂都出现不同程度的停工、停产；三菱原计划在长沙举行的广汽三菱挂牌及首款车型下线仪式被推迟。

日系车停止经销商活动。鉴于中国各地反日游行和砸车的事件升级，日系车企包括丰田、本田、日产在 9 月期间紧急叫停了其经销商的各种活动，并发函要求经销商停止参加当地车展。

2012 年，从国外品牌市场表现来看，日系车市场表现不佳。日系车合资企业对华策略谨慎保守，尤其是受钓鱼岛事件影响，日系车销量在 9 月和 10 月出现超过 40% 的较大幅度下降，虽 11 月和 12 月市场有所恢复，但销量的同比增长率和市场占有率均有明显下降。2012 年，日系乘用车共销售 254.20 万辆，同比下降 9.44%，占中国乘用车销售总量的 16.40%，市场占有率较上年同期下降 2.99 个百分点。2012 年豪华车进口市场增长强势依旧，但进口日系车的销售不及其它欧美国家车系。

在中日钓鱼岛摩擦常态化背景下，日本汽车企业在 2012 年做出的减工、停产、停止参展以及减少向中国出口等措施，只是应对短期危机的经营调整措施。钓鱼岛事件导致大量日系车潜在购买者流失，且这种影响不仅限于短期，长期也将存在。相比较而言，其它国外品牌却是钓鱼岛事件的赢家。

**2．法律环境因素**

1）法律对汽车的准入限制

法律是体现统治阶级意志、由国家制订或认可，并以国家强制力保证实施的行为规范的总和。对企业来说，法律是评判企业营销活动的准则，只有依法进行的各种营销活动才能受到国家法律的有效保护。因此，企业开展市场营销活动，必须了解并遵守国家或政府颁布的有关经营、贸易、投资等方面的法律法规。如果从事国际营销活动，企业就既要遵守本国的法律制度，还要了解和遵守市场国的法律制度和有关的国际法规、国际惯例和准则。这方面因素对国际企业的营销活动有深刻影响。例如，一些国家对外国企业进入本国经营设定各种限制条件。我国政府曾规定，任何外国汽车公司进入我国汽车市场，必须要找一个中国公司同它合伙，且中方持股比例不低于 51%。也有一些国家利用法律对企业的某些行为做特殊限制。

各国法律对商标、广告、标签等都有自己特别的规定。比如加拿大的产品标签要求用英、法两种文字标明；法国却只使用法文产品标签。广告方面，许多国家禁止电视广告，或者对广告播放时间和广告内容进行限制。例如德国不允许做比较性广告和使用"较好"、"最好"之类的广告词；许多国家不允许做烟草和酒类广告等。这些特殊的法律规定，是企业，特别是进行国际营销的企业必须了解和遵循的。

除上述特殊限制外，各国法律对营销组合中的各种要素往往有不同的规定。例如，产品由于其物理和化学特性事关消费者的安全问题，因此，各国法律对产品的纯度、安全性能有详细甚至苛刻的规定，目的在于保护本国民族的生产者而非消费者。美国曾以安全为由，限制欧洲制造商在美国销售汽车，以致欧洲汽车制造商不得不专门修改其产品，以符合美国法律的要求；而德国以噪音标准为由，将英国的割草机逐出德国市场。

中国在加入 WTO 以后，国家的产业政策、税收政策以及国家的进出口管理政策产生了重大调整。以产业政策为例，国家将出台对幼稚产业的保护政策和战略性贸易政策。所谓对幼稚产业的保护政策指对那些经济发展后起步的国家，必须选择某些具有潜在比较优势和发展前景的产业(幼稚产业)给予适当的、暂时的关税保护，以便逐步扶持其国际竞争的能力。根据加入世界贸易组织的承诺，中国汽车产品的过渡期保护措施将在 2004 年年底到期。自 2005 年 1 月 1 日起，中国将取消汽车产品进口配额管理，并将继续降低汽车进口关税，直至 2006 年 7 月 1 日将进口整车的关税降至 25%。自 2001 年底加入世界贸易组织以来，中国履行了加入世贸组织的承诺，并且连续 3 年大幅降低汽车进口关税。

2) 法律对消费者和环境的保护

目前，反垄断法的实施也对汽车销售产生了影响。美国《反托拉斯法》规定不允许几个公司共同商定产品价格，一个公司的市场占有率超过 20% 就不能再合并同类企业。

从法律环境来说，随着世界各国对环保越来越重视，环保部门对汽车排放的法规也越来越完善，高排放、高污染的汽车市场将越来越小。整个汽车将向节能环保型发展。2009年车商面临的情况有所不同，新政策出台"救市"，而旨在规范汽车流通秩序的《汽车品牌销售管理办法》也有望在今年得到改善。自 2005 年该办法实施以来，一直饱受各方争议，由于品牌授权导致的厂商关系不平等诸多弊病引起了汽车经销商们的普遍不满，汽车经销商们曾纷纷上书要求修改部分条款。而这种不平等现象在进口车市场表现得尤为突出，比如国外厂商通过并网销售不断加大对合资企业销售网络的控制，影响了合资企业和自主品牌企业的发展等。据悉，商务部正在着手对《汽车品牌销售管理办法》进行完善，该细则力求改变汽车厂商话语权不平等现状，同时阻止国外公司在进口车贸易方面的垄断，建立健康的市场环境。

# 第二节  经济与人口环境

一个国家和地区(企业目标市场)的人口数量、人口质量、家庭结构、经济水平、人口年龄分布及地域分布等因素的现状及其变化趋势对汽车销售有着重要的影响。这一因素包括那些能够影响顾客购买力和消费方式的经济因素，包括消费者现实居民收入、商品价格、居民储蓄以及消费者的支出模式等。

目前我国经济已步入新一轮增长周期，随着市场化程度的不断提高，经济增长的内生性、稳定性进一步增强，内需将会进一步扩大，消费政策、消费体制、消费环境也会得到进一步改善，这些都将为汽车消费增长带来巨大潜力。

## 1. 人口环境

人口是构成市场的第一位因素。因为市场是由那些想购买商品同时又具有购买力的人构成的。因此，人口的多少直接决定市场的潜在容量，人口越多，潜在市场规模就越大。而人口的年龄结构、地理分布、婚姻状况、出生率、死亡率、人口密度、人口流动性及其文化教育等人口特性会对汽车市场格局产生深刻影响。

1) 人口数量与增长速度对企业营销的影响

预计世界人口将以每年 7700 万的速度增长，其中 80% 的人口属于发展中国家，我国总人口已达到 13 亿以上,每年还在以 1000 万左右的速度增长。众多的人口及人口的进一步增长,给企业带来了市场机会,也带来了威胁。首先,人口数量是决定市场规模和潜力的一个基本要素,人口越多,如果收入水平不变,则对食物、衣着、日用品的需要量也越多,那么市场也就越大。因此,按人口数目可大略推算出市场规模。我国人口众多,无疑是一个巨大的市场。其次,人口的迅速增长促进了市场规模的扩大。因为人口增加,其消费需求也会迅速增加,那么市场的潜力也就会很大。但是,另一方面,人口的迅速增长,也会给企业营销带来不利的影响。比如人口增长可能导致人均收入下降,限制经济发展,从而使市场吸引力降低。另外,人口增长还会对交通运输产生压力,企业对此应予以关注。

2) 人口结构对企业营销的影响

人口结构主要包括人口的年龄结构、性别结构、家庭结构、社会结构和民族结构。不同年龄的消费者对商品的需求不一样,特别是汽车消费主流消费人群已经从十年前的 40 岁以上人群转移到目前的 30 岁以下人群。

家庭是购买、消费的基本单位。家庭的数量直接影响到某些商品的数量。目前,世界上普遍呈现家庭规模缩小的趋势,越是经济发达地区,家庭规模就越小。欧美国家的家庭规模基本上户均 3 人左右,亚非拉等发展中国家户均 5 人左右。在我国,"四代同堂"现象已不多见,"三位一体"的核心家庭则很普遍,并逐步由城市向乡镇发展。家庭人口数量的变化对车型有着重要的影响,比如在农村地区包括五菱之光类的车型畅销,与其能基本容纳一家五口出行不无关系。

人口的地理分布指人口在不同地区的密集程度。我国的人口绝大部分集中在农村,农村人口约占总人口的 60%左右。因此,农村是个广阔的市场,有着巨大的潜力。这个社会结构的客观因素决定了日用消费品企业在国内市场中,应当以农民为主要营销对象,市场开拓的重点也应放在农村。另外从方位来看,我国人口主要集中在东南部,约占总人口的94%,而西北地区人口仅占 6%左右,而且人口密度逐渐由东南向西北递减。另外,城市人口比较集中,尤其是大城市人口密度很大,上海、北京、重庆等城市的人口都超过 1000 万人,而农村人口则相对分散。人口的这种地理分布表现在市场上,就是人口的集中程度不同,则市场大小不同;消费习惯不同,则市场需求特性不同。

随着经济的活跃和发展,人口的区域流动性也越来越大。在发达国家,除了国家之间、地区之间、城市之间的人口流动外,还有一个突出的现象就是城市人口向农村流动。在我国,人口的流动主要表现在农村人口向城市流动,内地人口向沿海经济开放地区流动。另外,经商、观光旅游、学习、就业等使人口流动加速。近年来,我国到国外留学、投资、定居的人口也很多。对于人口流入较多的地方而言,—方面由于劳动力增多,就业问题突出,从而加剧行业竞争;另一方面,人口增多也使当地基本需求量增加,消费结构也发生一定的变化,继而给当地企业带来较多的市场份额和营销机会。

**2. 经济水平汽车普及率**

从国际发展经验看,一个国家的轿车普及率与国家的人均 GDP 水平关系很大,当人均GDP 超过 1000 美元时,轿车普及率进入快速上升期,当人均 GDP 达到 3000 美元后,汽车会加速进入普通家庭。

通过千人汽车拥有量来看,根据发达国家发展历史,每个国家的汽车市场发展都有两个高速发展的时期。第一个高速发展的时期，是从 1000 个人 5 辆车到 1000 个人 20 辆车，这个时期是一个国家常用车发展最快的时期，它的年均销售量的增长率为 30%左右，一般持续发展在五年左右。第二个高速发展的时期，是从 1000 人 20 辆车一直发展到 1000 人 130 辆车。这个时期销售量年均增长率大致在 20%左右，比第一个时期掉了 10 个百分点，但是仍然比较快的时期比较长一些，大致持续 10 年左右的时间。

一般地，第一个高速增长期的发展取决于购买力的增长，购买力多快，汽车需求就有多快。但是到了第二增长期之后，取决于两个因素，第一是购买力，第二个使用环境、购买环境能不能跟上 GDP 的增长。

我国汽车保有量的发展情况是与国际经验相一致的。世界汽车发展的经验表明，各国人均汽车保有量的水平和其增长情况与各国的经济发展阶段密切相关。在经济发展的起步阶段，人均汽车拥有量较低，这时汽车需求主要体现在对货车和客车的需求上；在第二阶段，经济增长加快，汽车需求和汽车保有量也增长较快；在第三阶段，经过一定时期的高速增长，人均收入达到一定水平，轿车开始进入家庭，人均汽车保有量急剧增加；在第三阶段，在汽车普及率达到相对高的水平之后，汽车市场趋于饱和，这时汽车的需求弹性接近 1。

表 3-1 列出了一些国家和地区在其人均 GDP 与千人汽车保有量的相关数据，可以参照考虑我国的汽车市场发展。

表 3-1　2004 年部分国家人均 GDP 与每千人轿车拥有量

| 国别(地区) | 人口(人) | 人均 GDP(美元/人) | 轿车保有量(辆) | 每千人拥有量(辆) |
|---|---|---|---|---|
| 印度 | 1045853000 | 450 | 4809200 | 4.68 |
| 中国大陆 | 1298847624 | 1145 | 6630500 | 5.16 |
| 日本 | 126974700 | 34630 | 52300000 | 411.89 |
| 美国 | 280562500 | 35935 | 134520000 | 479.47 |
| 澳大利亚 | 19546900 | 21304 | 9660600 | 494.23 |
| 德国 | 83251900 | 24622 | 42426300 | 509.61 |
| 法国 | 59766000 | 24897 | 31561900 | 528.09 |

根据国家统计局公布的《中华人民共和国 2012 年国民经济和社会发展统计公报》，按 2012 年末全国大陆总人口为 135 404 万人计算，2012 年中国人均 GDP 为 38 354 元，截至 2012 年末，人民币兑美元汇率中间价为 6.2855，这就意味着 2012 年我国人均 GDP 达到了 6100 美元。2012 年末，中国民用汽车保有量达到 12 089 万辆(包括三轮汽车和低速货车 1145 万辆)，比上年末增长 14.3%，其中私人汽车保有量为 9309 万辆，增长 18.3%。民用轿车保有量为 5989 万辆，增长 20.7%，其中私人轿车为 5308 万辆，增长 22.8%。根据此统计结果，可以估算，到 2012 年，我国千人汽车拥有量已经达到 80 辆左右，千人轿车拥有量为 40 辆左右。

### 3. 马斯洛的需要层次论

需要层次论是研究人的需要结构的一种理论，是美国心理学家马斯洛首创的一种理论。他在 1943 年发表的《人类动机的理论》一书中提出了需要层次论，如图 3-1 所示。马斯洛提出需要的 5 个层次如下：

(1) 生理需要，对食物、水、空气和住房等需求都是生理需求，这类需求的级别最低，人们在转向较高层次的需求之前，总是尽力满足这类需求。一个人在饥饿时不会对其它任何事物感兴趣，他的主要动力是得到食物。

(2) 安全需要，包括心理上与物质上的安全保障，如不受盗窃和威胁，预防危险事故，职业有保障，有社会保险和退休基金等。

(3) 社交需要，人是社会的一员，需要友谊和群体的归属感，人际交往需要彼此同情、互助和赞许。社交需求包括对友谊、爱情以及隶属关系的需求。当生理需求和安全需求得到满足后，社交需求就会突出出来，进而产生激励作用。在马斯洛需求层次中，这一层次是与前两层次截然不同的另一层次。这些需要如果得不到满足，就会影响人的精神状态。

(4) 尊重需要，尊重需求既包括对成就或自我价值的个人感觉，也包括他人对自己的认可与尊重。有尊重需求的人希望别人按照他们的实际形象来接受他们，并认为他们有能力，能胜任工作。他们关心的是成就、名声、地位和晋升机会。这是由于别人认识到他们的才能而得到的。当他们得到这些时，不仅赢得了人们的尊重，同时就其内心因对自己价值的满足而充满自信。不能满足这类需求，就会使他们感到沮丧。如果别人给予的荣誉不是根据其真才实学，而是徒有虚名，也会对他们的心理构成威胁。

(5) 自我实现需要，指通过自己的努力，实现自己对生活的期望，从而对生活和工作真正感到很有意义。自我实现需求的目标是自我实现，或是发挥潜能。达到自我实现境界的人，接受自己也接受他人。解决问题能力增强，自觉性提高，善于独立处事，要求不受打扰地独处。要满足这种尽量发挥自己才能的需求，他应该已在某个时刻部分地满足了其它的需求。当然自我实现的人可能过分关注这种最高层次的需求的满足，以致于自觉或不自觉地放弃满足较低层次的需求。

马斯洛的需要层次论认为，需要是人类内在的、天生的、下意识存在的，而且是按先后顺序发展，满足了的需要不再是激励因素等。

图 3-1　马斯洛的需要层次论

#### 4．汽车消费环境

从中国人民银行的调查看，这几年我国居民购车有以下动态：

① 近几年的居民收入增长预期放缓，10 年 4 季度居民未来收入预期指数为 55.5%，与上季基本持平。居民对来年情况的谨慎态度，在各类消费中，居民购车意愿回落。

② 随着北京限牌和一线城市进入换车周期，换购群体逐步占绝车市较重要份额，目前的判断是全国市场的无车家庭购车占 70% 比例，换购占 18%，增购 12%。

③ 贷款购车比例上升。年轻人较高的购车热情导致贷款购车成为潮流。目前贷款购车比例在 13% 左右，贷款购车的比例仍在持续上升。

④ 社会环境不乐观。现代人购车追求大排量大尺寸，并且公车购买奢侈化，城市出租车追求高档化，以及私车市场存在的跟风消费和炫耀消费都是些不正常的消费心理和行为，势必影响汽车消费的健康发展。

⑤ 汽车信贷的落后。我国目前汽车购买的信贷比例不足 20%，较发达国家汽车信贷比例的 70% 明显偏低。这无疑抑制了消费者的支付能力。

## 第三节　汽车使用环境

汽车使用环境指影响社会生产的自然因素，主要包括自然资源和生态环境。自然资源对汽车企业市场营销的影响：

(1) 自然资源的减少将对汽车企业的市场营销活动构成一个长期的约束条件。由于汽车生产和使用需要消耗大量的自然资源，汽车工业越发达，汽车普及程度越高，汽车生产消耗的自然资源也就越多，而自然资源总的变化趋势是日益短缺。

(2) 生态环境的恶化对汽车的性能提出了更高的要求。生态与人类生存环境总的变化趋势也是日趋恶化，环境保护将日趋严格，而汽车的大量使用又会明显地产生环境污染，因而环境保护对汽车的性能要求将日趋严厉，这对企业的产品开发等市场营销活动将产生重要影响。

汽车企业为了适应自然环境的变化，应采取的对策包括：

(1) 发展新型材料，提高原材料的综合利用。例如，二战以后，由于大量采用轻质材料和新型材料，每辆汽车消耗的钢材平均下降 10% 以上，自重减轻达 40%。

(2) 开发汽车新产品，加强对汽车节能、改进排放新技术的研究。例如汽车燃油电子喷射技术、主动和被动排气净化技术等都是汽车工业适应环境保护的产物。

(3) 积极开发新型动力和新能源汽车，如国内外目前正在广泛研究电动汽车、燃料电池汽车、混合动力汽车、其它能源汽车等。

#### 1．自然环境

1) 自然气候

自然气候包括大气的温度、湿度、降雨、降雪、降雾、风沙等情况以及它们的季节性变化。自然气候对汽车使用时的冷却、润滑、起动、充气效率、制动等性能以及对汽车机件的正常工作和使用寿命产生直接影响。因而汽车企业在市场营销的过程中，应向目标市场推出适合当地气候特点的汽车，并作好相应的技术服务，以使用户科学地使用本企业的产品和及时解除用户的使用困难。

2) 地理因素

这里所指的地理因素主要包括一个地区的地形地貌、山川河流等自然地理因素和交通运输结构等经济地理因素。

地理因素对汽车企业市场营销的影响有：

(1) 经济地理的现状及其变化，决定了一个地区公路运输的作用和地位的现状及其变化，它对企业的目标市场及其规模和需求特点产生影响。

(2) 自然地理对经济地理尤其对公路质量(如道路宽度、坡度、弯度、平坦度、表面质量、坚固度、遂涵及道路桥梁等)具有决定性影响，从而对汽车产品的具体性能有着不同的要求。因而汽车企业应向不同地区推出性能不同的汽车产品。例如，汽车运输曾是西藏自治区交通运输的唯一方式，针对西藏的高原、多山、寒冷的地理气候特点，有些汽车公司推出了适合当地使用条件的汽车，而其他公司的汽车产品却因不能适应当地使用条件，产品难以经受使用考验。

**2. 人为使用环境**

1) 车用燃油

车用燃油包括汽油和柴油两种成品油。它对汽车企业营销活动的影响：

(1) 车用燃油受世界石油资源不断减少的影响，将对传统燃油汽车的发展产生制约作用。例如，上个世纪在两次石油危机期间，全球汽车产销量大幅度下降。

(2) 车用燃油中汽油和柴油的供给比例影响到汽车工业的产品结构，进而影响到具体汽车企业的产品结构。例如，柴油短缺对发展柴油汽车就具有明显的制约作用。

(3) 燃油品质的高低对汽车企业的产品决策具有重要影响，譬如燃油品质的不断提高，汽车产品的燃烧性能亦应不断提高。

车用燃油是汽车使用环境的重要因素，汽车企业应善于洞察这一因素的变化，并及时采取相应的营销策略。例如，日本各汽车企业在上个世纪 70 年代就成功地把握住了世界石油供给的变化趋势，大力开发小型、轻型、经济型汽车，在两次石油危机中赢得了营销主动，为日本汽车工业一跃成为世界汽车工业的强国奠定了基础，而欧美等国的汽车企业因没有把握好这一因素的变化，以致于形成日后竞争被动的局面。

2) 公路交通

公路交通指一个国家或地区公路运输的作用，各等级公路的里程及比例，公路质量，公路交通量及紧张程度，公路网布局，主要附属设施如停车场、维修网、加油站及公路沿线附属设施等因素的现状及其变化。

公路交通对汽车营销的影响：

(1) 良好的公路交通条件有利于提高汽车运输在交通运输体系中的地位。公路交通条件好，有利于提高汽车运输的工作效率，提高汽车使用的经济性等，从而有利于汽车的普及；反之，公路交通条件差，则会减少汽车的使用。

(2) 汽车的普及程度增加也有利于改善公路交通条件，从而对企业的市场营销创造更为宽松的公路交通使用环境。

经过 40 多年的建设，我国公路交通条件极大改善，公路里程大幅度增加，公路等级大幅度提高，路面状况大大改善，公路网密度日趋合理。预计到 2020 年，国家将建成"国家道路主干线快速系统"。该系统总规模 3.5 万公里，全部由高速公路、一级公路、二级汽车专用公路组成。这一系统以"五纵七横"十二条路线连接首都、各省省会、直辖市、中心城市、主要交通枢纽和重要口岸，通过全国 200 多个城市，覆盖全国近一半的人口，可实现 400 至 500 公里范围内汽车当日往返，800 至 1000 km 范围内可当日到达。因而，我国汽车企业将面临更好的汽车使用环境。

3) 城市道路交通

城市道路交通是汽车尤其轿车使用环境的又一重要因素，它包括城市的道路面积占城市面积的比例、城市交通体系及结构、道路质量、道路交通流量、立体交通、车均道路密度以及车辆使用附属设施等因素的现状及其变化。这一使用环境对汽车市场营销的影响，与前述公路交通基本一致。但由于我国城市的布局刚性较大，城市布局形态一经形成，改造和调整的困难很大；加之人们对交通工具选择的变化，引发了对汽车需求的增加，中国城市道路交通的发展面临巨大的压力，因而该使用环境对汽车市场营销的约束作用就更为明显一些。

有关方面现正着手考虑通过建立现代化的城市交通管理系统，增加快速反应能力和强化全民交通意识等手段，提高城市交通管理水平。同时，国家和各城市也将更加重视对城市交通基础设施的建设，改善城市道路交通的硬件条件。随着我国城市道路交通软、硬件条件的改善，城市道路交通对我国汽车市场营销的约束作用将得以缓解。

4) 科技环境

科技环境(science-technological environment)指一个国家和地区整体科技水平的现状及其变化。科学与技术的发展对一国的经济发展具有非常重要的作用。

科学技术在汽车生产中的应用，改善了产品的性能，降低了产品的成本，使得汽车产品的市场竞争能力提高。而今，世界各大汽车公司为了满足日益明显的差异需求，汽车生产的柔性多品种乃至大批量定制现象日益明显，都是现代组装自动化、柔性加工、计算机网络技术发展和应用的结果。再从汽车产品看，汽车在科技进步作用下，已经经历了原始、初级和完善提高等几个发展阶段，汽车产品在性能、质量、外观设计等方面获得了长足的进步。

科技进步促进了汽车企业市场营销手段的现代化，引发了市场营销手段和营销方式的变革，极大地提高了汽车企业的市场营销能力。企业市场营销信息系统、营销环境监测系统以及预警系统等手段的应用，提高了汽车企业把握市场变化的能力，现代设计技术、测试技术以及试验技术，加快了汽车新产品开发的步伐，现代通讯技术、办公自动化技术，提高了企业市场营销的工作效率和效果等。

当今世界汽车市场的竞争日趋激烈，各大汽车公司十分注重高新技术的研究和应用，以赢得未来市场竞争的主动。相对世界汽车工业而言，我国汽车工业科技水平的落后状况尚很明显，科技进步的潜力十分巨大，我国汽车企业应不断地加强科技研究和加大科技投入，缩小同世界汽车工业先进水平的差距，以谋求更多的营销机会。

5) 环境保护

汽车企业为了适应自然环境的变化，应采取的对策包括：① 发展新型材料，提高原材料的综合利用。例如，二战以后，由于大量采用轻质材料和新型材料，每辆汽车消耗的钢材平均下降 10%以上，自重减轻达 40%；② 开发汽车新产品，加强对汽车节能、改进排放新技术的研究。例如汽车燃油电子喷射技术、主动和被动排气净化技术等都是汽车工业适应环境保护的产物；③积极开发新型动力和新能源汽车，如国内外目前正在广泛研究电动汽车、燃料电池汽车、混合动力汽车、其它能源汽车等。

## 第四节　汽车营销模式

　　汽车营销模式，是指汽车从厂家到消费者的主要流通形式。在营销模式中，我们主要研究营销中介的变化，所谓营销中介是指协助汽车企业从事市场营销的组织或个人。它包括中间商、实体分配公司、营销服务机构和财务中间机构等。我国汽车营销的发展历程可分为三个阶段，即计划分配阶段、计划经济向市场经济转型阶段、市场经济阶段。在计划分配阶段，产品严格按按活分配，物资机电部门统一销售，汽车生产部门不直接销售汽车。在计划经济向市场经济转型阶段国家计划逐年下降，汽车自由市场基本形成，市场开始起决定作用。这一时期汽车销售渠道以物资机电部门和汽车工业销售部门为代表的国有汽车销售体系为主，同时以整车厂为主建立的自销体系逐渐扩大，营销方式以店铺营销和人员推销为主。在市场经济时期，汽车营销方式以代理制，汽车有形市场和四位一体的专卖店为主，同时出现销售、租赁、汽车超市、网上销售等多种销售形式。特别是中国加入 WTO以来，国内汽车产品的产销量不断增加，外国进口量也逐年攀升，中国的汽车市场不断向成熟方向发展。

　　伴随着中国汽车工业的迅速发展，汽车营销模式也在发生着巨大的变化，从最初的汽车交易市场逐渐发展成目前的汽车交易市场、品牌专营店、连锁销售、汽车园区等多种形式并存的格局。

### 1. 我国目前的汽车销售模式

#### 1) 汽车专卖店

　　4S 店四位一体这种模式，起源于欧洲，是一种以"四位一体"为核心的汽车特许经营模式，包括整车销售(Sale)、零配件(Spare part)、售后服务(Service)、信息反馈(Survey)等。销售模式通常是汽车制造商与汽车经销商签订合同，授权汽车经销商在一定区域内从事指定品牌汽车的营销活动。通常在同一专卖店中销售同一品牌的产品。汽车专卖店的功能通常包括新车销售、二手车回收/销售、维修服务、配件销售、信息反馈。根据汽车专卖店功能的组合，可以将汽车专卖店分成 2S 专卖店、3S 专卖店、4S 专卖店和 5S 专卖店。

　　汽车专卖店具有品牌和服务优势，对客户来说，汽车专卖店可以提供让客户放心的原厂配件以及汽车制造商认可的维修服务；而对汽车制造商来说，汽车专卖店是他们的信息触角，可以收集到客户的需求和市场信息，同时保证汽车制造商在售后方面的收入和利润。但是，汽车专卖店也具有劣势，对客户来说，车型品种相对单一，不符合中国消费者比价的消费习惯，而且通常不能提供购车一条龙服务；对汽车经销商来说，汽车专卖店的投资大，收回投资的周期长；对汽车制造商来说，不容易找到合适的汽车经销商，同时管理的难度较大。

2）汽车超市

这是一种可以代理多种品牌的汽车、提供这些代理品牌汽车销售和服务的一种子方式。例如北京的亚之杰联合汽车销售展厅里就有大众、奥迪(企业-新闻-报价)、福特(企业-新闻-报价)和奔驰(企业-新闻-报价)品牌轿车，并且进口车与国产车摆在一起销售。汽车超市是与汽车制造商品牌专卖的要求相违背的，因此，汽车超市通常是一些有实力的、手上掌握了多个汽车品牌销售代理权的经销商运作的，或者汽车超市是从其他4S店进货的。

汽车超市的优势在于，对消费者来说，方便了对车型的挑选，很容易货比三家。但对于生产制造商来说，通常会担心在同一个店里展示的其他品牌会影响到自己品牌产品的销售，因此，通常生产制造商都不会直接将代理权交给汽车超市，一些汽车超市只能从 4S 专卖店进货，增加了汽车超市的进货成本。

3）汽车交易市场

这是将许多 3S、4S 汽车专卖店集中在一起，提供多种品牌汽车的销售和服务，同时还提供汽车销售的其他延伸服务，如贷款、保险、上牌等的一种模式。通常有一家类似于房地产公司的实体公司来运作汽车交易市场，形成自己的品牌，并由该公司组织相关资源来提供延伸服务。最为著名的例子是北京的亚运村汽车交易市场，目前拥有 160 多家经销商。

汽车交易市场的优势在于消费者拥有更为自由的购车环境，有更多的选择机会，同时可以享受购车的一条龙服务。汽车交易市场还带来规模效应，统一的维修和配件供应，使得经销商的运作成本降低，而消费者可以买到更低价格的车。但是，由于汽车交易市场中聚集了几十甚至上百的汽车经销商，以及其他各种提供商和贸易商，从市场的管理上来说难度较大。同时，由于汽车交易市场通常占地较大，要找到地理位置好并且面积合适的地皮非常困难，而且由于一些整车制造商对汽车专卖店服务半径的限制，也阻碍了一些汽车专卖店的加入。

4）汽车园区

这是汽车交易市场规模和功能上的"升级版"。除了规模上的扩张，汽车园区最主要体现在功能上的全面性，在汽车销售、汽车维修、配件销售等方面，汽车园区更多的是加入了汽车文化、汽车科技交流、汽车科普教育、汽车展示、汽车旅游和娱乐等众多的功能。例如即将开业的北京东方基业汽车城，不仅提供汽车交易，工商、税务、车检、交通、银行、保险等职能部门服务，而且提供汽车咨询、车迷论坛、汽车俱乐部、汽车博物馆等服务。未来甚至会包括购物中心的设施也会建在汽车园区内或紧邻，以满足中国消费者一家的消费需求。

汽车园区的优势在于功能齐全，对客户购车来说非常方便，同时汽车园区自身具有更强的吸引消费人气的能力。而它的劣势在于投资巨大，投资回收期长；功能复杂，管理困难。

**2．全球发达国家的汽车销售模式**

1）美国的汽车销售模式

美国作为全球第一大汽车强国，其销售模式也处于世界领先地位。简单地说，美国的销售模式可以概括为两种类型、三大渠道。两种类型是指新车经销商和二手车经销商；三大渠道是指排他性特许经销商、非排他性特许经销商和直销。

总体来说，美国汽车销售模式呈现以下特点：在美国，汽车制造商对特许经销商的管理条款受到许多法律限制，这种限制始于 1930 年，当时经销商对制造商一统天下的销售体制进行了对抗，成立了"全国汽车特许经销商协会"。为维护其自身利益，协会在州议会和联邦议会中进行活动。政府先后出台了《诚实法》和《10 英里法》等对制造商分销的限制措施。《诚实法》规定在合同交易中禁止出现强制威胁等行为；《10 英里法》规定如在现有零售店 10 英里半径范围内设立同一专营店时，必须征得现有店的认可。当时各州也相应制订了对经销商扶植和维护其利益的相关法律，自此，特许经销商在汽车销售体系中的地位越来越占优势。

专业性强是美国汽车销售模式最大的特点，具体表现在以下几个方面：

(1) 汽车销售的主流模式仍是汽车专卖店，全美共有 2.2 万家汽车专卖店，大多数专卖店只做销售，少数具有一定规模的才建有售后服务体系。

(2) 美国的汽车售后服务逐渐趋向专业化经营，汽车销售已经实行销售和服务的分离。也就是说，美国的汽车销售是特许经营的，美国的售后服务则是相对独立的。同时，汽车售后服务也趋向专业化——汽车零配件的专业化、汽车保修的专业化和汽车售后服务的专业化。

(3) 专卖店集聚现象明显。比如汽车大道或汽车一条街销售模式逐渐兴起，若干个汽车专卖店或若干汽车品牌在同一个地点同时销售现象越来越多。

(4) 经销商职业资格受政府控制。美国汽车经销商同医生、会计师、公众安全等一样是受国家控制的职业之一，汽车经销商取得特许经营权要由地方政府的批准，并且经销商还没有权利获得政府的资助，审批合格后还必须自己贷款向厂家提取汽车。

互联网交易发展迅速。目前，美国汽车的互联网非常活跃，消费者从下定单到收到产品只需 3~5 天的时间。并且消费者很多时候还可以选择自己所喜欢的汽车配置(在厂商实力允许的情况下)，市场细分的个性化和人性化做的相对比较完善，这种直销汽车销售模式为大众所接受打下良好基础。

### 2) 日本的汽车销售模式

日本的汽车销售体系经历了几次变革，但系列化销售一直延续至今，形成了日本独特的销售体制——排他性销售体制。销售体系以代理商制度为主，销售体制中制造商占主导地位，制造商结合地方势力建立全国经销网络。经销网络由公司、地区分部、经销总店和分店组成。总店和分店负责销售汽车，地区分部负责全国合同执行过程的防调。每一地区建有车库和配件库场所，统一存货，统一定货。每一分店都是四位一体，负责新车和旧车的销售、维修、配件供应和售后服务。这种销售模式在日本被证明是行之有效的。汽车经销商都是围绕某一产品的专销、专修、备件供应的品牌专卖店，按不同的产品在全国构成专业网，极大地方便了用户。

日本的汽车销售模式可以用"灵活"来形容，第一种"灵活"是：不同的品牌厂家有不同的营销模式，如丰田在日本是采用分网模式，有四个销售渠道，分别为丰田(TOYOTA)店(如图 3-2 所示)、丰田 PET(TOYOPET)店(如图 3-3 所示)、丰田花冠(COROLLA)店和NETZ，这种分网模式与普通的模式有着很大的区别，对其整体终端销售能力有大的提升。与丰田强大的销售能力相比，铃木在日本则反其道而行之，采用侧重由维修专家去推销车型的方式，是一种由售后带动销售的模式。第二种"灵活"是：销售店所有权方面，有厂家出资直接控股的直营店，这种店属于本身的销售公司及分支机构，也有专业从事汽车贸易的中间商。在日本丰田采用了这种模式，据闻，在中国，广州本田和广州丰田也开始尝试使用这种模式。第三种"灵活"：建店的规模根据实际情况各异，有功能齐全的专营店，类似我们的4S店，也有楼高数层的大型车型展馆，有露天的二手车大型交易市场，也有面积不大，装修简洁，轻松简单的小经营店。

图3-2　丰田(TOYOTA)店

图3-3　丰田 PET(TOYOPET)店

总体来说，日本汽车销售模式呈现以下特点：

(1) 销售体系中生产厂商占主导地位，厂商一般自建或者参控股销售网络。

(2) 汽车销售以代理制为主，新车销售为排他性品牌专营，旧车可以多品牌经营。

(3) 对代理商厂家提供技术支持，并对各代理商的服务质量、配件供应管理等进行严格控制。

(4) 同一品牌的同一配件价格全国统一，主要部件由生产厂家自给，以保证配件质量和服务满意度。

(5) 每一个汽车制造商都有一支规范的、高素质的经销商队伍，并且制造商对经销商有严格的考证制度。

3) 欧盟的汽车销售模式

在欧盟国家，汽车制造商和经销商之间的关系一般通过合作或产权等为纽带，依靠合同把销售活动与双方的利益紧密地联系在一起，各分销环节不管是分销商、代理商还是零售商的一切经营活动都必须以"为生产厂家服务"来展开。销售网络一般都是由众多的一级销售网点和各一级网点的二级销售网点组成。

分销商主要负责从汽车生产厂进货，然后批发给零售商，也就是负责汽车的中转或运输业务，不具备零售功能；汽车零售业务则由代理商或零售商完成。也就是销售体系中的一级网点负责批发业务，二级网点负责零售业务。这种严密的分工是为了维护各级经销商的利益和长久的合作关系。

在欧盟国家，汽车制造商把其所在的国家按地理范围划分为若干市场区域，每个区域选择一个分销商。各区域内又进一步划分为若干市场小区，每个小区设有一个零售商的销售责任区域范围，使各渠道成员保持独立的经营规模，避免恶性竞争。

就目前欧盟的汽车销售渠道来看，品牌 4S 专卖店仍然是其主要的分销形式，也是欧盟采用了 20 多年的汽车销售主渠道模式。但自 2002 年以后，欧盟为了促进市场竞争，降低汽车的销售、维修和服务价格，允许汽车经销商可以在任何一个欧盟国家设立经销点，并且可以同时销售不同品牌的汽车，汽车交易不必提供维修和售后服务，以便使独立的汽车维修商可以以竞争性的价格提供服务。这意味着欧盟的品牌专卖店已不再刻意地强调专卖，汽车分销渠道随市场竞争的需要有较大的灵活性。

### 3．4S 店的问题

汽车 4S 店模式进入中国汽车市场之初，就曾遭遇市场的普遍质疑，业内质疑的声音无非就是两点：成本高、经营的品种单一；另外，有垄断的嫌疑。业内对其质疑之声也一度达到顶点，参照欧盟严格限制汽车厂商发展 4S 渠道的做法，可以认为国内的汽车销售"4S店化"是背国际潮流而行之。

中国目前个别的汽车经销商过剩，一般出现在省会城市，特别是汽车生产企业所在的省会城市。这种情况下，不少汽车经销商亏损或者勉强维持。建一家 4S 店成本至少需要1000 万～3000 万元，而日常流动资金则需要 1500 万～2000 万元。更为严峻的是，市场销量最大的多数为中低端的经济车型，经销商卖车利润仅占总利润的 1%～2%，有 2/3 的 4S 店处于亏损状态，经销商的生存压力可想而知。

尽管目前市场整体还好，但大部分经销商仍然处于销量上去了，效益却很差的境地，而且十分突出。亚市已经有经销商的资金链断掉了。由于汽车市场竞争激烈，厂家为了创"销量"，必然转嫁到经销商身上。经销商由于长期处于弱势，而厂家为了扩大销售成绩不断发展新的经销商，并以年终回报为诱饵出台各项"不平等"政策，因此也只能选择"先把车提回来再说"。

随着各家企业加大对中国市场的重视程度，经销商们将迎来再次洗牌，向大集团化发展。虽然《办法》没有对汽车经销商的经营业态做出硬性规定，但推崇单一品牌经营，鼓励 4S 店销售模式，使汽车厂家为了垄断市场而全力推行 4S 店的经销模式。在《办法》的压力下，一些经销商已经开始寻求多业态经营的模式，以减少投资风险。据了解，在北京做得比较大的经销商都早已开始向多品牌发展。同样，品牌相比弱小的经销商也有生存之道，即作为北京的总经销代理，可以将部分权力下放给多家二级经销商，降低经营风险。虽然依然受厂家的控制，但由于二级经销商的自由度比较高，因此经营总体来说还过得去。

针对汽车经销商集团化发展的趋势，很多人将汽车经营的模式希望寄托在了"小而精"上。"小而精"是对汽车有形市场提出的新要求。在国外，"小而精"的品牌展厅早已取代了"大而全"的 4S 店销售模式，成为汽车销售的主流。

从欧美日发达国家的汽车市场形成过程来分析，目前中国的汽车市场状况和消费群体都很符合汽车发展规律，在汽车的超高速发展阶段，暴利、竞争都不可避免，没有暴利也就没有原始资本的积累，没有原始资本的积累，更无从谈起研发新产品和企业的发展壮大。4S 店对刚刚起步的中国汽车业树立知名品牌至关重要。

就在国内汽车 4S 店建设仍在如火如荼地进行时，欧盟为了打破汽车销售过程中的垄断、降低销售成本，已经取消了汽车专营政策，4S 店即将在欧盟成为历史。美国汽车经销商协会(NADA)统计，继 2005 年利润连续 5 年走低之后，2006 年 1～2 月，美国本土经销商的利润已下滑到销售额的 1.45%，美国汽车经销商采取多种措施降低专营店的运营成本。就在汽车工业发展得已经相当成熟的美国和欧洲为了降低渠道成本放弃"4S"店销售模式时，国内一个个豪华近乎奢侈的 4S 店却仍没有放慢脚步。

从中国的国情出发，多种营销模式将并存相当一段时期。在一定意义上，消费者决定了营销模式的发展和变化。国内曾经风靡一时的汽车城交易市场，是市场经济的产物。由于种种因素，国内购车手续繁杂，隶属不同的行政部门，办理不便。汽车城做到了集办理各种手续于同一市场，大大方便了消费者办理手续。某种程度上，汽车城更符合中国国情；更符合中国大多数消费者的消费习惯和消费心理，集中、比较、多种选择、服务竞争等消费习惯；形成市场以后，多品牌交易，不同档次、不同价位，形成较好的商业气氛，促进消费者购车欲望，满足消费者从众心理；同一市场办理各种手续消费者感到非常方便；充分满足消费者博览、参观、咨询的一种购物习惯。

世界和中国的汽车市场在变化，消费需求也在变化，国内因为轿车进入家庭正处于发展的势头，汽车营销模式必然是多样化或多种形式并存的。研究营销模式并不是最重要的，适应国内汽车市场变化，适应市场需求，适应消费者才是最重要的。

## 第五节　我国目前的汽车产业政策

我国最早的汽车产业政策是 1994 年版的《汽车工业产业政策》。当时的关注点还在"工业"上。其分期目标是：在"八五"期间，重点扶持国家已批准的整车和零部件项目尽快建成投产为下一步加快发展我国汽车工业创造条件；在 20 世纪内，支持 2～3 家汽车生产企业 (企业集团)迅速成长为具有相当实力的大型企业，6～7 家汽车生产企业 (企业集团 )成为国内的骨干企业，8～10 家摩托车生产企业成为面向国内外两个市场的重点企业。给予企业政策性贷款，减免税收和优先安排发行股票或债券等政策优惠。

2001 年 11 月，我国结束了长达 15 年的谈判过程，正式加入了世界贸易组织，这标志着我国从此将更加融入世界经济体系，将从更大范围内参与全球分工合作，发展国内经济。享受利益的同时也必须承担一系列承诺的义务。在汽车领域，我国政府的承诺主要有三个方面：一是关税的减让和配额的增加直至最后取消；二是关于汽车产业发展政策的修改；三是放开服务贸易。为了适应不断完善社会主义市场经济体制的要求以及加入世贸组织后国内外汽车产业发展的新形势，推进汽车产业结构调整和升级，全面提高汽车产业国际竞争力，满足消费者对汽车产品日益增长的需求，促进汽车产业健康发展，经国务院批准，国家发展和改革委员会于 2004 年 6 月 1 日正式颁布并实施《汽车产业发展政策》，与此同时，废除 1994 年颁布实施的《汽车工业产业政策》。

我国汽车业发展分界点是加入世贸组织以后，2004 年的《汽车产业发展政策》则成为了助推器，汽车业从此由"工业"进入"产业"发展阶段，此举奠定了中国汽车产业大发展的基石。正是国内独具特色的产业开放政策，中国汽车产业从小到大、从弱到强，上演了一场激扬宏大的产业大戏，众多个人和企业成为这出大戏的主角，造就了合资企业、外资企业和自主品牌企业同台表演的机会。数据显示，从 2002 年至 2012 年，中国汽车产业规模迅速扩大，已成长为国民经济的重要支柱产业，汽车工业总产值也由 2001 年不到 5000 亿增长到 2012 年的 6 万多亿元，十年增长了十倍多，这期间还诞生了一大批大型的汽车生产企业，生产集成度明显提升，汽车工业在国民经济中发挥着越来越重要的作用。

为适应我国改革开放的需要，工业和信息化部、国家发展和改革委员会于 2009 年 9 月 1 日起对《汽车产业发展政策》做如下修改：(1) 停止执行第五十二条、第五十三条、第五十五条、第五十六条、第五十七条的规定；(2) 停止执行第六十条中"对进口整车、零部件的具体管理办法由海关总署会同有关部门制订，报国务院批准后实施"的规定。并于 2010 年公布了 2010 版《汽车产业发展政策(修订稿)》(下简称 2010 版《产业政策》)。2010 版《产业政策》是 2004 年版《汽车产业发展政策》的"升级"，其依据的是 2009 年年初国务院下发的《汽车产业调整和振兴规划》，其政策取向是推动汽车行业结构调整和兼并重组，促进汽车生产企业实现自主创新战略，不断提升自主研发能力，加快培育自主品牌，大力培育和发展新能源汽车产业，积极推进传统能源汽车的节能减排，妥善解决因汽车产业快速发展产生的能源、交通和环境问题。

与 2004 年版《汽车产业发展政策》相比，2010 版《汽车产业发展政策》的整体框架没有改变，主要包括政策目标、技术支持、结构调整、准入管理，以及零部件及其相关产业等几大部分内容。在自主品牌发展、新能源汽车、节能降耗、兼并重组等方面，2010 版《汽车产业发展政策》进行了适当修改。在低碳经济背景下，"新能源"无疑成为 2010 版《产业政策》的重点；此外，鼓励大型企业集团兼并重组、提升汽车燃油经济性、支持汽车金融等政策也成为 2010 版《汽车产业发展政策》的亮点。总体来讲，2010 版《汽车产业发展政策》"稳"字当先，基本延续了 2009 年的发展态势，政策调整的重点集中在产业结构调整与技术水平提升等方面。

### 1. 汽车产业的"新"定位

2010 版《汽车产业发展政策》开篇明意："汽车产业是国民经济重要的支柱产业"，这是国家汽车产业政策首次将汽车产业定义为国民经济重要的支柱产业。2004 版《汽车产业发展政策》(下简称 2004 版《产业政策》)的提法是"努力发展成为国民经济的支柱产业"。简单的言语变化，却折射出中国汽车产业 6 年来的巨大成就。

对汽车产业新的定位有利于整个行业的发展。作为国民经济重要的支柱产业，国家会出台相应的政策去扶持发展，这在 2009 年已有所体现。毫不夸张地讲，2009 年的牛市，大半功劳归于"政策托市"。国家紧锣密鼓地陆续出台一系列措施(主要有费改税、低排量乘用车购置税减半、"汽车下乡"和汽车"以旧换新"等) 确保了《汽车产业振兴与调整规划(2009—2011 年)》的执行和目标的实现。

### 2. 鼓励大型企业集团兼并重组

2010 版《汽车产业发展政策》一如既往地鼓励大型企业集团兼并重组，扩大规模效益。希望借此提高产业集中度，避免散、乱、低水平重复建设。与 2004 版《产业政策》相比，2010 版则更为具体，比如"逐步建成数家具有国际竞争力的企业集团""形成若干全球驰名的自主品牌"，而且对大型企业集团研发投入占销售额的比例提出具体要求。

"2010 年前，大型企业集团研发投入占销售额的比例要超过 4%，骨干企业要超过 3%"，还确定"2015 年前跨入世界 500 强的企业不少于 5 家"的政策目标，还有"支持骨干企业集团实施跨地区、跨行业、跨所有制的兼并重组"、"制定支持企业重组的政策措施，着力消除跨地区、跨所有制企业兼并重组的障碍"、"2011 年底前，新建汽车生产企业和异地设立分厂，必须在兼并现有汽车生产企业的基础上进行"等。

鼓励大型企业集团兼并重组是汽车产业发展政策的一贯延续，只是 2009 年以来的兼并重组力度和步伐更大了些。2009 年中国汽车界已开始较大规模地重组，如广汽集团收编长丰、长安联姻中航汽车、北汽与福汽正在进行重整等。

### 3. 新能源与节能环保

"哥本哈根"环保风已在全球掀起，打造低碳经济已成为世界各国社会经济发展的方向。汽车产业将成为低碳经济下的重中之重。在此背景下，"新能源"已成为本次产业政策中最眩目的亮点，全文多处提及"新能源"，如"大力发展新能源汽车，培育新的竞争优势"、"鼓励新能源汽车消费，2015 年新能源汽车产销量要占汽车总产销量的 20%"、"新建车用动力电池、驱动电机、整车控制系统及电池电机的基础材料等关键零部件合资企业需具有自主研发能力和知识产权，中方股比不得低于 51%"的具体要求等。在产能过剩背景下，对新增合资项目以及整车生产企业异地投建新工厂(即扩大产能)的准入条件也做了补充，增加了"必须上马新能源汽车"的要求。

2010 版《汽车产业发展政策》还指出："国家引导和鼓励发展节能环保的传统能源汽车。汽车产业要结合国家能源结构调整战略和排放标准的要求，提高传统能源汽车整车和发动机效率、采用轻量化技术，重点发展节能环保型小排量汽车、重型商用车，高效汽柴油发动机等关键技术"。

### 4. 自主品牌发展

2010 版《汽车产业发展政策》鼓励企业增强自主创新能力，形成若干全球驰名的自主品牌。不仅明确规定支持生产企业提高研发能力和技术创新能力，积极开发具有自主知识产权的产品，实施品牌经营战略，而且更为详细规定："现有汽车生产企业(不含与境外汽车生产企业合资的中外合资企业及其再投资企业)在新开发和引进的产品车身前部显著位置应标注本企业或本企业投资股东独家拥有的汽车产品商标。"到 2015 年，中国自主品牌乘用车将占国内汽车市场 50%的份额，其中自主品牌轿车约占国内汽车市场 40%的份额。

### 5．汽车金融

"支持国内骨干汽车生产企业建立汽车金融公司。支持发展汽车租赁业务"，对比 2004 版 "在确保信贷安全的前提下，经核准，符合条件的企业可设立专业服务于汽车销售的非银行金融机构"，2010 版《汽车产业发展政策》更为积极，对汽车金融的支持力度更大。

### 6．汽车排放

2010 版《汽车产业发展政策》提出："国家有关部门统一制定和颁布汽车排放标准，并根据国情分为现行标准和预期标准。如选择预期标准为现行标准的，至少提前二年公布实施日期。"而 2004 版《产业政策》规定 "提前一年公布实施"。这一变化，反映出汽车产业界对目前汽车排放政策提前公布时间的不满。

# 第四章 汽车的类型

随着汽车用途的日益广泛，汽车的类型也在逐渐增多。由于我国在汽车管理上按照底盘的生产权分为整车企业和改装车企业，公布的汽车产销量是整车企业的产销量，包括了整车企业外卖底盘商品量的数量(即整车企业卖给改装车企业的底盘数量在月度统计中是按照整车来统计的)，因此在旧的分类方法中，载货汽车和客车产销量分别包含载货汽车底盘和客车底盘的数量。另外，由于产品管理上的原因，个别车型如上海通用的 GL8、广州本田的奥德赛、北京吉普中的部分切诺基，目前还是按照轿车来统计。前几年我国还出现的"准轿车"，其本应属于轿车产品但因管理上的规定我们将其归入轻型客车中统计，如浙江吉利、跃进集团的产品等。随着管理的逐步到位，这些产品也逐步纳入轿车中统计，截至 2004 年 7 月，全国"准轿车"归入轻型客车统计的情况已经全部消除。

## 第一节 汽车的分类

为了更好地规范汽车的分类方法，国家质量监督检验检疫总局于 2001 年 7 月 3 日正式颁发了我国汽车分类方法新的国家标准。本次分类是我国汽车工业在车型统计分类上的第一次重要改革，也是为了满足加入 WTO 后与国际接轨的需要，对于今后汽车行业的发展影响深远。

旧的车型统计分类方法是 1988 年依照 GB/T3730.1—88 制订的，分为三大类，即载货汽车、客车和轿车，各类按照不同的划分标准又进行了细分类，具体如下：

载货汽车分为(按照总质量划分)：

(1) 重型载货车(总质量＞14 吨)；

(2) 中型载货车(6 吨＜总质量≤14 吨)；

(3) 轻型载货车(1.8 吨＜总质量≤6 吨)；

(4) 微型载货车(总质量≤1.8 吨)。

客车分为(按照车身长度划分)：

(1) 大型客车(车长＞10 米)；

(2) 中型客车(7 米＜车长≤10 米)；

(3) 轻型客车(3.5 米＜车长≤7 米)；

(4) 微型客车(车长≤3.5 米)。

轿车分为(按照排量划分)：

(1) 高级轿车(排量＞4 升)；

(2) 中高级轿车(2.5 升＜排量≤4 升)；

(3) 中级轿车(1.6 升＜排量≤2.5 升)；

(4) 普通级轿车(1.0 升＜排量≤1.6 升)；

(5) 微型轿车(排量≤1.0 升)。

新的车型统计分类是在参考 GB/T3730.1—2001 和 GB/T15089—2001 两个国家标准，结合我国汽车工业的发展状况制订的。其大的分类基本与国际较为通行的称谓一致，分为乘用车和商用车两大类，由于各国在车型细分上没有统一的标准，因此对于乘用车和商用车之下的细分类是按照我国自身的特点进行划分的。新分类的具体情况描述如下：

乘用车(passenger car) 在其设计和技术特征上主要用于载运乘客及其随身行李或临时物品的汽车，包括驾驶员座位在内最多不超过 9 个座位，它也可以牵引一辆挂车。

与旧分类相比，乘用车涵盖了轿车、微型客车以及不超过 9 座的轻型客车，而载货汽车和 9 座以上的客车全部不属于乘用车。有一类特殊情况，即我们考虑部分车型如金杯海狮同一长度的车既有 9 座以上的，又有 9 座以下的，在实际统计中，金杯海狮均列为商用车，在以下商用车的解读中不再重复叙述。

商用车(commercial vehicle) 在设计和技术特征上用于运送人员和货物的汽车，并且可以牵引挂车。

根据国标 GB/T3730.1—2001 的规定，将汽车分为四大类，三十四种类型。这四类是：乘用车、商用车、挂车和汽车列车。在这里我们只讲前两种车辆的分类，如图 4-1 所示。

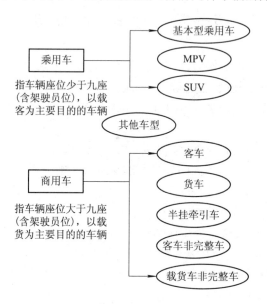

图 4-1　乘用车辆和商用车辆的分类

### 1. 乘用车

乘用车主要用于载运乘客及其随身行李或临时物品的汽车，包括驾驶员座位在内最多不超过 9 个座位。它也可牵引一辆挂车，主要有 11 种，如表 4-1 所示。

**表 4-1 乘用车标准术语**

| 序 号 | 术 语 | 定 义 |
|---|---|---|
| 2.1.1.1 | 普通乘用车 | 车身：封闭式，侧窗中柱有或无<br>车顶：固定式，硬顶。有的顶盖一部分可以开启<br>座位：4 个或 4 个以上座位，至少两排。后座椅可折叠或移动，以形成装载空间<br>车门：2 个或 4 个侧门，可有一后开启门 |
| 2.1.1.2 | 活顶乘用车 | 车身：具有固定侧围框架的可开启式车身<br>车顶：车顶为硬顶或软顶，至少有两个位置，一为封闭，二为开启或拆除(可开启式车身可以通过使用一个或数个硬顶部件和/或合拢软顶将开启的车身关闭)<br>座位：4 个或 4 个以上座位，至少两排<br>车门：2 个或 4 个侧门车窗：4 个或 4 个以上侧窗 |
| 2.1.1.3 | 高级乘用车 | 车身：封闭式。前后座之间可以设有隔板<br>车顶：固定式，硬顶，有的顶盖一部分可以开启<br>座位：4 个或 4 个以上座位，至少两排。后排座椅前可安装折叠式座椅<br>车门：4 个或 6 个侧门，也可有一个后开启门<br>车窗：6 个或 6 个以上侧窗 |
| 2.1.1.4 | 小型乘用车 | 车身：封闭式，通常后部空间较小<br>车顶(顶盖)：固定式，硬顶。有的顶盖一部分可以开启<br>座位：2 个或 2 个以上的座位，至少一排<br>车门：2 个侧门，也可有一个后开启门<br>车窗：2 个或 2 个以上侧窗 |
| 2.1.1.5 | 敞篷车 | 车身：可开启式<br>车顶(顶盖)：车顶可为软顶或硬顶，至少有两个位置：第一个位置遮覆车身；第二个位置车顶卷收或可拆除<br>座位：2 个或 2 个以上的座位，至少一排<br>车门：2 个或 4 个侧门<br>车窗：2 个或 2 个以上侧窗 |
| 2.1.1.7 | 旅行车 | 车身：封闭式，车尾外形按可提供较大的内部空间<br>车顶：固定式，硬顶。有的顶盖一部分可以开启<br>座位：4 个或 4 个以上座位，至少两排，座椅的一排或多排可拆除，或装有向前翻倒的座椅靠背，以提供装载平台<br>车门：2 个或 4 个侧门，并有一后开启门<br>车窗：4 个或 4 个以上侧窗 |

| 序 号 | 术 语 | 定 义 |
|---|---|---|
| 2.1.1.7 | 舱背乘用车 | 车身：封闭式，侧窗中柱可有可无<br>车顶(顶盖)：固定式，硬顶，有的顶盖一部分可以开启，有 4 个或 4 个以上座位，至少两排，后座椅可折叠或可移动，以形成一个装载空间<br>车门：2 个或 4 个侧门，车身后部有一舱门 |
| 2.1.1.8 | 多用途乘用车 | 上述 2.1.1.1～2.1.1.7 车辆以外的，只有单一车室载运乘客及其行李或物品的乘用车。但是，如果这种车辆同时具有下列两个条件，则不属于乘用车：<br>(1) 除驾驶员以外的座位数不超过 6 个(只要车辆具有可使用的座椅安装点，就应算"座位"存在)<br>(2) $p - (M + N \times 68) > N \times 68$<br>式中，$p$ 为最大设计总质量；$M$ 为整车质量与 1 位驾驶员之和；$N$ 为除驾驶员以外的座位数 |
| 2.1.1.9 | 短头乘用车 | 一种乘用车，它一半以上的发动机长度位于车辆前风窗玻璃最前点以后，并且方向盘的中心位于车辆总长的前四分之一部分内 |
| 2.1.1.10 | 越野乘用车 | 在其设计上所有车轮同时驱动 (包括一个驱动轴可以脱开的车辆)，或其几何特性(接近角、离去角、纵向通过角，最小离地间隙)、技术特性(驱动轴数、差速锁止机构或其它型式机构)和它的性能爬坡度)允许在非道路上行驶的一种乘用车 |
| 2.1.1.11 | 专用乘用车 | 运载乘员或物品并完成特定功能的乘用车，它具备完成特定功能所需的特殊车身和/或装备。例如：旅居车、防弹车、救护车、殡仪车等 |

乘用车细分为基本型乘用车、多功能车(MPV)、运动型多用途车(SUV)和交叉型乘用车四类，它是根据现阶段我国汽车工业发展的特点进行区别划分的。

(1) 基本型乘用车。它的概念等同于旧标准中的轿车，但在统计范围上又不同于轿车，这种区别主要表现在将旧标准轿车中的部分非轿车品种如 GL8、奥德赛、切诺基排除在基本型乘用车外，而原属于轻型客车中的"准轿车"列入了基本型乘用车统计，由于这些特殊的车型产销数量不是很大，对于分析基本型乘用车的市场发展趋势影响不大。

(2) 多功能车(MPV)。与后面提到的运动型多用途车(SUV)一样，都属于近年来行业引进的外来称谓。它是集轿车、旅行车和厢式货车的功能于一身，车内每个座椅都可以调整，并有多种组合方式，前排座椅可以 180 度旋转的车型。近年来我国汽车工业发展迅速，该车型已有较多的企业生产，如上海通用的 GL8、东风柳州的风行和江淮的瑞风，而一些企业生产的类似产品在实际统计中可能也列入多功能车统计。该车型在旧标准中部分列入轿车统计，部分列入了轻型客车统计。

(3) 运动型多用途车(SUV)。SUV 的英文名称 Sport Utility Vehicle，该车型起源于美国，这类车既可载人，又可载货，行驶范围广泛，驱动方式应为四轮驱动。近几年我国轻型越野车和在皮卡基础上改装的运动型多用途车发展较快，但在驱动方式上不一定是四轮驱动，行业在分析市场时一般将这几类产品放到一起，本次分类改革我们也将这几类车型统一归为运动型多用途车(SUV)类，因此我国的此类产品范围要广于国外。同时为了方便了解我国汽车的发展状况，我们在运动型多用途车(SUV)下又按照驱动方式不同分为四驱运动型和二驱运动型多用途车。该类车型主要有长丰猎豹、北京吉普切诺基、长城哈弗、郑州日产的帕拉丁等。在旧分类中除了部分切诺基列入轿车中外，其他均列入了轻型客车中。

(4) 交叉型乘用车。交叉型乘用车是指不能列入上述三类外的其他乘用车，这部分车型主要指的是旧分类中的微型客车，今后新推出的不属于上述三类的车型也列入交叉型乘用车统计。

上述四类车型又分别按照厢门、排量、变速箱的类型和燃料类型进行了细分。衍生出乘用车的九种车型，在后面会进行具体介绍。

## 2．商用车

相对旧分类，商用车包含了所有的载货汽车和 9 座以上的客车，商用车标准术语如表 4-2 所示。

**表 4-2 商用车标准术语**

| 序 号 | 术 语 | 定 义 |
|---|---|---|
| 2.1.2.1 | 客车 | 在设计和技术特性上用于载运乘客及其随身行李的商用车辆，包括驾驶员座位在内座位数超过 9 座。客车有单层的或双层的，也可牵引一挂车 |
| 2.1.2.1.1 | 小型客车 | 用于载运乘客，除驾驶员座位外，座位数不超过 16 座的客车 |
| 2.1.2.1.2 | 城市客车 | 一种为城市内运输而设计和装备的客车。这种车辆设有座椅及站立乘客的位置，并有足够的空间供频繁停站时乘客上下车走动用 |
| 2.1.2.1.3 | 长途客车 | 一种为城间运输而设计和装备的客车。这种车辆没有专供乘客站立的位置，但在其通道内可载运短途站立的乘客 |
| 2.1.2.1.4 | 旅游客车 | 一种为旅游而设计和装备的客车。这种车辆的布置要确保乘客的舒适性，不载运站立的乘客 |
| 2.1.2.1.5 | 铰接客车 | 一种由两节刚性车厢铰接组成的客车。在这种车辆上，两节车厢是相通的，乘客可通过铰接部分在两节车厢之间自由走动。这种车辆可以按 2.1.2.1.2～2.1.2.1.4 进行装备。两节刚性车厢永久联结，只有在工厂车间使用专用的设施才能将其拆开 |
| 2.1.2.1.6 | 无轨电车 | 一种经架线由电力驱动的客车。这种电车可指定用作多种用途，并按 2.1.2.1.2、2.1.2.1.3 和 2.1.2.1.5 进行装备 |
| 2.1.2.1.7 | 越野客车 | 在其设计上所有车轮同时驱动(包括一个驱动轴可以脱开的车辆)或其几何特性(接近角、离去角、纵向通过角，最小离地间隙)、技术特性(驱动轴数、差速锁止机构或其它型式机构)和它的性能(爬坡度)允许在非道路上行驶的一种车辆 |
| 2.1.2.1.8 | 专用客车 | 在其设计和技术特性上只适用于需经特殊布置安排后才能载运人员的车辆 |

续表

| 序号 | 术语 | 定　义 |
|------|------|--------|
| 2.1.2.2 | 半挂牵引车 | 装备有特殊装置用于牵引半挂车的商用车辆 |
| 2.1.2.3 | 货车 | 一种主要为载运货物而设计和装备的商用车辆，它能否牵引一挂车均可 |
| 2.1.2.3.1 | 普通货车 | 一种在敞开(平板式)或封闭(厢式)载货空间内载运货物的货车 |
| 2.1.2.3.2 | 多用途货车 | 在其设计和结构上主要用于载运货物，但在驾驶员座椅后带有固定或折叠式座椅，可运载 3 个以上的乘客的货车 |
| 2.1.2.3.3 | 越野货车 | 在其设计上所有车轮同时驱动(包括一个驱动轴可以脱开的车辆)或其几何特性(接近角、离去角、纵向通过角，最小离地间隙)、技术特性(驱动轴数、差速锁止机构或其它型式的机构)和它的性能(爬坡度)允许在坏路上行驶的一种车辆 |
| 2.1.2.3.4 | 全挂牵引车 | 一种牵引杆式挂车的货车。它本身可在附属的载运平台上运载货物 |
| 2.1.2.3.5 | 专用作业车 | 在其设计和技术特性上用于特殊工作的货车。例如：消防车、救险车、垃圾车、应急车、街道清洗车、扫雪车、清洁车等 |
| 2.1.2.3.6 | 专用货车 | 在其设计和技术特性上用于运输特殊物品的货车，例如罐式车、乘用车运输车、集装箱运输车等 |

在旧分类中，整车企业外卖的底盘是列入整车统计的，在新分类中，我们将底盘单独列出，分别为客车非完整车辆(客车底盘)和货车非完整车辆(货车底盘)。商用车分为客车、货车、半挂牵引车、客车非完整车和货车非完整车五类。

客车，在设计和技术特征上用于载运乘客及其随身行李的商用车辆，包括驾驶员座位在内座位数超过 9 座。

新分类中的客车含义要小于旧分类中的客车，原因为 9 座及以下的客车(即原来的微型客车)列入了乘用车，底盘单独列出为客车非完整车辆。

在客车细分类中，我们先后按照车身长度、用途和燃料类型进行了细分类，由于车身长度按照米数来细分的，因此统计信息更加详细，又可以按照旧分类中的大、中、轻型客车的划分标准进行归类，列出各用途客车，有利于进行细分市场的分析。

货车，一种主要为载运货物而设计和装备的商用车辆，它能否牵引一挂车均可。

与新分类的客车类似，新分类的货车含义也小于旧分类中的载货汽车，对应关系为旧分类载货汽车 = 新分类中的(货车 + 半挂牵引车 + 货车非完整车辆)。

货车的细分是按照总质量、用途和燃料类型来细分的。

半挂牵引车，装备有特殊装置用于牵引半挂车的商用车辆。

我国加入 WTO 后，港口运输量日益增大，为半挂牵引车的发展提供了机遇，近年来，该车型发展很快。在旧分类中，半挂牵引车是列入重型载货汽车统计的，没有单独列出，新分类是作为商用车的一大类单独列出的。

对于半挂牵引车，车辆分类依据的质量是处于行驶状态中的半挂牵引车的质量，加上半挂车传递到牵引车上最大垂直静载荷，和牵引车自身最大设计装载质量(如果有的话)的和。

客车非完整车辆和货车非完整车辆分别指客车底盘和货车底盘，客车非完整车辆按照长度进行细分，货车非完整车辆按照总质量细分。

# 第二节　乘用车的九种车型

### 1. 轿车

轿车，美国英语称之为 Sedan，而在英国则被称为 Saloon，轿车强调的是舒适性，以乘员为中心。我们在国内城市大街上最常见的乘用车就是四门三厢车，像广本、上帕、别克、A6 等，奥迪 S4 轿车如图 4-2 所示。

早期的轿车一般是三厢车，除乘客厢外，外观上可见明显长度的车头与车尾，因此可从外形上清晰分辨出引擎室，人员乘坐室以及行李舱。轿车的外型类似古代轿子(英文为Sedan Chairs)，乘客厢前后有长握柄，故名为"轿车"。

图 4-2　奥迪 S4 轿车

轿车的分类标准非常多，分类也五花八门。按排量，轿车分为微型轿车(排量为 1L 以下)、普通级轿车(排量为 1.0～1.6L)、中级轿车(排量为 1.6～2.5L)、中高级轿车(排量为 2.5～4.0L)和高级轿车(排量为 4L 以上)。而美国的分类方法则将轿车分为 6 级，它是综合考虑了车型尺寸、排量、装备和售价之后得出的分类。美国将轿车分为：Mini、Small、LowMed、Interm 和 Upp-med 以及 Large/Lux。其中，它的 Mini 相当于我国的微型轿车；我国的普通型轿车在通用的分类中可找到 2 个级别，即 Small 和 LowMed；各家只对中级轿车的分类标准比较一致，即中级轿车 Interm(B 级)；中高级轿车，即 Upp-med，在我国相当于近几年涌现最多、销售最畅的奥迪、别克和雅阁等新型车；高级轿车相对应的是 Large/Lux 级别。

而在汽车技术极为成熟的德国，轿车一般按轴距和排量进行综合划分，把轿车分为A00、A0、A、B、C、D 六种，这类分法也是现在认可度最高的一种分法。

### 2. 两门轿车(Coupe)

在北美，一辆车子的品牌会有很多的版本，像 ACCORD、CIVIC 都有两门车的版本。通常 Coupe 是年轻人所宠爱的。

Coupe 是两门三厢轿车的意思，中华骏捷 Coupe 配备由华晨自主研发的国内首款 1.8涡轮增压发动机，采用双顶置凸轮轴、单缸 4 气门技术的涡轮增压发动机，最高车速可超过 220 公里/小时；配置前双安全气囊及侧气囊、ABS 制动系统、天窗、8 向电动真皮加热司机座椅等，如图 4-3 所示。

图 4-3　两门轿车

### 3．两厢车(Hatchback)

两厢车车尾上的门可向上掀起，也就是掀背式。通常，小型车大多是掀背车，可以最大程度地利用有限的空间。虽然，内部空间较正常轿车短，其尾门几乎是垂直，大多数后座都具有折叠平放的功能，可在后排座不坐人的情况下，增加行李厢的空间。外形小巧玲珑，一般来说，价格比较便宜，开起来也比较经济。

### 4．旅行车(Station Wagon)

一般来说大多数旅行车都是以轿车为基础，把轿车的后备厢加高到与车顶齐平，用来增加行李空间。Station Wagon 的优点就在于它既有轿车的舒适，也有相当大的行李空间，外形也相当的稳重，有成熟的魅力。

与 SUV 和 MPV 相比，旅行车的购买价格和使用成本都较低，而且具有更灵巧的车身，便于驾驶和停放，因此在经济发达国家(尤其在欧洲)的民众生活中扮演着重要的角色。

旅行车不仅能够长途跋涉，而且空间足够大，可以携带充足的旅行装备。同时，在日常城市生活当中，它还十分适合商贸用途。车辆用途十分广泛，上班时可做为商业用途，下班后可做为休闲旅行使用的车型，其尾门几乎垂直，内部空间因此加大，但操纵的灵活度并未受损。另外大多数后座都具有折叠平放的功能，增加物品摆放空间，桑培纳的旅行版是国内最早出现的旅行车，如图 4-4 所示。欧洲是旅行车的天堂，几乎每款车型都有旅行版，奥迪 A6 旅行版如图 4-5 所示。

图 4-4　桑塔纳旅行版

图 4-5 奥迪 A6 旅行版

### 5. 客货两用车(VAN)

国内称这类车型为 MPV(Multi-Purpose Vehicle),即多用途汽车,该类型的车在我国早期被称为"子弹头"。它集轿车、旅行车和厢式货车的功能于一身,兼具旅行车宽大乘员空间、轿车的舒适性和厢式货车载货功能,一般为两厢式结构,即多用途车。车内每个座椅都可调整,并有多种组合的方式,例如可将中排座椅靠背翻下即可变为桌台,前排座椅可做 180 度旋转等,如图 4-6 所示。近年来,MPV 趋向于小型化,又出现了所谓的 S-MPV,S 是小(Small)的意思。S-MPV 车长一般在 4.2~4.3 m 之间,车身紧凑,一般为 5~7 座。

图 4-6 座椅的调整

全球第一款 MPV 车身是 1983 年 11 月克莱斯勒的普利茅斯·大捷龙车型。MPV 诞生初期并不被各大汽车厂看好,如和克莱斯勒同为美国汽车代表的福特和通用对这个类别的车极不看好。但在此后的第一个销售年度里,大捷龙和其兄弟车型卡拉万的销量达到了 21

万辆，远远超过了预先的盈亏平衡估计点。在那个经济低迷的年代，厢式旅行车为克莱斯勒的扭亏为盈作出了巨大贡献。而在 1987 年，欧洲人重新演绎了 MPV 的含义，他们把MPV 定义为"Multi-Purpose Vehiche(多功能车)"。从此以后，MPV 被越来越多的车企所接受，现在几乎每个厂商旗下都有至少一款 MPV 车型。

现在的 MPV 首先是要具备两厢式结构，布局以轿车结构为基础，一般直接采用轿车的底盘、发动机，因而具有和轿车相近的外形和同样的驾驶感、乘坐舒适感。由于车身最前方是发动机舱，可以有效地缓冲来自正前方的撞击，保护前排乘员的安全。许多 MPV都是在轿车平台上生产出来的，如广州本田奥德赛，其车型开发完全是按照轿车的理念进行的，这点是 MPV 与轻型客车最大的不同。MPV 车型的座椅灵活多变，一般为 7 座设计，且各个座椅可以单独调节。MPV 的前门为常规开启方式，而后门一般为侧滑门，如图 4-7所示。

图 4-7　MPV 前门和后门

在国内常见的 MPV 车型有别克 GL8、本田奥德赛、江淮瑞风、东风风行以及五菱宏光等小型 MPV 等。

### 6. 越野车(SUV)

越野车的全称是 Sport Utility Vehicle，是专为征服各式崎岖不平的路面状况特别设计的车型。通常，本身具有四轮驱动的特性、发动机输出扭力较大、车身底盘较高，车体较为坚固的优势，使其具有高度机动性，足以适应各种严苛的路况，给人有种粗犷豪迈的感觉。另一方面，越野车燃料耗损较多、车身重心较高，车辆机械结构较复杂的缺憾，仍是普遍为人所垢病的地方。

除了 SUV 外，国内汽车生产厂家又衍生出许多基于 SUV 概念的小型汽车来吸引广大城市用户。

(1) SRV。SRV 的英文全称是 Small Recreation Vehicle，即小型休闲车，一般指两厢轿车，如吉利豪情 SRV 和上海通用赛欧 SRV。

(2) CRV。CRV 是本田的一款车，国产的版本叫做东风本田 CR-V，取英文 City Recreation Vehicle 之意，即城市休闲车。

(3) CUV。CUV 是英文 Car-Based Utility Vehicle 的缩写，是以轿车底盘为设计平台，

融轿车、MPV 和 SUV 特性为一体的多用途车，也被称为 Crossover。三菱欧蓝德和长城哈弗都是典型的 CUV。

(4) RV。RV 的全称是 Recreation Vehicle，即休闲车，是一种适用于娱乐、休闲、旅行的汽车，首先提出 RV 汽车概念的国家是日本。RV 的覆盖范围比较广泛，没有严格的范畴。广义上讲，除了轿车和跑车外的轻型乘用车，如 MPV、SUV、CUV 等都归属于 RV。

(5) HRV。HRV 源于上海通用别克凯越 HRV 轿车，取 Healthy(健康)、Recreational(休闲)、Vigorous(活力)之意，是一个全新的汽车设计概念。

(6) RAV。RAV 源于丰田的一款小型运动型车 RAV4。丰田公司的解释是：Recreational(休闲)、Activity(运动)、Vehicle(车)，缩写就成了 RAV，又因为是四轮驱动，所以又加了个 4。

### 7. 皮卡(Pickup Truck)

皮卡是汽车市场的一个重要组成部分，是一种采用轿车车头和驾驶室，同时带有敞开式货车车厢的车型，其特点是既有轿车般的舒适性，又不失动力强劲，而且比轿车的载货和适应不良路面的能力还强，中国长城皮卡如图 4-8 所示。

图 4-8 中国长城皮卡

上世纪 20 年代，皮卡产品首先在美国出现，它在美国是非常实用和常见的一种交通工具，并且深受美国人的热爱，它是美国现代牛仔文化的象征。皮卡在北美人的眼中是最稳健、忠实的伙伴，原本是针对美国民众在日常生活载物、运送务农机具，所需孕育而生的特殊车型。因此，其便利的特性与实用的特质，仍为美国当地的主流车型之一。至今，货卡车依旧是不少美系车厂的生产主力。随着美国皮卡市场的繁荣，皮卡也向世界其他地区延伸。近年来，欧系汽车与日系汽车，逐渐也开始往此领域持续发展当中，期望能扭转此形势。至今全球皮卡年市场规模约为 410 万辆，主力市场分布在北美、东南亚、中南美、大洋洲和西亚北非。2010 年美国皮卡销量超过 160 万辆，占全球的 40%。2010 年中国皮卡市场规模达到 38 万辆，约占全球市场的 9%，市场地位快速提升。

### 8．敞篷车(Convertible)

敞篷车是指带有折叠式可开启车顶的轿车。敞篷车按照车顶的结构可以分成硬顶车和软顶车。软顶车更为常见，通常采用帆布，乙烯或塑料为车顶材料，配以可折叠的支架。硬顶车的车顶为金属材质，通常可以自动开合。敞篷车中有些款式是专门开发的敞篷车型，没有其他样式，比如马自达的 Miata，大众的 Cabriolet。大部分的敞篷车既有敞篷型，也有一般固定顶款型。有的敞篷车是由受欢迎的轿车款式附带发展出来的，比如大众甲壳虫的敞篷款。大部分的敞篷车都是两门式的，四门款式较为少见。

### 9．跑车(Roadster)

跑车一般为双门设计，座椅为双座或者 2＋2 布局设计，车身较低、造型流畅，有着比较强烈的运动感，座椅为双座或 2＋2 式设计，与其他级别车型区别比较明显的是，跑车的发动机可以有前置、中置和后置三种形式，而且其车顶形式也有硬顶、硬顶敞篷和软顶敞篷三种。

由于跑车一般只按两个驾乘设置座位，车身轻便，而其发动机一般又比普通轿车发动机的功率强大，所以比普通轿车的加速性好，其车速也较高。跑车设计时为保证操纵性，整车的重心高度很低，为此其底盘很低，通过性相对要差一些，而越高级的跑车，此特点越明显。

市场上的跑车可分为三大类：一是价格昂贵、速度性能极佳的高档跑车，也就是我们常说的超级跑车，其拥有高强动力输出、出众外形的跑车，且排量基本在 4.0L 以上，价格一般高达千万，如法拉利 ENZO、兰博基尼 Reventon、McLaren F1、布加迪威龙 Gransports、帕加尼 Huayra、柯尼塞格 Agera 等；二是中高档的跑车，也就是我们常说的豪华跑车，这类车型的舒适性往往优于其动力，以奔驰 SLK、宝马 Z4、6 系、奥迪 TT 为代表；三是相对低档的跑车，就是我们常说的平民跑车，一般只注重外型的塑造，如马自达 MX-5，现代 Coupe 等车。

# 第五章　汽车销售流程(上)

## 第一节　总　论

销售过程是一个非常复杂的过程，任何产品的销售都不例外，即使是豆浆、手机之类商品的销售都可以是具有标准服务标准的销售流程。汽车作为一个家庭耐用的大件商品，其销售流程是销售技术含量非常高的负责过程。正因为如此，汽车销售行业培养出许多销售大师和管理大师，如美国的顶尖销售大师齐格勒，乔吉拉德、艾柯卡等。

汽车作为一个具有相当技术含量，并且市场竞争非常激烈的商品，销售汽车并不是简单的事情。我们面对的是完全不同的客户，这些客户在不同时间，不同状态下会有不同的需求和表现。作为销售高手，既要满足客户的需求，又要达到销售的目的；既要让不同层次的客户满意，又要为公司赢得利润。所以，销售是一门艺术，而销售汽车更是一门豪华的艺术。现在各家汽车生产厂家都非常重视汽车销售流程的培训，具体到各家汽车经销商，也非常重视汽车销售从业人员的培训。作为一名优秀的汽车销售顾问，认真掌握汽车销售流程，并能根据自身条件、产品特点、销售服务套餐以及客户特色，有针对性地进行销售规划，必将高效地提升汽车销售业务能力。

大家都知道，良好的汽车商品形象是销售活动的物质基础；良好的汽车销售企业形象影响顾客的购买行为，而对于汽车销售业务员，做好销售流程的各个环节是为客户提供良好服务及提升自己现实能力和做好长远客户规划的前提。

新车销售流程是一系列提升新车附加价值的步骤，帮助销售顾问更好地通过与客户沟通，为客户提供合适的新车，并通过一系列服务，满足客户需求，提升新车价值的系列活动，丰田公司汽车销售流程如图 5-1 所示。

总体而言，汽车销售流程应当包括以下的内容：

(1) 客户开发。在销售流程的潜在客户开发步骤中，最重要的是通过了解潜在客户的购买需求来开始和他建立一种良好的关系。只有当销售人员确认关系建立后，才能对该潜在客户进行邀约。

(2) 接待。为客户树立一个正面的第一印象。由于客户通常预先对购车经历抱有负面的想法，因此殷勤有礼的专业人员的接待将会消除客户的负面情绪，为购买经历设定一种愉快和满意的基调。

(3) 咨询。重点是建立客户对销售人员及经销商的信心。对销售人员的信赖会使客户感到放松，并畅所欲言地说出他的需求，这是销售人员和经销商在咨询步骤通过建立客户

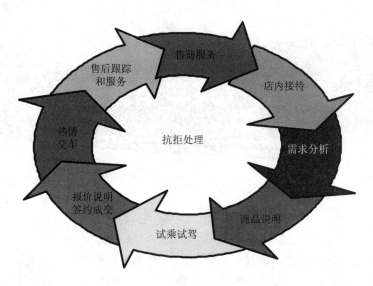

图 5-1　丰田公司汽车销售流程图

信任所能获得的最重要利益。

(4) 产品介绍。要点是进行针对客户的产品介绍，以建立客户的信任感。销售人员必须通过传达直接针对客户需求和购买动机的相关产品特性，帮助客户了解一辆车是如何符合其需求的，只有这时客户才会认识其价值。直至销售人员获得客户认可，所选择的车合他心意，这一步骤才算完成。

(5) 试乘试驾。这是客户获得有关车的第一手材料的最好机会。在试车过程中，销售人员应让客户集中精神对车进行体验，避免多说话。销售人员应针对客户的需求和购买动机进行解释说明，以建立客户的信任感。

(6) 报价谈判。为了避免在协商阶段引起客户的疑虑，对销售人员来说，重要的是要使客户感到他已了解到所有必要的信息并控制着这个重要步骤。如果销售人员已明了客户在价格和其他条件上的要求，然后提出销售议案，那么客户将会感到他是在和一位诚实和值得信赖的销售人员打交道，会全盘考虑到他的财务需求和关心的问题。

(7) 签约成交。重要的是要让客户采取主动，并允许有充分的时间让客户做决定，同时加强客户的信心。销售人员应对客户的购买信号敏感。一个双方均感满意的协议将为交车铺平道路。

(8) 交车仪式。交车步骤是客户感到兴奋的时刻，如果客户有愉快的交车体验，那么就为长期关系奠定了积极的基础。在这一步骤中，按约定的日期和时间交付洁净、无缺陷的车是我们的宗旨和目标，这会使客户满意并加强他对经销商的信任感。重要的是此时需注意客户在交车时的时间有限，应抓紧时间回答任何问题。

(9) 售后服务跟踪。最重要的是认识到，对于一位购买了新车的客户来说，第一次维修服务是他亲身体验经销商服务流程的第一次机会。跟踪步骤的要点是在客户购买新车与第一次维修服务之间继续促进双方的关系，以保证客户会返回经销商处进行第一次维护保养。新车出售后对客户的跟踪是联系客户与服务部门的桥梁，因而这一跟踪动作十分重要，这是服务部门的责任。

各大汽车品牌公司都会根据自身产品特色和企业文化开设不同要求的汽车销售流程,其目的都是通过良好的流程培训能极大提高销售人员的工作能力,并有效地提升客户满意度。各大汽车生产厂家所主导的汽车销售流程存在着各种细微的差异,总体而言,愈是豪华车型,其销售流程愈是重视客户开发环节。一汽-大众经销商展厅销售流程如图 5-2 所示。日产汽车销售流程如图 5-3 所示。路虎捷豹销售流程如图 5-4 所示。

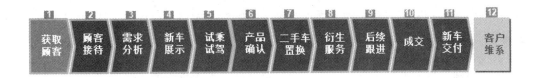

图 5-2　一汽-大众经销商展厅销售流程图

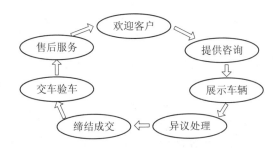

图 5-3　日产汽车销售流程图

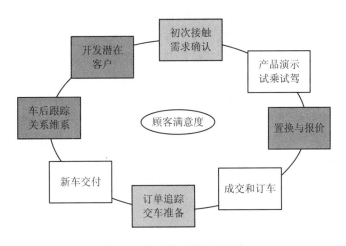

图 5-4　路虎捷豹销售流程图

# 第二节　客　户　开　发

要将汽车产品销售出去,首先要找到客户。企业拥有再好、再多的车,如果没有客户,就不能形成销售,从而造成积压。过去那种所谓的酒香不怕巷子深的说法,在当今的市场经济条件下遇到了严峻的挑战。

### 1. 客户开发的基本概念

客户回头率，也就是老客户第二次购车或者推荐他人来购车。在国外，汽车销售的第二年，购车的回头率基本上应该占第二年销售总额的 20%以上；第三年，回头率应达到 30%~40%；到了第四年，回头率基本上稳定在 50%左右。而第三年或第四年正好是第一次买车客户第二次考虑购买新车的一个周期。

上述情况目前在我们国内并不常见，原因有两个：一是我国国内客户目前的经济能力有限，尚不具备购置第二辆车的能力；二是我国的汽车销售企业很少关注客户回头率这个问题。特别是在我国汽车消费时代从家庭第一辆车转向第二辆和第三辆车时代的关键时期，更要重视客户开发及客户回头率的问题。

二八定律，汽车营销中的二八定律，又可理解为老客户定律。通过研究二八定律可发现老顾客对汽车销售的意义。在汽车营销中，与新顾客相比，老顾客会给汽车经销商带来更多的利益，精明的企业在努力创造新顾客的同时，会想办法将老顾客的满意度转化为持久的忠诚度。销售员重视老顾客的利益，把与顾客建立长期关系作为工作的主要任务的重要性表现在以下几个方面：

(1) 发展一个新客户的成本是挽留一个老客户的 6 倍。

(2) 向新客户推销成功率只有 15%，而向老客户推销成功率为 50%。老顾客的长期重复购买是企业稳定的收入来源，老顾客的增加对利润的提升起着重要作用。

(3) 60%的新客户来自老客户的介绍或影响，老顾客的推荐是新顾客光顾的重要原因之一。个人的行为必然会受到各种群体的影响，其中家庭、朋友、领导和同事是与其有经常持久相互影响的一个重要的参考群体。

(4) 大量忠诚的老顾客是企业长期稳定发展的基石，相对于新顾客来说，忠诚的老顾客不会因为竞争对手的诱惑而轻易离开与顾客之间的长期互利关系是企业的巨大资产。它增强了企业在市场竞争中的能力，尤其是急剧变化的市场中，市场份额的质量比数量更重要，由此可见，老顾客给企业带来了丰厚而稳定的利润。能成功留住老顾客的企业都知道最宝贵的资产不是产品或服务，而是顾客，所以盲目地争夺新顾客不如更好地保持老顾客。

(5) 老客户是企业利润的重要贡献者。老客户的忠诚度下降 5%，企业利润率下降 25%。如果将每年的客户保持率增加 5%，利润将达 25%~85%。20%的老客户带来 80%的利润。

越来越多的企业认识到了老顾客对企业的价值，他们把建立和发展与顾客的长期关系作为营销工作的核心，不断探索新的营销方式，持续不断改进以提高客户满意度。

客户满意度 CS(Consumer Satisfaction)，也叫客户满意指数。是对服务性行业的顾客满意度调查系统的简称，是一个相对的概念，是客户期望值与客户体验的匹配程度。换言之，就是客户通过对一种产品可感知的效果与其期望值相比较后得出的指数。

据世界知名调查公司美国盖洛普统计，失望的顾客会 100%主动向 26 个人讲起他的痛苦经历并且拒绝再次购买商家提供的产品或者服务。而满意的客户是不会主动向别人介绍他所使用的产品或服务的，今后继续购买该产品或者服务的概率是 50%。特别要强调的是，超越期望值的顾客会 100%热情、主动向身边的 6~8 个人介绍他的欢乐之行，同时，超过九成的人将继续购买商家提供的产品或者服务。

满意(Satisfaction)是指客户通过对一种产品或服务的实际表现(Performance)与其期望值(Expectations)相比较后所形成的愉悦或失望的感觉状态。客户在购买产品或服务前，通常都会对产品或服务有所期待。这种期待可能是心中清晰的意念，也可能是潜意识中不自觉的期望，但这种"事前期待"是客观存在的。如果产品或服务的实际表现低于期望，客户就会不满意；如果实际表现与期望相匹配，客户就会满意；如果实际表现超过期望，客户就会高度满意或欣喜。可见，客户满意是一种心理活动，是客户的需求被满足后的愉悦感。客户基于产品或服务的实际表现和期望的综合心理反映，将导致其在行为上的忠诚或抱怨的反应。

基盘客户：其实就是指店内的固定客户群，一般定义为对 4S 店所经销的品牌具有相关利益的客户，更多的时候指的是店销售客户加上常客。广义来说是留有可联络信息的客户，包含有望、潜在、战败、成交、他销、他牌等客户；狭义来讲是自销保有客户为主，即已购买产品的客户。

在汽车处于买方市场的条件下，企业争取新客户的成本不断增加，客户更换供应商的欲望增强，企业在注重预期客户管理和保持现有客户管理的基础上，有必要加强对客户的管理。基盘客户关系管理的目标是充分挖掘客户的潜力，尽可能地建立积极的客户联系，提升业务关系。

分析基盘客户的结构，一般按照图 5-5 来整理有效管理基盘客户的要点：

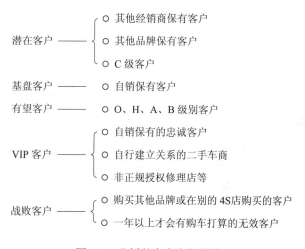

图 5-5 分析基盘客户的结构

## 2. 客户开发流程

### 1) 客户开发的准备工作

在汽车销售流程及其应用中，客户开发是一个首要问题，客户在哪里，是每一个汽车销售人员所面临的一个非常重要的问题。客户开发工作是销售工作的第一步，通常来讲是业务人员通过市场调查初步了解市场和客户情况，对有实力和有意向的客户重点沟通，最终完成目标区域的客户开发计划。

首先是找到目标客户群，根据产品的特征来锁定客户，是我们在寻找客户之前首先要做的事情。即首先了解你所要销售的汽车产品，这款汽车的客户群在哪里。一般情况下，不同的产品有不同的客户群。比如，你要了解你所销售的汽车产品属于哪一个档次，是高档车，中档车，还是低档车？汽车的排量是大排量，中排量，还是小排量？是商用，还是乘用？是属于哪一类人群的？只有在开发客户之前明确这些问题，你才能有目标地去寻找和开发客户。

不管你采用哪一种方式去开发客户，都必须事先做好准备工作，考虑清楚客户开发的步骤，否则就达不到预期的目的。那么，要做哪些准备工作呢？

第一，要详细了解和熟悉产品的品牌、车型、技术参数、配置等。要做到在与客户交流的时候，对于相关问题你都能流利地回答。

第二，要熟悉本公司对这个汽车产品销售的政策、条件和方式。

第三，要详细了解汽车销售过程中的各项事务，如付款方式、按揭费用的计算、上牌的手续、保险的内容、保险的费用等。

第四，要了解竞争对手的产品与你所售车型的差异。事先了解了对方以后，才能有应对的策略。

第五，了解客户。要了解客户属于哪个类型，这样，你在与客户进行交流的时候，就会有的放矢，占据主动。

2) 客户开发的渠道

寻找客户的渠道比较多，大概可分为"走出去"和"请进来"以及特有渠道三种。

(1) 走出去。走出去是指利用各种形式的广告、参加车展、召开新闻发布会、进行新车介绍、进行小区巡展、参加各类汽车文化活动、发送邮件、进行大客户的专访、参与政府或一些企业的招标采购等，如图5-6所示。

发送邮件就是发短信，这是个很好的方法，比如天气好坏、节假日的问候，通知客户参加公司的新活动等。

图5-6 "走出去"渠道

(2) 请进来。请进来主要是指在展厅里接待客户，邀请客户前来参加试乘试驾，召开新车上市展示，或接受客户电话预约等。

(3) 除了上述的一般渠道，4S店开发客户还有一些特有渠道。

① 定期跟踪保有客户。这些保有客户也是我们开发客户的对象，因为保有客户的朋友圈子、社交圈子也是我们的销售资源。

② 定期跟踪保有客户的推荐。

③ 售后服务站外来的保有客户。比如，奔驰汽车的维修站也会修沃尔沃、宝马车等，而这些客户也是我们开发的对象。

3) 制定客户开发方案

接下来要制定客户开发方案。制定客户开发方案具体内容如下：

首先要确定开发客户的对象，考虑与他接触的方式，是打电话，请进来，还是登门拜访，这些都需要你去选择。同时还要选择时间、地点、内容，找出从哪里切入比较容易找出话题以及与客户拉近距离的捷径，确定谈话的重点和谈话的方式，这些都是事先要在你的准备方案里面明确的。

在进行客户开发的时候，方案制定出来并不能确保这个方案一定成功。在实际工作当中，都是经过了反复的努力才成功的，特别是汽车销售工作。市场上目前有两大商品，一个是住房，另一个是汽车。所以，客户在购买汽车时，不会那么草率地决定，他总是会反复斟酌的。所以，汽车销售人员要有充分的耐心和毅力。

**【案例】**

在销售过程中有"三难"，即面难见，门难进，话难听。要想解决这些问题，你就得有常人所没有的耐心和毅力。

例如当你给客户打电话而客户拒绝接听时，你可以改一种方式——寄邮件；寄邮件石沉大海了也不要灰心，心里面一定要说："我一定要见到他。"不行的话，你就到他单位门口去等，等他的车来了以后，拦住他，告诉他你是谁，你是哪个公司的，然后彬彬有礼地把一张名片递给他，说："我以前跟您联系过，这是我的名片，你先忙着，抽空我再打电话跟你联络。"话不要说太多。客户拿到你的名片后会这样想："这家伙还挺有毅力的，我们公司的员工如果都像他这样就好了，我得抽空见见他。"

从心理学的角度上来讲，人都有好奇心，正是这种好奇心会让客户见你。

依据经验，与客户见面一般在上午十点钟左右或下午四点钟左右比较好。因为买车的人多数都是有决定权的，多数在单位、在家庭或者其他环境里是一个领导级的人物。作为领导，他从员工一步一步地走到现在的岗位，上班时形成了先紧后松的习惯。但人的精力是有限的，他从早晨八点钟开始忙，忙到十点钟，就需要休息，在他需要放松的时候你去拜访或联络他，他会把其他的事情暂时放在一边，去跟你聊几分钟。下午也是同样的道理。

销售人员在与客户见面的时候也要讲究技巧。首先要有一个很好的开场白，这个开场白应该事先准备好。如果事先没有准备，应凭借实战经验进行应对。

有经验的销售人员到了客户那里，首先会观察客户的办公室环境，客户有哪些爱好，从他办公室里面的摆设就能看出来。例如客户办公桌椅的后面放了一个高尔夫球杆，那你与客户谈话的时候就可以从高尔夫球杆谈起；如果客户的办公室一角放了一套钓鱼的钓具，你也可以从这个话题开始；如果实在没有反映其爱好的摆设的话，你可以称赞他的办公环境布置得非常协调，令人身心愉快，这也是一个话题。不管怎么说，见面先美言几句，客户总不会心里不舒服。心理学认为，当一个人在听到他人赞美的时候，他所有的戒备都会放松，所以在这个时候是最容易乘虚而入的。

4) 销售人员寻找潜在客户的方法

(1) 从认识的人中寻找潜在客户。

请认识的人帮自己引荐客户是汽车销售人员发掘潜在客户最有效的办法之一。汽车销售人员的人际关系愈广，接触潜在客户的机会就愈多。事实上，大多数汽车销售人员并没有充分利用这种方法。如果汽车销售人员确信自己所销售的汽车是他们需要的，为什么不去和他们联系呢？

(2) 借助专业人士寻找潜在客户。

如果你是刚刚迈入汽车销售行业的销售人员，很多事情根本无法下手。这时，你就需要获得专业人士的帮助，这对汽车销售人员的价值非常大。专业人士就是这样一种人：他比汽车销售人员有经验，对汽车销售人员所做的工作感兴趣，也愿意指导汽车销售人员的行动。专业人士愿意帮助面临困难的汽车销售人员，帮助他们从自己的经验中获得知识。

(3) 从原厂或者自己企业提供的名单中寻找潜在客户。

如果汽车销售人员服务的企业通过广告和营销来获得最佳的业绩，那么，企业就可能向汽车销售人员提供已有客户和潜在客户的名单。另外，原厂也会提供部分咨询客户名单。汽车销售人员只需要从中找到自己的潜在客户。

(4) 展开商业联系寻找潜在客户。

建立商业联系比建立社会联系更容易。汽车销售人员应借助商业联系去寻找潜在客户。在寻找潜在客户的过程中，不但要考虑在工作中认识的人，还要考虑政府职能管理部门、驾驶员培训学校、俱乐部等行业组织。这些组织带给汽车销售人员的是其背后庞大的潜在客户群体。

(5) 结识像自己一样的汽车销售人员和汽车行业人士。

在汽车销售人员接触过的很多人中，一定包括像自己一样的汽车销售人员。只要不是竞争对手，他们一般都愿意结交。即便是竞争对手，双方也可以成为朋友。汽车销售人员和他们搞好关系，会获得很多经验。

(6) 从用车客户中寻找潜在客户。

当客户的旧车快要淘汰时，汽车销售人员在恰当的时间接触他们将会获得销售的机会。

(7) 新闻中隐藏着商机。

汽车销售人员每天都会接触到一些新闻，这些新闻对汽车销售人员非常有用。报纸、电台广播和电视节目等，都是汽车销售人员寻找潜在客户的信息来源。

(8) 结识车辆服务人员和技术人员。

认识你所销售的车辆的服务人员和技术人员会给你带来意想不到的潜在顾客。汽车销售人员应养成定期检查企业服务和维修记录的习惯，询问客户服务部门自己的客户打过几次咨询电话，如果是多次，需要回访他们。

(9) 直接拜访潜在客户。

直接拜访潜在客户能迅速掌握他们的状况，提高工作效率，同时也能提升销售技巧，培养选择潜在客户的能力。

(10) 采用连锁介绍法寻找潜在客户。

乔·吉拉德是有名的汽车销售大师，是世界上销售汽车最多的一位超级销售员，平均每天要售出 5 辆汽车。他采用的销售方法就是连锁介绍法。只要任何人介绍客户向他买车，成交后，他会付给介绍人 25 美元。25 美元在当时虽不是一笔庞大的金额，但也足够吸引一些人。哪些人能当介绍人呢？银行的贷款员、汽车厂的修理人员、处理汽车赔损的保险公司职员都可以。这些人几乎天天都能接触到有意购买新车的客户。

(11) 采用销售信函寻找潜在客户。

对于那些对车辆已经有相当的认识，但又由于各种原因，当前还没有购车的潜在客户，汽车销售人员可以给他们邮寄销售信函，这样可以达到扩大销售的目的。比如，一位汽车销售人员列出了将近 300 位潜在客户，向他们寄去销售信函。他寄出信函的这些潜在客户在一两年内都有可能购买汽车。他不可能每个月都亲自去拜访这 300 位潜在客户，因此，他每个月针对这 300 位潜在客户都寄出一封设计得别出心裁的卡片，卡片上并不提及购车的事情。

(12) 电话寻找潜在客户。

电话是一种经济、有效的发现潜在客户的工具。汽车销售人员如果能找出时间，每天给新客户打 5 个电话，那么，一年下来就会拥有一千多个与潜在客户接触的机会。

(13) 参加汽车展示会寻找潜在客户。

汽车销售人员可以参加一些汽车展示会，这也是获取潜在客户的重要途径之一。

(14) 结识和拜访陌生人。

在电梯里，在公共汽车上，在餐厅里，汽车销售人员都可以尝试着和身边的人交谈。同时，汽车销售人员还可以通过拜访陌生人来发掘潜在客户。优秀的汽车销售人员都是拜访陌生客户的高手。拜访陌生客户能使汽车销售人员迅速地掌握客户的状况，效率极高。这样做还可以锻炼汽车销售人员的销售技巧和培养选择潜在客户的能力。

(15) 通过名片效应寻找潜在客户。

汽车销售人员还可以巧妙地利用自己的名片。汽车销售人员应设法让更多的人知道自己的工作。这样，当他们需要汽车时，就会想到与你联系。名片的作用不可小视，它可以帮助人们结识朋友，优秀的汽车销售人员都会把名片的作用发挥到极致。

### 3. 客户开发中的漏斗原理

"销售漏斗"是一个形象的概念，是销售人员在进行客户开发时，有针对性地对客户进行梳理，以有效地提升工作效率，更好地为其他客户提供服务。漏斗的顶部是有购买需求的潜在用户，漏斗的上部是将本企业产品列入候选清单的潜在用户；漏斗的中部是将本企业产品列入优选清单的潜在用户(两个品牌中选一个)；漏斗的下部是基本上已经确定购买本企业的产品，只是有些手续还没有落实的潜在用户；漏斗的底部就是我们所期望成交的用户，如图 5-7 所示。为了有效地管理自己的目标客户，销售人员要将所有潜在用户按

图 5-7　漏斗原理

照上述定义进行分类，处在漏斗上部的潜在用户的成功率为 25%，处在漏斗中部的潜在用户的成功率为 50%，处在漏斗下部的潜在用户的成功率为 75%。

MAN 法则：MAN 法则认为作为顾客的人(Man)是由金钱(Money)、权力(Authority)和需要(Need)这三个要素构成的。

一是该潜在客户是否有购买资金 M(Money)，即是否有钱，是否具有消费汽车产品或服务的经济能力，也就是有没有购买力或筹措资金的能力。

二是该潜在客户是否有购买决策权 A(Authority)，即你所极力说服的对象是否有购买决定权，在成功的销售过程中，能否准确地了解真正的购买决策人是销售的关键。

三是该潜在客户是否有购买需要 N(Need)，在这里还包括需求。需要是指存在于人们内心的对某种目标的渴求或欲望，它由内在的或外在的、精神的或物质的刺激所引发。另一方面客户需求具有层次性、复杂性、无限性、多样性和动态性等特点，它能够反复地激发每一次的购买决策，而且具有接受信息和重组客户需要结构并修正下一次购买决策的功能。

只有同时具备购买力(Money)、购买决策权(Authority)和购买需求(Need)这三要素才是合格的顾客。现代推销学中把对某特定对象是否具备上述三要素的研究称为顾客资格鉴定。顾客资格鉴定的目的在于发现真正的推销对象，避免推销时间的浪费，提高整个推销工作效率。

"潜在顾客"应该具备以上特征，但在实际操作中，应根据具体状况采取具体对策(见表 5-1)。

**表 5-1　购车三要素分类**

| 购买能力 | 购买决定权 | 需求 |
| --- | --- | --- |
| M(有) | A(有) | N(大) |
| m(无) | a(无) | n(无) |

其中：

M+A+N：是有望顾客，理想的销售对象。

M+A+n：可以接触，配上熟练的销售技术，有成功的希望。

M+a+N：可以接触，并设法找到具有 A 之人(有决定权的人)。

m+A+N：可以接触，但需调查其业务状况、信用条件等给予融资。

m+a+N：可以接触，应长期观察、培养，待之具备另一条件。

m+A+n：可以接触，应长期观察、培养，待之具备另一条件。

M+a+n：可以接触，应长期观察、培养，待之具备另一条件。

m+a+n：非顾客，停止接触。采用礼貌送客方式，避免时间和效率损失。

由此可见，潜在顾客有时欠缺了某一条件(如购买力、需求或购买决定权)，仍然可以开发，但要应用适当的策略，便能使其成为企业的新顾客。在客户开发中，要避免先入为主，以貌取人或者根据类推判断评估他人，以有效的、按照提升客户满意度的标准提升客户服务能力。

# 第三节 客户接待

客户接待是整个销售流程的开始，客户接待的主要目的是什么？就是创造良好的接待环境，让客户自然放松，找寻到和客户沟通的方式，了解到客户的基本信息，为取得客户的信任做准备，为需求分析流程打下基础。

为了接待好客户，我们要先创造良好的接待环境。接待环境的创造主要是看硬件的投入，这关系到品牌的形象和信任程度。在客户接待流程里，销售顾问要做好两个方面的准备：人员自身的精神状态调整和展厅布置的准备。

## 1. 给客户留下良好印象

销售人员在接待客户的时候，首要问题是打消客户的顾虑。在这种情况下，我们首先应了解一下客户是怎么想的，销售人员又是怎么想的。

### 1) 客户的想法

大家可能都有体会，当客户进入展厅查看自己感兴趣的车时，他不希望旁边有人打扰他，特别不喜欢公司的销售人员在旁边喋喋不休。在我们日常的工作当中经常会出现这样的情况，客户有可能是一个人，也可能是两个人或三个人结伴而来，他们站在自己感兴趣的车面前看车，一边看一边品头论足。有些销售人员看到这种情况之后，就跑过去准备接待他，而这些客户看到销售人员走过来，他们马上就拔腿走人了，如图5-8所示。

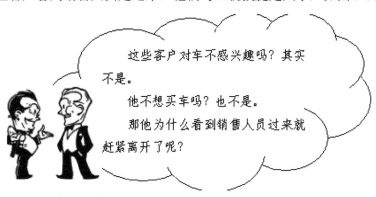

图 5-8 客户的想法

客户希望在自己需要的时候能够得到及时的帮助。客户在看车的时候不希望被打扰，而在需要帮助的时候，又希望能够得到及时的帮助。其实这并不矛盾，当客户看完车以后，对有些问题不清楚，他会主动去找销售人员。销售人员要观察客户，而不是不管客户。

### 2) 销售人员的想法

销售人员常见的想法是急于上前接待，可以说百分之八九十以上的销售人员都抱有这种心理状态。有的客户还没进门，销售人员就跃跃欲试准备去接待了。

当客户来到专营店时，销售人员就应通过他的着装、行为、语言，来判断客户属于哪一类人群，是主导型的，分析型的，还是社交型的。然后通过这些信息的传递，销售人员会得出这些客户的意向级别，是进来看看车的，还是进来躲躲外面的高温，还是真的是要买车的。

3) **客户进入展厅的心理历程**

客户进店以后，会产生一种紧张的心理状态。为了解决这些问题，很多专营店的销售人员想尽了一切办法来改善环境。作为销售人员，改善环境的目的是缩短与客户之间的距离，尽快取得客户的信任。如果客户对你不信任，根本谈不上在这买车。客户为什么会这样呢？

第一，在客户进展厅之前，都有一种期望，即花最少的钱买最好的产品，这是司空见惯的。

第二，客户担心他的要求和想法不能得到满足，这也很正常。比如，客户要求现货交易，而有的时候专卖店没有现货，客户不得不等两天，有时客户需要的颜色也没有，要等两天；客户有时还会要求价格再降低一些，这也不一定能够得到满足。

客户进入展厅的心理历程通常有三个阶段，如图5-9所示。

焦虑区：顾客进入展厅后，由于没有熟悉认识的人，对环境也感觉陌生，这种状况很可能会导致焦虑情绪的产生。

担心区：顾客在与销售人员还未产生信任关系时，顾客会担心选错品牌，担心价格买贵了，担心产品是否会有瑕疵等。

舒适区：在这个阶段，顾客与销售顾问已建立了一定的信任关系，顾客对于销售顾问的服务也产生了信心。

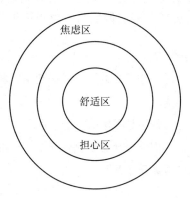

图5-9 客户进入展厅的心理历程

在这三个阶段里，销售顾问分别能够做到：

焦虑区——关心；

担心区——影响；

舒服区——控制。

在焦虑区中，你只能够做到关心他，从你迎接他开始，建立良好的第一印象后，并非要直切主题，可与他闲聊，拉近关系，让顾客感觉你是他的朋友或有一见如故的感觉，例如："你平时做什么运动啊？"，同时你也可以据此大约判断顾客的购买力。

在担心区中，你对顾客真诚的态度，对各种产品的了解，对市场的熟悉，以及你的专业知识，都开始慢慢对顾客产生一种影响力。

在舒适区中，销售顾问需更多地了解客户，了解购买需求，并为其提供合理建议，满足顾客的需求,增加顾客对销售顾问的信任感。所以,销售顾问要以最快的速度使顾客达到舒服区,顾客一旦进入舒服区,那么接下来的销售工作就更容易开展了。

### 2. 客户接待的流程

#### 1) 顾客进入展厅

当接待或值班人员发现有顾客进入展厅时,应立刻精神十足地高喊"欢迎光临",其余在场人员也应随即附和"欢迎光临",也可根据店内的风格自创独特的欢迎模式。

再由接待或值班人员上前打招呼迎接顾客。接待人员在欢迎到访者的同时,需先介绍一下自己的姓名。

顾客进入展厅后,可以根据客户的需求,让客户自行参观展厅或者顺势引导他至接待处。在客户自行参观时,销售员要与客户保持 5 m 的距离,既注意观察客户是否需要帮助,又可以让客户拥有比较轻松的观察商品的环境。

一个优秀的汽车销售人员,在客户进入销售展厅的前三分钟是不会骚扰他的。优秀的汽车销售人员不会给客户太多的心理负担。

不论是任何客户购车、看车,还是品车,在他们步入车行开始的几分钟里,都不喜欢别人打扰他,而是希望自己了解一下展厅内的汽车,感受车行的气氛,熟悉车行的环境。在这一过程中,大多数客户是不想被汽车销售人员干预他的行为的。

汽车销售人员必须熟悉客户的这种心理,避免做出令客户反感的举动。当客户需要汽车销售人员的帮助时,他会表现出若干的动作,我们称之为"信号",比如眼神。当客户的目光不再集中在汽车上的时候,他们就可能是在寻找可以提供帮助的汽车销售人员。

客户进来的前三分钟内,汽车销售人员可以先跟客户热情地打个招呼:"您好,我是某某,请随便看看,有什么需要随时招呼我。"然后给客户留下一些时间,让他们自己去感受。

值得注意的是,当客户步入车行的时候,不管汽车销售人员有多忙,都应马上停下手里的工作,向进来的客户微笑,并行注目礼。当客户自己在看车时,汽车销售人员的眼光也要不时地跟随,这样做是为了更好地留意客户的反应,以免冷落他们。

#### 2) 提供无压力的销售环境

优秀的汽车销售人员都非常清楚,刚见到客户的时候,不应先说与汽车有关的事情。这时候,可以与客户谈谈天气,谈车行是否好找,谈刚刚结束的车展。可以谈任何让客户感觉舒服的、不是以成交为导向的话题,以初步解除客户的戒备心理,缩短双方的距离。客户进来的前三分钟,是向他们递交名片的最好时候,也是记住客户名字的好时候。

引导顾客至适当的洽谈区,让顾客感觉自在,并提供饮料。在桌面上,销售顾问应置放最新版产品目录供顾客参考。

以上动作的完成也可根据迎接客户"五件套"的基本流程来处理,同时顾客踏进展厅后的一系列心态及心理变化都值得我们深入研究,能够清楚地了解顾客的心态变化,并做适当处理,能使接下来的销售工作事半功倍。

#### 3) 观察客户

汽车销售人员应该做到认真观察,只有通过深入细致的观察,才能获得关于客户的有关信息,对客户的来意和关注点有一个初步的判断。汽车销售人员观察客户时要做到以下两点:

(1) 细心观察客户的年龄、衣着打扮和言谈举止。

汽车销售人员通过观察客户的年龄、衣着打扮和言谈举止，可以判断出客户的类型。进入车行的客户总的来说有三种类型。

① 漫无目的地浏览群车的客户。这种客户没有针对任何特定的车型，随意浏览，甚至直接问价。对这种类型的客户，汽车销售人员可以用最短的时间与他们进行一些礼节性的沟通，以给他们留下良好的印象。

② 购买可能性最大的潜在客户。对这种客户，汽车销售人员必须对他们进行更为深入的观察。

③ 其他类型的客户，包括汽车爱好者、想获得汽车资讯的未来购车者等。对于这一类客户，汽车销售人员若想打动他们，必须靠诚信和专业的售后服务。第三种类型的客户不仅是未来的可能购买者，更为关键的在于他们对各自熟悉的目前的潜在购买者有着极为强大的影响力，可以左右潜在购买者的购买意向。所以，汽车销售人员一定要给予充分的重视。

汽车销售人员可以根据这些观察，对客户做出一个初步的判断：是想买车、看车，还是随便逛逛。然后，再根据客户不同的来意，做好不同的接待准备。

(2) 深入观察潜在客户。

经过初步判断，如果确定进入车行的客户为潜在客户，那么汽车销售人员就必须对该客户的言行举止作进一步深入细致的观察。看他感兴趣的品牌和车型，为随后的接待做好准备。一旦把握住了客户的关注点，汽车销售人员在向客户介绍汽车产品的时候就可以做到有的放矢。

如果是几个客户一起来的，那么汽车销售人员还要细致地观察和分析每个人所扮演的角色：谁是未来的车主？谁是参谋？谁是支付价钱的？做好细致的观察才能对各人扮演的角色有一个大概的判定，并在接下来的接待沟通中进一步确认。这样就可以根据不同的角色采取不同的接待方式。

客户刚进入展厅的前三分钟，汽车销售人员应向他们打招呼。首先需要寒暄，先谈及一些公共话题，以此来打破陌生感，消除客户的防范意识。要善于运用公共话题，诸如体育、新闻、生活信息等。

4) 观察客户，寻求接近客户的切入点

在客户接待环节，客户刚进入展厅的前三分钟，汽车销售人员应向他们打招呼，提供无压力的销售环境。大多数客户会选择自行看车，销售员要对客户进行观察，及早发现切入点。

如何根据客户的反应找到接近客户的最好时机呢？这就要求汽车销售人员能够密切关注客户发出的接近信号。一般来说，当客户有下列表现时，是销售人员接近他们的最佳时机。

(1) 客户的注意力集中在某辆汽车上。

客户的注意力集中在某辆汽车上，表明客户对这款汽车产生了兴趣，这正是汽车销售人员接近客户的良机。这时，汽车销售人员可以这样对客户说："您来啦？""您想看点什么？"接近客户时可以这样恭维客户："您真有眼力。"、"您的风度高雅，开这种款式的汽车，真是太合适了！"

(2) 客户触摸汽车时。

客户仔细地观看、触摸并摆弄汽车也表明他对汽车产生了兴趣。客户的动作表明，他希望通过销售人员的介绍更多地了解汽车。汽车销售人员应利用这种机会接近客户。接近时要把握好时机。汽车销售人员不应在客户刚刚触摸汽车时就打招呼，这样容易使客户产生误会："汽车销售人员老早就盯住我了！"、"生怕我把汽车搞坏了！"汽车销售人员也不应从客户背后突然插话，这样很容易惊吓客户，使其购买兴趣顿减。最好在客户踌躇未定的瞬间，主动迎上前去。

(3) 客户注视汽车后，抬起头来寻找销售人员。

客户在注视汽车后，突然抬起头左右张望，这时汽车销售人员应迎上前去招呼客户。汽车销售人员应恰当回答客户的询问，并主动介绍汽车。一般来说，客户注视汽车后抬起头来的原因有两个：一是客户想再仔细地询问有关这款汽车的信息；二是客户觉得汽车不太中意，准备离开。对前一种情形，汽车销售人员应热情回答，主动介绍；而对后一种情形，汽车销售人员要见机行事，接近客户："这款不太适合吗？那边还有一款，请您再看看！"

(4) 客户突然停下脚步时。

当客户一边走一边浏览展示的汽车时，突然停下脚步，这说明某款汽车引起了他的注意。这时候，汽车销售人员应立即迎上前，主动介绍客户关注的汽车的相关信息。

(5) 与客户的目光相对时。

当汽车销售人员与客户的目光相对时，应向他们点头致意，并说"您好，欢迎光临！"这时轻轻地招呼，虽然不一定能谈成生意，但可以表现出汽车销售人员礼貌的态度和接待的热情，这对树立形象是非常重要的。

总之，汽车销售人员要密切关注客户发出的各种接近信号，很好地抓住接近客户的机会。

5) 顾客希望与销售顾问商谈

接待人员请顾客就座后，一定要有留下客户联系方式的习惯。可将已准备好的"客户资料档案表"给顾客填写，如顾客有所犹豫或疑问，接待人员应主动予以解释。这是因为大家可能经常碰到，顾客和你聊得很起劲，但忽然接到一个电话，转身离去的事情，所以大家留客户信息时间越早越好。

若暂时无销售顾问可服务顾客：在顾客填完资料后，首先为顾客提供饮品，根据顾客喜好，让他选择是喝可乐或是咖啡。可以让顾客留在等待区中，儿童可以在儿童区玩耍，接待人员需告诉顾客销售顾问约多长时间后可为其服务。也可以按照顾客的需要，给出相关的产品目录，并做简单介绍。

6) 客户接待行为准则

(1) 感谢客户的光临，递上你的名片以便提供进一步的帮助。

(2) 让客户自己随意浏览参观，业务代表行注目礼，随时准备服务。适当时机奉茶并说："先生(小姐)请用茶"。

(3) 尽可能留下客户资料，但不可强求。

(4) 确认客户来店目的是想看看某种车并需要帮助的对应。

(5) 具体问清楚客户，你怎样才能为他效劳。以你自己的话重复客户所说的话，请客户确认你对其来访目的的理解。

(6) 向客户递上你的名片。

(7) 若客户有疑问时可询问："先生(小姐)您好，不知道您喜欢哪一款车？"或"有什么我可以为您服务的吗？"。

(8) 若客户愿意继续交谈，向客户说明你想问他一些问题，以便能更好地为他提供服务，判断他是否愿意转到"咨询"步骤(允许，则继续进行)。

(9) 在客户要离开展厅时应送客户到门外，并说："欢迎下次光临、请慢走"。客户离店后，及时整理、分析并记录有关资料，以方便后续操作。

(10) 业务代表根据接待情况填写《来店(电)客户登记表》和《意向客户管理卡》，业务助理下班以前完成汇总填写《展厅来店(电)人数及销售状况统计表》。

### 3. 接待客户管理

根据以往的经验，很多销售人员不知道什么是车的卖点，不知道公司可供资源的情况，不知道怎样去管理客户，不知道客户的优先级，每天上班总是凭感觉，一把抓。甚至有很多专营店的经理不知道今天、这一周、这个月将有多少要预订车的客户，不知道这些客户将要定的是什么车型，也不知道每天根据什么去控制销售人员的进度，更不知道怎样分析和反馈市场上反映出来的重要信息。

实际上这些都是我们在汽车销售的日常工作中最常见、最基本的问题，每个4S店每天都会遇到这样的问题，所以我们有必要讲一讲客户管理。

#### 1) 客户意向级别的设定

首先，我们要把来店的或者是打电话来咨询的这部分客户，根据其意向的级别进行分类，一般来讲分为四个等级：

第一个等级是交了定金的客户，这也是一个意向客户的等级。尽管客户付了定金，但是如果客户明天说不买了，要求退定金，这个要求也是合理的，是受到保护的。我们的4S店要求在提升客户满意度、提升销售技能、提高管理能力的同时，不会去做与客户为敌的事情。退订只能证明你的工作没做好，所以在客户没有交完全款，没有把车提走之前，你都把他定为第一级别的意向客户，这个意向客户的级别是非常高的，这样的客户95%以上是可以得到保证的，而不排除有5%的客户会出现退订的可能。

第二个等级的确定标准是客户车型定了，价格也确定了，只是没有确定车的颜色。他可能是跟他太太、朋友，或者是自己单位的领导、同事之间有不同的意见。有的喜欢黑的，有的喜欢白的，颜色上最后还不能统一，但是对于买车来讲这个已经不是什么太大的障碍了。这个级别的客户应该在一个星期之内就能够买车，我们把他称之为第二种意向客户。

第三个等级的意向客户是他可能要购买某个价格区域内的车，例如某客户想买十万块钱左右的车，这样我们就知道十万块钱左右的车他是有承受能力的，在这种情况下他有可能会在品牌之间进行选择，有可能选择A品牌，也有可能选择B品牌，但都是十万块钱左右的。

对这样的客户我们要注意的是，因为他是在做比较，所以他可能会在一个星期以上、一个月以内做出买车的决定。这是一种概率，不是绝对的，所以我们把一个星期以上和一个月之内可以做买车决定的客户称之为第三个等级。

第四个等级就是，客户想买车，但是不知道买什么样的车。他拿不定主意是买十万块钱左右的，还是买十万块钱以下的，或是十万块钱以上的，他自己的购车目的还不明确。除了价钱没确定，品牌也没确定，他未确定的因素还有很多，但是他想买车，有买车的需求，至于买什么样的车自己还没定位，究竟哪一款车适合自己他不知道，他现在正处于调研阶段，这种客户属于第四个等级，他可能需要一个月以上的时间才能决定购买。

第四个等级的客户还包括他需要买车，但是资金暂时还没有到位。

2) 如何应用客户级别分类

把客户分为这四个等级后，可按照意向级别把他们分别填在表上，以后你就可以根据客户意向级别，按照设定的时间给他打电话进行联系。因为客户可能在不断的变化当中，他虽然今天说自己资金没有到位，一个月以后才可能买车，说不定钱提前到账了，他马上就会来买，就是说你与客户联系的时候有一个先后顺序，能从概率的角度进行科学的安排。

3) 客户意向级别分类的好处

(1) 销售经理会了解到很多信息。

客户按其意向级别分类后，销售经理最起码就能知道在一个星期之内要来订车的有多少。例如某专营店里有 10 位销售人员，有 10 份销售报表每天送到销售经理面前，销售经理看到这 10 位销售人员客户级别的设定，就能掌握在一个星期之内将会有多少客户来买什么型号的车。根据这份报表，经理还能了解已经交了定金的有多少客户。既然客户交了定金，肯定合同也签了，合同里肯定明确了这位客户买的是什么车，什么型号，什么颜色。销售经理马上就会知道还有多少库存，同时还能了解什么车型好卖，什么颜色的车好卖，负责订车的领导根据这份表格可以制定出下一个订车的计划，该订哪些车型、哪些颜色、数量多少等。

(2) 销售经理会管理好销售人员的销售进度。

根据这个表的内容，销售经理就能知道你这个星期将有五个客户要来订车，这五个客户你不能够放松，你得赶紧让他付款，交定金。对于第二个级别的客户，应该在一个星期之内让他付款，你不能让他再发生变化。

# 第四节　销售接待三表一卡填写说明

在客户接待后，销售员每天要填写汽车销售工作记录，根据管理规定，一般称呼为三表一卡，即客户来店登记表、签字客户登记表、销售活动日报表和客户管理卡。

## 1. 三表一卡之间的逻辑关联

三表一卡之间的逻辑关联如表 5-2 所示。

表 5-2　三表一卡之间的逻辑关联

| 表格名称 | 填写人 | 审核人 | 类　　型 |
| --- | --- | --- | --- |
| 来店(电)顾客登记表 | 值班销售员 | 销售经理 | 展厅客户管理 |
| 潜在顾客等级推进表 | 销售员 | 销售经理 | 顾客意向等级动态管理 |
| 销售活动日报表 | 销售员 | 销售经理 | 销售人员活动管控 |
| 客户管理卡 | 销售员 | 销售经理 | 客户分类管理 |

逻辑关系如下：

(1) 凡来店(电)客户必须由轮班销售员按《来店(电)顾客登记表》规定项目完整登记填写，不能留下资料的也要对客户来店(电)的相关情况(如某先生或某女士，来店或来电，进店离去时间等)进行登记填写。

(2) 凡有意向的客户(含 H 级、A 级、B 级、C 级)和已成交的客户，均应建立《客户管理卡》并按规定进行跟踪促进。

(3) 除 C 级以外的所有意向客户，均应汇总到《潜在顾客等级推进表》上面进行跟踪推进管理。

(4) 凡是登记在《来店(电)顾客登记表》的客户在随后的任一时刻只能处于两种状态：

① 要么在《潜在顾客等级推进表》和《客户管理卡》(反面)中被继续跟踪管理；

② 要么是经过推进后成交进入《客户管理卡》(正面)管理。

(5) 《销售活动日报表》记录销售员每日的工作活动，所有在《来店(电)顾客登记表》、《潜在顾客等级推进表》、《客户管理卡》里面记录的顾客接待、潜在顾客等级推进、用户回访均能在《销售活动日报表》里找到对应时间点的工作活动记录。

(6) 《潜在顾客等级推进表》和《客户管理卡》(反面)里的回访计划与《销售活动日报表》里的明日工作计划在同一时间点能够对应起来。

(7) 《客户管理卡》(反面)的顾客回访情形与《潜在顾客等级推进表》里的回访后等级推进结果以及《销售活动日报表》里的当日工作总结在同一时间点能够相互对应。

(8) 《客户管理卡》(正面)的用户回访计划与实际回访情形与《销售活动日报表》里的工作计划与总结，在同一时间点能够相互对应。

**2. 来店(电)顾客登记表**

来店(电)顾客登记表如表 5-3 所示。

**表 5-3　××销售服务中心展厅来店(电)客户信息登记表**

| | | 时间 | | | | | 客户购买意向 | | 客户等级 | 首次来电/店 | | 信息途径 | | | | | | | | | | 试乘试驾 | |
|---|---|---|---|---|---|---|---|---|---|---|---|---|---|---|---|---|---|---|---|---|---|---|---|---|
| 编号 | 来电/来店 | 日期 | 来电/店时间 | 用时 | 客户状态 | 客户全名 | 联系电话 | 产品状态 | 产品颜色 | | Y | N | 报纸 | 电视 | 广播 | 网络 | 朋友介绍 | 车展 | 短信 | IM单页 | 路过 | 其他 | Y | N |
| 1 | | | | | | | | | | | | | | | | | | | | | | | | |
| 2 | | | | | | | | | | | | | | | | | | | | | | | | |
| 3 | | | | | | | | | | | | | | | | | | | | | | | | |
| 4 | | | | | | | | | | | | | | | | | | | | | | | | |
| 5 | | | | | | | | | | | | | | | | | | | | | | | | |
| 6 | | | | | | | | | | | | | | | | | | | | | | | | |
| 20 | | | | | | | | | | | | | | | | | | | | | | | | |
| 21 | | | | | | | | | | | | | | | | | | | | | | | | |
| 22 | | | | | | | | | | | | | | | | | | | | | | | | |
| 23 | | | | | | | | | | | | | | | | | | | | | | | | |
| 24 | | | | | | | | | | | | | | | | | | | | | | | | |
| 25 | | | | | | | | | | | | | | | | | | | | | | | | |

服务中心店名：××汽车销售服务有限责任公司　　　　销售顾问：

注：1. 来电/来店事项填报说明：I、P—来店客户；T—来电客户

2. 客户等级事项填报说明："O"级—订车客户；"H"级—信心+需求+购买力(7 天内订车可能)；"A"级—需求+购买力(15 天内订车可能)；"B"级—购买力(30 天内订车可能)；"C"级—(2~3 个月可能购车)；"N"级—新接触的客户未能判定级别(新产生客户)

1) 填表要点

此表登记的顾客通常指第一次来店(电)的顾客,大家共用一张表,当日填写完成交销售经理检查审核后,确认内容真实,没有遗漏,由信息员(内勤)存档管理。

(1) 值班销售员接待客户(或接听来电)完毕后,应立即填写,若临时有事可稍后填写,但必须在当日下班前填写完成。

(2) 顾客名称、电话、进店-离去时间、销售顾问以及注释通常为必填项目;不留资料的也要对顾客来店(电)的相关情况(如某先生或某女士或牌照号,进店离去时间、注释等)进行登记填写。

(3) 拟购车型,指顾客来店(电)欲购的车型。

(4) 意向级别,销售员主观判断客户购买可能性及购买时间;意向级别符号含义:H:7日内;A:1月内;B:1-3月;C:3月以上。

(5) 进店—离去时间,指客户进店或来电至离开店面或电话结束的时间区间。

(6) 注释,值班销售员对该顾客(或来电)接待情形的简述,要注重把握关键情节,简明扼要地填写。

(7) 现场订购,现场交定金订车或当场成交的,在此栏打"√"。

2) 用途

(1) 合计每天来店顾客批次(包含没留资料的顾客),看来店(电)顾客的多少;以周、月为单位,分析顾客来店规律,在一周内哪几天来店顾客多,在一月内哪几天来店顾客多。

(2) 分析来店顾客不留资料与留资料顾客的比例,分析顾客不留资料的原因,有针对性的采取对策;查看哪个销售员留不下顾客资料的次数最多,分析原因。

(3) 通过地址可以分析来店顾客的分布区域。

(4) 进店—离去时间可以反映销售员的接待能力、顾客的意向等级以及顾客在一天内的来店规律;一般来说,来店30分钟左右的顾客成交率最高。

(5) 注释可以增加销售员填报假信息的成本。

### 3. 潜在顾客等级推进表

《潜在顾客等级推进表》(见表5-4)是销售员对自己掌握的客户(除C级)资源进行动态管理,该表由销售员个人管理,一人一月一个表;同时,所有的客户资源成交前在《客户管理卡》(反面)跟踪管理,成交后在《客户管理卡》(正面)管理,同时交售后服务部门进行售后跟踪。

填表要点及用途:

(1) 序号:由销售员自己按1、2、3……编写。

(2) 初洽日期:填第一次接待该顾客的日期,此项能反映该顾客跟踪管理的时间长短。

(3) 来源分析:填上其所属的来源渠道代号。

(4) 上月留存:上个月所有未成交的潜在顾客(除C级)要转入本月跟踪,依据上月最后一次回访确定的客户意向级别在"H""A""B"栏,对应打"√"。

(5) 日期:根据顾客分级管理的要求,在对应的日期栏打"√"进行回访工作计划,到期完成此项工作后,在该打过"√"内填上当日确认的意向客户级别。

表 5-4　　××轿车授权销售及售后服务中心有望客户进度管制表

| 序号 | 客户姓名 | 联系电话 | 购买意向产品状态 | 购买意向产品颜色 | 上月客户等级留存 | 月份 | | | | | | | | | | 月底客户待级 | 战败竞争车型 | 当页客户小结 |
| | | | | | | 1 | 2 | 3 | 4 | 5 | 此处省略 | 28 | 29 | 30 | 31 | | | |
|---|---|---|---|---|---|---|---|---|---|---|---|---|---|---|---|---|---|---|
| 1 | | | | | | | | | | | | | | | | | | 交车 |
| 2 | | | | | | | | | | | | | | | | | | |
| 5 | | | | | | | | | | | | | | | | | | "0" |
| 6 | | | | | | | | | | | | | | | | | | 级 |
| 9 | | | | | | | | | | | | | | | | | | "H" |
| 10 | | | | | | | | | | | | | | | | | | 级 |
| 13 | | | | | | | | | | | | | | | | | | "A" |
| 14 | | | | | | | | | | | | | | | | | | 级 |
| 17 | | | | | | | | | | | | | | | | | | "B" |
| 18 | | | | | | | | | | | | | | | | | | 级 |
| 21 | | | | | | | | | | | | | | | | | | "C |
| 22 | | | | | | | | | | | | | | | | | | "级 |
| 25 | | | | | | | | | | | | | | | | | | |

特别说明：信贷按揭客户请在"序号"栏进行标注，便于统计信贷业务开展情况；每日销售顾客完成日客户经营工作后对该表信息进行更新，请关注客户促进的趋势及时间间隔。

(6) 访问日期：根据不同客户实施不同频次和不同形式的访问、跟踪，原则为：

H 级客户：至少每 2 日跟踪 1 次；

A 级客户：至少每周跟踪 1 次；

B 级客户：至少每 2 周跟踪 1 次；

C 级客户：每月跟踪 1 次。

(7) 通过该表的严格管理，能帮助特约店全面掌握潜在顾客资源的动态变化，帮助特约店进行资源需求填报。

**4．销售活动日报表**

《销售活动日报表》(见表 5-5)由销售人员每日下班前填写(每人每月 1 本、每日 1 张)。填写本日销售活动结果，并计划次日销售活动；并交销售经理指导批示。

填表的要点和用途：

(1) 本表分为计划和总结两部分，表头第一行的前九列属于工作计划部分，剩下的为总结部分；该表左下脚是对本月管理跟踪管理情况的累加，右下脚为工作中遇到困难需要上级支持的建议。

(2) 用户维护：对已成交客户进行跟踪回访，以维护良好的关系，该项目工作与《客户管理卡》(正面)的回访对应。

(3) 顾客推进：指对潜在顾客进行等级推进回访，分"上月留存"和"本月新生"两栏分别对应打"√"(二选一)。

(4) 活动经过：每日下班前销售人员应重点填写当日活动经过情形，并填写活动后客户级别。

(5) 潜在开发：是非展厅接待，通过朋友介绍、老客户推荐、电话黄页查找等途径进行客户开发。

### 表5-5 销售活动日报表

销售活动日报表　　　　　　　　　　____年____月____日(星期__)

| 序号 | 客户姓名 | 车型 | 电话 | 用户维护 | 顾客推进 | | 潜在开发 | 顾客等级 | | 拜访方式 | 注释 |
|---|---|---|---|---|---|---|---|---|---|---|---|
| | | | | | 上月留存 | 本月新生 | | 原来 | 现在 | | |
| 1 | | | | | | | | | | | |
| 2 | | | | | | | | | | | |
| 3 | | | | | | | | | | | |
| 4 | | | | | | | | | | | |
| 5 | | | | | | | | | | | |
| 6 | | | | | | | | | | | |
| 7 | | | | | | | | | | | |
| 8 | | | | | | | | | | | |
| 9 | | | | | | | | | | | |
| 10 | | | | | | | | | | | |
| 11 | | | | | | | | | | | |
| 12 | | | | | | | | | | | |
| 13 | | | | | | | | | | | |
| 14 | | | | | | | | | | | |
| 15 | | | | | | | | | | | |

| 本月止潜在客户数 | | 本日止销售数 | 本月访问客户数 | | | | | | | |
|---|---|---|---|---|---|---|---|---|---|---|
| H 级 | | | 合计 | | | | 请求支援事项或级别情况描述 | | | |
| A 级 | | | 本月访问累计 | | | | | | | |
| B 级 | | | 合计 | | | | | | | |

解释:

- 顾客等级:7 日内为 H,1 月内为 A,3 月内为 B,3 月以上为 C,订金为 O;
- 用户维护:指销售流程中交车(含交车)以后的行动;
- 顾客推进:指 H、A、B、C 级顾客回访;
- 潜在开发:指销售员自行开发的新顾客。

注:拜访方式说明以何种方式拜访(亲自/电话)。

(6) 顾客等级:"原来"是指本次跟踪回访前最后一次回访判定的顾客意向等级;"现在"是指本次跟踪回访后判定的顾客意向等级。

(7) 用户维护、顾客推进和潜在开发三项工作是三选一打"√",在同一个客户名字下,三项工作不可能同时发生。

本表既是销售员每日的活动计划,又是活动过程的记录和活动结果的总结,该表的所有活动内容都是围绕客户展开的,通过该表可以对销售员的时间、事物等进行科学的管理,以提高工作效率和个人工作能力。

### 5. 客户管理卡

《客户管理卡》(见图 5-10)是销售员对自己所管理的每个客户,随时间变化进行动态管理。一个客户(包括 C 级)一张卡,成交前在反面进行跟踪管理,成交后转入正面,战败则可以放弃跟踪(若基盘小，也可继续回访，但不作为重点)，但要进行战败分析。

客户基本信息

| | |
|---|---|
| 客户名称：＿＿＿＿ | 客户性质：＿＿＿＿ |
| 性别：＿＿＿＿ | 出生日期：＿＿＿＿ |
| 证件类别：＿＿＿＿ | 证件号码：＿＿＿＿ |
| 联系人：＿＿＿＿ | 联系电话：＿＿＿＿ |
| 联系地址：＿＿＿＿ | |
| 邮政编码：＿＿＿＿ | 手机：＿＿＿＿ |
| E-mail：＿＿＿＿ | 工作或职位：＿＿＿＿ |
| 兴趣、爱好：＿＿＿＿ | |
| 车型：＿＿＿＿ | 购车日期：＿＿＿＿ |
| 颜色：＿＿＿＿ | 发动机号：＿＿＿＿ |
| 车架号：＿＿＿＿ | 车价：＿＿＿＿ |
| 代缴代收费：＿＿＿＿ | 精品选装费：＿＿＿＿ |
| 运费：＿＿＿＿ | 其他费用：＿＿＿＿ |
| 精品名称：＿＿＿＿ | 购车性质：＿＿＿＿ |
| 牌照：＿＿＿＿ | 注册日期：＿＿＿＿ |
| 附件：＿＿＿＿ | 推荐顾客情况：＿＿＿＿ |
| 变更记录：＿＿＿＿ | |

| 年份 | 跟踪内容 | 月份 | 1 | 2 | 3 | 4 | 5 | 6 | 7 | 8 | 9 | 10 | 11 | 12 | 备注 |
|---|---|---|---|---|---|---|---|---|---|---|---|---|---|---|---|
| 2005 | 打感谢电话 | 计划日期 | | | | | | | | | | | | | |
| | | 完成日期 | | | | | | | | | | | | | |
| | 致感谢信 | 计划日期 | | | | | | | | | | | | | |
| | | 完成日期 | | | | | | | | | | | | | |
| | 打首保电话 | 计划日期 | | | | | | | | | | | | | |
| | | 完成日期 | | | | | | | | | | | | | |
| | 新产品资料发放 | 计划日期 | | | | | | | | | | | | | |
| | | 完成日期 | | | | | | | | | | | | | |
| | 活动邀请 | 计划日期 | | | | | | | | | | | | | |
| | | 完成日期 | | | | | | | | | | | | | |
| | 节日问候 | 计划日期 | | | | | | | | | | | | | |
| | | 完成日期 | | | | | | | | | | | | | |
| | 生日贺卡 | 计划日期 | | | | | | | | | | | | | |
| | | 完成日期 | | | | | | | | | | | | | |
| | 拜访 | 计划日期 | | | | | | | | | | | | | |
| | | 完成日期 | | | | | | | | | | | | | |
| | 其它 | 计划日期 | | | | | | | | | | | | | |
| | | 完成日期 | | | | | | | | | | | | | |

图 5-10　客户管理卡

具体填写方法不再进行说明，按表格要求填就行了。

据统计：2%的销售是在第 1 次接触时完成，3%的销售是在第 1 次跟踪后完成，5%的销售是在第 2 次跟踪后完成，10%的销售是在第 3 次跟踪后完成，而 80%的销售是在第 4 至 11 次跟踪后完成的。客户跟踪和维系是分析客户购买心理，了解客户购车需求增进客户感情交流的最有效的方法，通过及时、有效、全面的跟进、沟通、维系，能够探询到客户实际购车需要，了解到客户的性格、偏好及处事风格，明晓自身的问题和机会，最终获得销售业绩和客户满意度的提升。

 小知识：

红地毯式待遇：在来店客户组数中，有 10%的客户是无效客户。另外有 15%的人是已经想好了进门买车的客户。剩下的 75%是没有当场在店里达成购车意向的客户。对于这些客户，如果我们都能给予"红地毯待遇"，也就是以诚挚友好的态度给予相当的重视，那么其中 50%会重新返回，这样就有 37.5%的顾客会第二次前来。如果我们再给予非常好的待遇的话，那么大概会有 50%在我店购车，相当于有 23%的签单率。如果加上原本前来就要买车的 15%，一下就有了 38%的签单率。

三杯茶定律：有研究发现，客人来到店里，有 90%以上成交的在店里呆了 27 分钟。如果能使其停留 27 分钟，那么它就有可能成交。现在的问题是，能不能让客人呆到 27 分钟，这实际上也就是喝三杯茶的时间，所以就有了"三杯茶定律"。

## 第五节　接近客户与需求咨询

### 1. 需求分析的概念

1) 进行需求分析的原因

没有需求，就没有购买行为。因此，不管汽车销售人员的汽车产品说明技巧有多好，如果无法把握住客户的需求，终究还是难以取得成功的。今天的销售是以客户为中心的顾问式销售，是在市场竞争非常激烈的情况下进行的，所以我们不能再像以前那样采取以产品为中心的直销模式，而要根据客户的情况，给客户提供一款适合他的需要的车型，因此我们要了解客户的购买动机，对他的需求进行分析。需求分析就是要了解客户的需求，通过适当地提问，鼓励客户发言，使客户感受到"被尊重"，充分自主地表达他/她的需求。详细的需求分析是满足客户需求的基础，也是保证产品介绍有针对性的前提。

销售顾问应通过下列问题，提醒自己注意：

(1) 一般的客户是否乐意告诉你他/她的需求？

(2) 一般的客户是否乐意告诉你他/她的"真正"需求？

(3) 一般的客户能否清晰地说明他们的需求？

(4) 一般的客户是否非常清楚他/她的需求？

2) 冰山理论——显性和隐性需求

在汽车销售流程理论里有这么一种说法，对表面的现象称之为显性的问题，也叫显性的动机；还有一种隐藏着的东西叫做隐性的动机，如图 5-11 所示。我们在冰山理论里会经常提到显性需求和隐性需求，也就是需求在水面以上的部分，还有一个是在水面以下的部分。水面以上的部分的需求是显性的，就是客户自己知道的、能表达出来的那一部分；水面以下的是隐藏着的那一部分，就是有的客户连他自己的需求是什么都不清楚，例如，某客户打算花十万元钱买车，可是他不知道该买什么样的车，这个时候销售人员就要去帮助他解决这些问题。销售人员既要了解客户的显性需求，也要了解他的隐性需求，这样才能正确分析客户的需要。创造需求，需求是需要销售人员去激发和创造的，比如说：连带销售的方式。

图 5-11　冰山理论

3) 注意与客户的距离

有的客户很敏感，人与人之间的距离也是很微妙的，那么什么距离客户才会有安全感呢？当一个人的视线能够看到一个完完整整的人，上面能看到头部，下面能看到脚，这个时候这个人感觉到是安全的。

心理学里面基本的安全感是出自这个角度。如果说你与客户谈话时，双方还没有取得信任，马上走得很近，对方会有一种自然的抗拒、抵触心理。在心理学里边曾经有过这样的案例，当一个人对另一个人反感的时候，他连对方身体散发出来的味道都讨厌，当这个人对对方有好感的时候，他觉得对方身体散发出来的味道是香味。所以，当客户觉得不讨厌你的时候，他会很乐于与你沟通，比如刚才讲到的那个女客户会把她家里私人的事情告诉别人，这是很正常的。

4) 善于应用心理学

作为销售人员，掌握心理学是非常重要的。从心理学的角度上讲，两个人要想成为朋友，一个人会把自己心里的秘密告诉另一个人，达到这种熟悉程度需要多少时间呢？权威机构在世界范围内调查的结果是：最少需要一个月。

再看看我们的周围，我们都有第一次进入新公司的经历。作为新员工和老员工交流、熟悉，即使天天在一起上班，能够达到互相之间把自己内心的一些秘密告诉对方所需要的时间可能还不止一个月。我们与客户之间的关系要想在客户到店里来的短短几十分钟里确立巩固，显然是很不容易的。在这种情况下销售人员要赢得客户，不仅是技巧的问题，还应适当掌握心理学的知识。

运用心理学进行销售时,要本着以客户为中心的顾问式销售的原则,本着对客户的需求进行分析,本着对客户的购买负责任的态度,本着给客户提供一款适合客户需求的汽车的目的,绝不能运用心理学欺骗客户。

5) 询问客户的方法

(1) 状况询问法。

在日常生活中,使用频率最高的就是状况询问法。汽车销售人员可以这样询问客户的状况:"您在哪里上班?""您有哪些爱好?""您打高尔夫球吗?"所有这些为了了解客户目前的状况所做的询问都称为状况询问。

汽车销售人员询问的主题当然要与销售的汽车有关。状况询问法的目的是了解准客户的现状。

(2) 问题询问法。

在了解了客户的现状后,汽车销售人员就可以开展问题询问了,问题询问是为了探求客户潜在需求而进行的询问。

(3) 暗示询问法。

汽车销售人员如果已经发现了客户的潜在需求,就可以通过暗示询问的方式,让客户了解自己的潜在需求。

客观地讲,大多数初次购车的准客户基本上都不太明确地知道自己的真正需求。因此,汽车销售人员遇到这类客户时,最重要的工作就是发掘这类客户的潜在需求。

**2. 客户的购买动机**

客户购买汽车总是受到其动机的支配和驱使。客户购买汽车的动机有时可以决定交易的成败,所以,汽车销售人员要想促成客户的购买行为,必须对客户的购买动机予以高度重视,必须洞察客户的心理活动,识别客户的购买动机。

从客户的表现来看,可以将客户的购车动机归纳为两大类:理智型动机和感情型动机。

1) 理智型动机

拥有理智型购车动机的客户往往有着比较丰富的生活阅历,有一定的文化修养,理性比较成熟。他们的购买动机具体表现在以下方面:

(1) 关注实用性。即做出购买的决第是立足于车辆的最基本效用。客户购买汽车时,首先考虑汽车的技术性能和实用价值。具有这种购车动机的客户一般在购买汽车前会对所要购买的汽车做一定的了解。这类客户的决定一般不受外界因素的影响。在汽车选择过程中,他们主要关注汽车的价格、油耗、耐用性、可靠性、使用寿命、售后服务等。

(2) 关注安全性。随着科学知识的普及和经济条件的改善,客户自我保护意识逐渐增强,对汽车安全性的考虑愈来愈多。具有安全购买动机的客户看重汽车的安全性。他们在选购汽车时,往往将安全、卫生、可靠、牢固等因素放在首位,并希望经销商能提供良好的售后服务。

(3) 关注价格。有些购车客户注重经济实惠。在其他条件大体相同的情况下,价格往往成为左右这一类型客户取舍的关键因素。这类客户以经济收入较低者居多。喜欢对同类汽车的价格差异进行仔细的比较。

(4) 关注质量。具有这种购买动机的客户更加关注汽车的品质。他们对汽车的质量、产地等十分重视，对价格不予过多考虑。

(5) 关注售后服务。这类客户看重的是良好的售后服务。及时提供良好的售后服务是企业争夺客户的重要手段。

(6) 关注品牌。有一部分客户选购汽车产品时追求的是品牌和档次，借以显示或抬高自己的身份、地位。购买汽车产品不仅可以满足他们使用上的需要，更重要的是满足了他们心理上的需要。具有这种购买动机的客户不太注意汽车的使用价值，而是特别重视汽车的影响和象征意义。

(7) 关注便捷性。便捷在这里的含义一是使用方便，另外是购买方便。使用方便、省力省事无疑是购车客户的一种自然选择。自动挡汽车走俏市场，正是迎合了这些客户的购车动机。

**2) 感情型动机**

购车客户的感情型动机很难有一个客观的标准，但大体上表现为以下几种情况：

(1) 求新、求异。持有这类购车动机的客户追求新颖、刺激、时髦。在选购汽车时，特别注重汽车是否是新产品、新款式、新花色等。一款设计新颖、构思巧妙的汽车，往往能极大地激发这些客户的购买欲望。这种情况一般在年轻人身上表现得更为突出，很多年轻人购买富有个性的车型就反映了他们标新立异的心理。

(2) 攀比。具有攀比购买动机的客户希望跻身某个社会层次。别人有什么，自己就想有什么，不管自己是否需要，价格是否划算。

(3) 从众。作为社会人，总是生活在一定的社会圈子中，有一种希望与他应归属的圈子同步的趋向。具有这种心理的购车客户，总想跟着潮流走，不愿突出，也不甘落后。他们购买某款汽车，往往不是由于急切的需要，而是为了赶上他人或超过他人，借以求得心理上的满足。受这种心理支配的客户是一个相当大的客户群。

(4) 炫耀。这多见于功成名就、收入丰厚的高收入阶层，也见于其他收入阶层中的少数人。在他们看来，购车不仅要适用，还要表现个人的财力和欣赏水平。他们是客户中的尖端消费群，购车倾向于高档化、名贵化。

(5) 求仿。具有这种购车动机的客户在购车时模仿的对象一般是他们崇拜或尊敬的人，当他们和自己的崇拜对象在某些方面一致时，自尊心会得到极大的满足。广告制作时常常让大家都熟知的名人或喜欢的艺人做产品代言，就是这个道理。

(6) 自尊。有这种心理的购车客户在购车时，既追求汽车的使用价值，又追求精神方面的价值。在购买之前，希望受到欢迎和热情友好的接待。客户是企业的争夺对象，理应被企业奉为"上帝"。如果服务质量差，哪怕车辆本身质量再好，客户往往也会弃之不顾，因为谁也不愿花钱买气受。因此，企业及其汽车销售人员、维修人员应尊重客户，让客户感到盛情难却，乐于购买。

(7) 个人偏好。有这种购车动机的客户喜欢购买某一类型的汽车，以满足个人特殊情趣和爱好。它与一个人的生活习惯、兴趣爱好有非常密切的关系。

(8) 注重汽车外形。"爱美之心人皆有之"。美的事物总是让人们满足和欢乐。具有这种购买动机的客户在选购产品时，特别看重产品的颜色、造型、款式等，对产品本身的实用价值和价格的考虑尚在其次。

(9) 崇外。还有一些客户盲目崇拜进口品牌，认为凡是进口车都是好的。

不同的客户在购买汽车时会有不同的动机。汽车销售人员必须了解不同客户的购买动机，即客户"为什么买"，然后投其所好。

我们不能简单地把感情型动机理解为不理智动机。感情型动机很难有一个客观的标准，但大体上是来自上述我们提到的几种心理状态。

### 3. 需求分析注意事项

1) 客户表达需求时的行动准则

(1) 销售顾问在和客户面谈时，保持一定的身体距离。随时与客户保持眼神接触。

(2) 销售顾问需保持热情态度，使用开放式的问题进行提问，并主动引导，让客户畅所欲言。

(3) 销售顾问须适时使用刺探与封闭式的提问方式，引导客户正确表达他/她的需求。

(4) 销售顾问可针对客户的同伴进行一些引导性的对谈话题。

(5) 销售顾问需留心倾听客户的讲话，了解客户真正的需求。

(6) 在适当的时机作出正面的响应，并不时微笑、点头、不断鼓励客户发表意见。

(7) 征得客户允许后，销售顾问应将谈话内容填写至自己的销售笔记本中。

(8) 销售顾问须随时引导客户针对车辆的需求提供正确想法和信息以供参考。

2) 确定客户需求时的准则

(1) 当客户表达的信息不清楚或模糊时，应进行澄清。

(2) 当无法回答客户所提出的问题时，保持冷静并切勿提供给客户不确定的信息，并请其他同事或主管协助。

(3) 销售顾问应分析客户的不同需求状况，并充分解决及回复客户所提出的问题。

(4) 协助客户整理需求，适当地总结。

(5) 协助客户总结他/她的需求，推荐可选购的车型。

(6) 重要需求信息及时上报销售经理，请求协助。

 ## 附件：需求分析的工具

大众汽车的需求调查问卷

谢谢阁下花费宝贵的时间来协助我们完成以下问卷，我们将对您的一切信息保密，请放心完成此次问卷。我们再次感谢您的合作。

一、您是否拥有汽车？

　　　　A 是　　B 否　　　您拥有的汽车品牌是＿＿＿＿＿＿＿

二、您是否喜欢大众品牌的汽车？

　　　　A 很喜欢　　B 喜欢　C 还行

　　　　您喜欢大众的哪个系列哪个车型的汽车　＿＿＿＿＿

三、如果您购车，会选择哪个车价范围：

A 10 万以内　　B 11～15 万　　C 21～30 万　　D 31 万以上

四、你认为购车最主要的因素是什么？（可多选）

  A 安全性　B 经济型　C 外形设计　D 价格上　E 舒适性　F 售后服务

  G 动力性　H 其他

五、如果要购买一辆车，您会选择什么颜色的车型？

  A 红色　B 银色　C 黑色　D 蓝色　E 其他

六、如果需要购买一辆车，您会选择什么类型的车型？

  A 轿车　　B MPV　　C SUV　　D CRV

七、您认为大众汽车的优势是什么？

  A 价格　　B 服务　C 性能　　D 设计　　E 其他

八、您认为大众汽车的不足是什么？

  A 价格　　B 服务　C 性能　　D 设计　　E 其他

九、您的性别是_____。

  A 男　　　B 女

十、您的年龄是_____岁。

十一、您的职业是_____。

再次感谢您对大众汽车的支持与配合，我们将一直为您服务。

# 第六章 汽车销售流程(下)

## 第一节 车辆的布展

### 1. 展厅要求

在车辆展示之前，销售展厅要做好车辆摆放工作，要对车辆的展示进行规范管理。展厅不仅是汽车企业实力的象征，也是品牌形象展示的窗口，因而目前大多数的4S店展厅都是企业参考国外的模式不惜花重金请专业设计师设计的结果，而且为了品牌形象的统一化，经销商在获得经销资格后，必须按照汽车厂商网络发展部门的要求，按照展厅设计和建设规范严格实施，甚至连车辆摆放的位置和角度都是格式化的，经销商自行决定的空间很小，这就是大多数4S店和展厅都大同小异的根本原因。

展厅内部必须具有相当的净高，不能让客户有压抑感，国内大部分新店采用前展示区净高足够，后厅为两层办公区的设计方案，以充分利用空间。

展厅的地面、墙面、展台、灯具、空调器、视听设备等保持干净整洁，墙面无乱帖的广告海报等。

展厅内摆设有型录架，型录架上整齐放满与展示车辆相对应的各种型录。

展厅内保持适宜的温度，依照标准保持在25℃左右。展厅要保持无异味，经常通风保持空气清新，无蚊虫。

展厅内部照明打开，光线充足，要求明亮、令人感觉舒适，依照标准照度在800Lux左右。

展厅内须有隐蔽式音响系统，在营业期间播放舒缓、优雅的轻音乐，且展厅每处都能清晰地听到。

展厅完成新车展示与销售功能，是形象和理念体现的中心。展厅内设有展示车位、总接待台、洽谈桌及洽谈室、儿童活动区、精品及配件展示、销售办公室和新车交互区。

展示区以主展车台为中心，以使顾客和展车的关系变得和谐亲切、愉悦。展车依地面的总体走向布置，如同开动中的车，顾客在同一角度可以看到不同的汽车侧面，给人强烈的视觉冲击和触动感。

展厅对视觉方面有明确的要求：厅内淡色的格调，配合宽敞、明亮的布局，使人心旷神怡；展厅的布置上亦很注重搭配，淡雅光洁的地板，恰到好处的射灯，以及角落里细心放置的生机盎然的花卉盆景，在夏日里令人惬意顿生；而全厅立体环绕背景音乐正放送着一支世界名曲，悠扬的旋律萦绕在整个展厅之中，如图 6-1 所示。

图 6-1　车辆的布展

要注意车辆的颜色搭配，展示区域的车辆不能只有一种颜色，几种颜色搭配的效果会更好一些。

要注意重点车型的摆放位置，要把它们放在合适醒目的位置。属于旗舰的车型，一定要突出它的位置，甚至可以打出一些聚焦的灯光。

注意凸显产品特色，这是体现产品差异化，提高竞争力，使客户加深印象的重要手段。

普通样车的摆放也不能随意。在国外，一般两辆样车间的距离总在 3 到 4 个车门之间。车辆间距和汽车档次也有关系，家庭轿车间的距离可以稍近一些，给人以汽车超市的感觉，随着汽车售价提高，之间的距离也该越拉越开，到宝马奔驰的层次，少放几辆压压阵就足够了。

**2．展车布置要求**

在车辆的展示环节，我们主要讲的是在车辆展示之前要做好的工作。首先要对车辆的展示进行规范的管理。规范的管理可用八个字概括，就是整理、整顿、清理、清洁。这是来自于 5S 的要求。我们对车辆的展示也要有这样规范的管理。

摆了这么多的车辆，必然有一款是重点推出的。需要重点展示的车辆必须要突出它的位置。一般来讲，小的展厅也能放三四台车，大一点的可能会放得更多一些。在这些车当中，肯定有不同的型号、不同的颜色。有些是属于旗舰的主要车型，对于这种车型一定要选出一个合适的位置来突出它。因此我们常看到有些 4S 店会把一些特别展示的车辆停在一个展台上，其他的车都围绕着它，同时还要注意凸现这辆车的特色。比如有的时候可以打出一些灯光。

展示车辆的要求如下：

(1) 展车挡位。

展示车内不得放置任何杂物，手动变速箱变速杆挂 1 挡，自动变速箱变速杆挂在驻车挡，不得拉起手制动器。

(2) 轮毂上的品牌。

要注意车轮的轮毂,车的品牌在轮毂上会有。当车停稳以后,轮毂上的品牌按标准要求应该与地面呈水平状态。

(3) 导水槽。

轮胎上的导水槽里面也要清洁,因为车是从外面开到展厅里面来的,难免会在导水槽里面卡住一些石子等东西,这些东西都应拿掉,还要洗干净。

(4) 座椅的角度。

前排的座位应调整到适当的距离,而且前排两个座位从侧面看必须是一致的,不能够一个前一个后。不能够一个靠背倾斜的角度大一点,一个靠背倾斜的角度小一些,而且座位与方向盘也要有一个适当的距离,以方便客户的进出。太近了,客户坐进去不方便,这样会使客户感觉这个车的空间小,其实是那个座位太靠前了。

正确的标准是:座椅位置调整至最低处并且前后距离适中,左右座椅位置一致对齐,后仰角呈 105°。将前后头枕位置保持在最低处。

(5) 新车的塑料套。

新车在出厂的时候,方向盘上面都会有一个塑料套,还有一些倒车镜、遮阳板都是用塑料袋给套起来的,这些也应拿掉。

(6) 后视镜。

后视镜必须调整好,坐在里边很自然地就能看到两边和后面。

(7) 方向盘。

方向盘处于最短、最高位置,车辆品牌标示摆正保持水平。车内放置同款车型脚垫,禁止摆放纸质脚垫或将其他物品代替。

要把方向盘调到最高,如果方向盘太低,客户坐进去后会感觉局促,从而会认为这辆车的空间太小。

(8) 空调与时钟。

打开所有通风口,开关开至最高挡,半自动空调调到 22℃,要试一下空调的出风口,保证空调打开后有风。

为避免客户对汽车时钟产生疑虑,将时间调整到当地标准时间。

(9) 汽车上的开关。

汽车上的开关不是左边按下去是开,右边按下去是关,而是中间的位置是关,所以必须要把开关放到平衡中间的位置。

(10) 收音机。

一般收音机有五到六个台,都应把它调出来,同时必须要保证有一个当地的交通台和一个当地的文艺台,这是一个严格的考核指标。

(11) 左右声道。

汽车门上面的喇叭分左边和右边的,喇叭的音响是可以调整的,两边的声道应调成平衡,这个是必须要检查的。

(12) 娱乐设施及音量。

根据展车配置配好 CD 或磁带,如展车是多碟 CD,则要配备不同风格的 CD 供用户选择。音量不能够设定的太大，也不能设定的太小，然后配一些光盘，在专门的一个地方保管。当客户要试音响的时候，你可以去问客户需要什么样的音乐，那个时候取来不同的碟片给客户欣赏。当然最好选择能体现音响音质的 CD，你要想试音响的效果的话，将一个戏曲 CD 放进去，那感觉不出来，但是你要选一个节奏感特别强的碟片，人都会随之振动，也会情不自禁地参与，感觉和感情就调动起来了。这就是试音响所要达到的目的。所以销售人员应事先准备好类似光盘，当客户对音乐没有什么特别爱好的时候，你可以拿出一个最能够表现汽车音响的碟片。

(13) 安全带。

汽车公司销售汽车的时候基本上没有考虑过安全带，特别是后排座的安全带。后排座有的时候会有三个安全带，中间有一个，旁边有两个。有时候安全带都散在座位上，这是不允许的，必须把它折好以后用一个橡皮筋扎起来，塞到后座和座位中间的缝儿里面，留一半在外面。这些都是给客户一个信号，这家汽车公司是一个管理规范的汽车公司，是一个值得信赖的公司。

(14) 脚垫。

一般展车里面都会放一些脚垫，是怕客户鞋子上有灰。每一个 4S 店都会事先制作好脚垫，例如沃尔沃的脚垫上面应有沃尔沃的标志，摆放的时候应注意标志的方向。同时要注意及时地更换脏了的脚垫。

(15) 后备箱。

展示的后备箱打开以后不应有太多物品，禁止存放其他杂物，放置时要合理安排物品位置，同时注意各物品要端正摆放，后备箱中的脚垫、车辆说明书以及三脚架摆放在规定位置，警示牌应放在后备箱的正中间。

(16) 电瓶。

细节方面还要注意电瓶。展车放置时间长了以后电瓶会亏电，所以必须要保证电瓶有电。

(17) 轮胎美容。

轮胎洗干净还是不够的，还要美容一下。用喷喷亮把它喷得乌亮。轮胎的下面应使用垫板。很多专业的汽车公司都把自己专营汽车的标志印在垫板上，这样会给客户一个整体的良好感觉。

### 3. 展车的维护

展厅内的展车每天要保持清洁，维护汽车的精品形象。展厅车辆第一责任人为对应销售顾问，检查责任人为小组长。整体的负责及抽查责任人为展厅经理。具体要求如下：

清洁时间：展厅车辆在每日晨会和 13:30 后进行清洁检查，每日清洁两次。

车辆充电：展厅车辆应保证每日电量充足，每日晨会后清洁时对车辆进行着车充电，每三天对展车进行一次外接充电。外接充电安排在 18:00 后。

车辆燃油：展厅车辆燃油应保持每辆车有 10 升燃油，库管保证展厅每日有 30 升备用燃油，防止因展车燃油不足无法演示。

PDI 检验员负责对展示车辆做好 PDI 检查，对存放一周以上的车辆，每周根据动态检查维护规范进行检查维护，存放一个月以上的车辆，每月进行规定项目的检查维护，存放三个月以上的车辆，每三个月进行规定项目的检查维护。

# 第二节　汽车产品的讲解技巧

汽车销售的展示是销售汽车的关键环节。通过调研，在展示过程中做出购买决策的占最终购买的74%。但是，没有采购的消费者不采购的主要决定时间也是在汽车展示的过程中发生的。在汽车展示过程中，消费者通常会从如下的三个方面来收集为他决策使用的信息：销售人员的专业水平、销售人员的可信任度、产品符合内心真实需求的匹配程度。注意，其中有两个方面是销售人员的因素。

在接近客户以后，销售人员紧接着的工作就是采用恰当的洽淡策略和客户进行有效的沟通。在这个过程中，销售人员必须遵循一定的原则和技巧，使自己在整个沟通过程中占据主导地位，从而刺激客户的购买欲望，说服客户购买公司所售的车型。

## 1. 汽车讲解的原则

### 1) 分析客户买车的原因

客户之所以购买汽车，不是买汽车产品本身，而买的是汽车产品所带来的好处或者利益。因此，销售人员卖给客户的不应该是纯粹的产品，而是产品带给客户的利益。顾客为什么要买汽车呢？因为汽车带给顾客的一种时髦，带给他的一种威风，带给他的一种地位的显示，带给他的一种方便。惠普公司的销售副总裁曾说过这样的一句话："我们不是卖硬件，我们卖的是解决问题的方法。"

销售应当集中在客户诉求上，它是一个发现、创造、唤醒和满足客户需求的行为。销售人员能否向客户销售利益，就决定着能否更多、更快、更有效地把产品卖给客户。多数情况下顾客并不关心汽车的技术如何领先，而只关心这些技术会给他们带来什么利益。利益是相对而言的，任何产品对客户而言都是相对的。也就是说，对一些客户来说，它是个人利益，但对另外一些客户来讲，就不一定了。对有些客户而言，安全是买车的首要因素，但对其他客户而言，他们可能更重视汽车的速度和操纵性。只考虑利益问题是不够的，还要了解客户的喜好，懂得客户的心理，对症下药才能迅速达成购买意向，把产品利益展示在客户面前，使得客户因其利益而购买。

向客户介绍产品的时候，一定要把产品带给客户的利益和客户的心理结合起来。产品具有多少个优点并不重要，因为客户关心的是产品带给他哪些利益。客户是各种各样的，不同客户的需要也是不一样的，就中低档轿车消费者而言概括起来可以分为三大类，见表6-1。

表 6-1　客户关注点分类

| 类　型 | 关　心　重　点 | | |
|---|---|---|---|
| 商业用户 | 交换价值 | 赚钱 | 性能稳定、提高效率…… |
| | | 省钱 | 节省成本、油耗低…… |
| 政府用户 | 使用价值 | 符合身份、安全舒适…… | |
| 普通消费者 | 实用价值 | 性价比高、油耗低、售后服务完善…… | |

2) 了解消费者关心的问题

在购买汽车的潜在顾客面前，维修人员的专业职能是维修汽车，而销售人员的专业职能是根据顾客的需求解决问题，推荐符合他们需求目标的汽车产品。对于顾客而言，他们的需求与问题可以归纳为三个方面：商务方面、技术方面和利益方面。

所有有关顾客采购过程中与金额、货币付款周期及其交接车时间有关的问题，称为商务方面的问题。技术方面的问题很容易理解，即所有有关汽车技术方面的常识、技术原理、设计思想、材料的使用等。使用汽车对顾客自己产生的作用方面的问题都属于利益方面的问题。

据有关调研的资料显示，顾客在采购汽车的过程中问到的许多问题，表面上看多数是商务问题或者是技术问题，但其实质还是利益问题，关键在于汽车销售人员对顾客利益的理解程度。汽车销售人员对购买汽车产品能够给顾客带来利益的理解与阐述直接影响他们最终的购买决策倾向。

### 2. 产品介绍原则 FAB

在汽车科技日新月异的今天，大多数顾客对汽车科技的认识水平远低于现代汽车科技的发展状况。因此，销售人员向潜在顾客介绍汽车产品时，单纯的产品性能、配置的罗列、流水账式的介绍，只会让顾客在选择时更加茫然。如何激发顾客的需求，使顾客由认知、情感阶段转而进入行为阶段，FAB 介绍原则可以较好地解决这一问题。

FAB 法则又称特征利益法，是特征、利益、好处三个英文单词的缩写。具体解释为：特性——从特性引发的用途，即指产品的独特之处；优势——就是这种属性将会给客户带来的作用或优势；好处——指作用或者优势会给客户带来的利益，对顾客的好处。

该法则是向他人推荐商品或介绍其他物品时，经常使用的一种语言组织技巧。可以详细介绍所销售的产品如何满足客户的需求，如何给客户带来利益的技巧，它有助于更好地展示产品。

(1) F——Feature。F(Feature)是特色、卖点、产品品质，即指产品的性能及特点；指所销售车辆的独特设计、配置、性能特征，也可以是材料、颜色、规格等即能看得到、摸得着的东西，这也是一个产品最容易让客户相信的一点；可以观察到或者触摸到的事实状况。

产品的特性说明产品与众不同的特征或优点。每一种产品有很多的属性，有些属性是跟其他竞争品或替代品相同的，我们称之为通性；有些属性则是本产品所独有的，我们就称之为特性。我们在推销时要说明产品具有那些不一样的特性。

车辆本身拥有的事实状况或特征，不管销售人员如何说明，在很多情况下都很难激起顾客的购买欲望。例如，当销售人员向顾客介绍一款装配了 ABS(防抱死制动系统)的轿车时，只是简单地对顾客说："这是一辆配备了 ABS 的轿车，因此它很安全。"像这样只停留在传统意义上介绍汽车的性能、配置很难让顾客产生需求，因此，销售人员应将介绍延伸到下一阶段。

(2) A——Advantage。A(Advantage)指产品优势。任何一款汽车产品都是有特征的，而这些产品特征也都可以转换成相应的产品优点。一个产品的优点就是：该特征是如何使用的，以及是如何帮助顾客解决问题的。其次，任何汽车产品的任何特征以及任何优点都可以通过让顾客感知利益的方法来陈述，该利益就是：该特征以及优点是如何满足顾客的需求的。

(3) B——Benefit。B(Benefit)指利益、给客户带来的好处。所以在使用 FAB 法则之前，必须要知道顾客为什么需要购买产品？也就是客户需要产品解决什么问题，只有如此才能真正说到顾客心里面，给客户带来益处。产品的作用是产品本身所固有的，无论谁购买这个产品，产品的作用都是固定不变的；但是益处却是特定的，不同的人购买所获得的益处是不一样的。比如购买桌子，同一个轻便、价格便宜的桌子，对于小餐厅而言，他们看重的是价格，所以介绍产品不能说明所有的作用，而是强调价格便宜，能够给小餐厅节约更多成本，同时更换成本低，因为对于他们来说一个轻便的桌子和一个笨重的桌子并无差别；而对于一个高级餐厅来说，轻便才是顾客最关注的，因为他们每天都要搬动桌子，稍微价格贵点，但是能够让自己后续的工作量减轻。

### 3．FAB 的几个注意事项

汽车销售人员在与客户接触过程中会发现，几乎每一位购车客户都有这样一个问题："这辆汽车对我有什么好处？"如果汽车销售人员只是滔滔不绝地向客户介绍自己推荐的车型有多完美，表现多么出色，而不主动去发现客户的关注点的话，这种销售是不成功的。

汽车销售人员在向客户介绍汽车时，要注意尽量让客户觉得你的汽车正是他所需要的。当客户接受汽车的某项优点后，你应该用调查问话法来转变话题，以便得知客户的其他需要。汽车产品的特性是独一无二的，是汽车产品本身特有的优势。但是客户并不能从数据中看出这个产品对他有什么好处，他甚至连这些设备有什么功能可能都不知道。因此，如果汽车销售人员只是向客户罗列数据，说明产品的特性的话，那么一两份宣传材料和产品说明书就可以做到了。如果客户能根据这些资料来决定是否购买，那么汽车销售人员又有什么作用呢？

汽车销售人员只有将汽车的优势转换成客户的利益，才能吸引客户购买。汽车销售人员一开始就应该向客户介绍清楚汽车的优势，并将这种优势与客户的利益联系起来。这样能够在更进一步介绍汽车特点之前先引起客户的兴趣，以便能够继续和客户谈下去。

另外，在实际应用 FAB 时要做到以下几点：

(1) 实事求是。

在介绍产品时，切记要以事实为依据。顾客一旦察觉到你说谎、故弄玄虚时，出于对自己利益的保护，就会对交易活动产生戒心，反而会让你失掉这笔生意。每一个顾客的需求是不同的，任何一种产品都不可能满足所有人的需求。如果企图以谎言、夸张的手法去推荐产品，反而会影响那些真正想购买的顾客。

(2) 清晰简洁。

一种产品本身会包含许多元素，比如特性、成份、用法等。在介绍时可能会涉及许多专用术语，但是顾客的水平是参差不齐的，并不是每一个顾客都能理解这些术语。所以我们要注意在介绍时尽量用简单易懂的词语或是形象的说法代替。在解说时要逻辑清晰，语句通顺，让人一听就能明白。如果你感到表达能力不强，那就得事先多做练习。

(3) 主次分明。

不要把关于产品的所有信息都灌输给顾客，这样顾客根本无法了解到你的产品的好处和优点，那么他也不会对你的产品有兴趣了。我们在介绍产品时，应该有重点、有主次。

重要的信息，比如产品的优点、好处，可以详细地阐述；对于一些产品的缺点、不利的信息我们可以简单陈述，而且这种陈述必须是有技巧地说出来。

FAB 介绍原则的运用有两个重点：一是正确运用三段论的阐述方法；二是要求销售人员对汽车的相关知识要有充分的了解。

FAB 介绍原则，也可以称之为"寓教于售"的销售原则。顾客需要在由潜在顾客转变为真实车主的过程中不断学习，达到与所选择车辆生产者(汽车厂家)、销售者(汽车销售商)对车辆认识的统一；而销售人员在整个介绍过程中，应让顾客感到其销售的不仅仅是一部车，而且是一种崭新的观念、一个成熟的想法、一套合理的方案，根据客户的需要按照日常训练的 FAB 话术进行讲解。

在 FAB 的基础上，后来又衍生出 FABI。其中的 I 是 Impact。I(Impact)是冲击、影响之意。销售人员对每个卖点的介绍，都应力求在顾客的脑海里产生一个观念上的冲击，"这是一部安全性能很高的车!……"当每一个卖点都能给顾客一次冲击，点点滴滴理由汇集起来，就容易转化为顾客购买的理由，继而产生购买行为。

### 4．FAB 话术案例

奥迪 FAB 话术案例如表 6-2 所示。

表 6-2　奥迪 FAB 话术案例

| 驻车测距雷达 | |
| --- | --- |
| Q | 如今的城市道路上车辆穿梭不息，外出时，寻找一个合适的停车位成了一个大难题，即使好不容易找到车位了，其空间也非常狭小，对准确安全地停车造成了一定困扰 |
| F | AUDI 车上的后驻车测距雷达 |
| A | 能准确探测后方障碍物，用蜂鸣声提醒驾驶员注意车距 |
| B | 使您在停车时保障了您的驻车安全性 |
| Q | ××先生/小姐，您是否觉得这个驻车雷达给您停车提供了很好的安全保障呢 |
| 大灯清洗装置 | |
| Q | ××这个地方只要一下雨或天黑的时候就会有很多小虫子乱飞的 |
| F | 这款 AUDI 车上配有大灯清洗装置 |
| A | 利用高压喷嘴对大灯进行清洁，可以有效清除大灯上的小虫子等污物 |
| B | 使您车子的大灯时刻保持同样的照明亮度，提高了您行车的安全性，避免了危险事故的发生 |
| Q | ××先生/小姐，我相信安全对您来说是很重要的吧 |
| 轮胎 | |
| Q | 中国有句话，脚大江山稳。我们可以想象，当一个人穿着平底鞋走路一定会比穿高跟鞋走路时更加稳健，而且坚实有力 |
| F | 你看我们的这款车的车轮采用的是 245 mm 尺寸的宽胎，它的胎面的宽度比普通的轮胎大出许多 |
| A | 胎面宽度的增加使得它与地面的接触面积更大，摩擦力也会更大，车轮转动起来更稳，更有力度 |
| B | 当您驾车行驶在马路上时它会使整个车身稳定，抓地力更强，更安全 |
| Q | 您觉得使用这样设计的轮胎，提高车辆的稳定性和安全性，不是很有必要吗 |
| ESP | |

| Q | 一般在高速行驶过程中，心态比较放松，在平稳的驾驶前进时，突然在隔离带上窜出一条横穿马路的小狗。遇到了这样的情况，我们基本都会有些惊慌，会猛打方向盘 |
|---|---|
| F | 我们这款车配备了 ESP 电子稳定系统 |
| A | 在转弯过度或转弯不足的时候，可以时刻地控制车身，降低车子发生侧滑的危险，确保车子在极限状态下能够稳定行驶 |
| B | 当然，这就提高了您车子在高速行驶时的稳定性，进而保证了您的行车安全 |
| Q | ××先生/小姐，我相信，安全对你来说是至关重要的吧 |
| 雨量传感器 | |
| Q | 现在天气下雨天频繁，雨量时大时小 |
| F | 雨量传感器 |
| A | 感应雨水落在前挡风玻璃上的大小，并自动调节雨刮片的刮水频率 |
| B | 使您在雨天行车的时候大大提高了舒适性，让您不用自己判断雨水大小而去手动调节刮水频率 |
| Q | 我相信雨天行车的舒适性对您来说是很重要的吧 |
| 侧部防撞梁 | |
| Q | 现在车子越来越多了，意外也容易发生 |
| F | 我们的车子在这个部位设有独特的侧部防撞梁 |
| A | 选材精良，钢性好，发生侧撞时可抵挡大部分能量，保障车舱的完整性。也使车门更坚固，受到碰撞时仍能打开 |
| B | 这就更好地保护了您及其他成员的安全 |
| Q | ××先生/小姐，安全对你来说应该是非常重要的吧 |
| 自适应大灯 | |
| Q | 现在的城市交通是越来越成熟了，车子在行驶时也会经常过隧道 |
| F | 这个是我们的一个自适应大灯，它是通过阳光传感器来控制大灯的一个开关 |
| A | 如果车子通过隧道，它会自动地亮起来，提高了车子操控的方便性 |
| B | 从而使您在行驶过程中更为方便，不需要您手动开关大灯 |
| Q | 那方便性对您来说还是比较重要的吧 |
| 自动分区空调 | |
| Q | 夏天天气比较热，一般空调打得比较低，有时候朋友坐在边上会感觉不舒服 |
| F | 这是一个自动独立的分区空调 |
| A | 它可以独立控制左右空调温度 |
| B | 从而使不同的乘客都有一个比较好的乘坐舒适度 |
| Q | 我想，乘坐舒适度对您来说应该也是非常重要的吧 |

# 第三节　六方位绕车介绍

六方位绕车是汽车销售业务员必须具备的素质，它是对销售员对产品的熟悉程度以及销售技巧的检验标准。六方位绕车介绍的目的是将产品的优势与用户的需求相结合，在产品层面上建立起用户的信心。

要实现车型信息的准确传递，首先应该清楚是什么吸引了客户以及客户为什么要买车等问题。每种车型都有其陈述重点，当销售人员向顾客介绍汽车的时候，要有针对性地将产品的各种特征概括为造型与外观、动力与操控、舒适实用性、安全能力以及超值表现这五个方面。要设法让顾客接受这样的观念，因为只有这样去认识汽车产品才能有效降低他们的投资风险。

**1. 进行六方位产品展示的前提**

六方位汽车介绍法是通过六个方位将汽车的整体性能介绍给消费者的一种方法，是实现汽车销售的重要一环。销售员进行六方位产品展示的前提有以下三个。

**1) 要掌握全面的产品知识**

汽车产品是复合性很强的产品，全面的产品知识主要包括三个方面：首先是企业的产品。主要包括产品性能、服务项目、保证条款、价格、优惠政策等方面的优缺点，以及汽车的整个产品系列情况，如企业声誉、仓储条件、保证条款、质量运作、品牌价值等(见表6-3)；其次是竞争对手的汽车产品知识，销售人员要对竞争车型全面地了解和掌握，才能在整个产品展示过程中，既能展示产品的特点，又能在顾客批评产品的时候懂得应对；最后是与售后服务人员的诚恳合作，在很多情况下，维修人员对车辆实际情况的了解要比销售人员全面得多，通过与维修人员的沟通，不仅能够引发更多的销售建议，提高操作技巧，还能使销售人员提高警觉，及早发现产品存在的问题，对可能发生的顾客投诉有所准备。

**表6-3 汽车产品知识**

| 产品知识 | | | |
|---|---|---|---|
| 整体构造 | 产品/厂家历史 | 制造工艺 | 性能 |
| 效用 | 耐久性 | 各种功能操作方法 | 安全性 |
| 舒适性 | 经济性 | 操纵性 | 产品特色 |
| 流行程度 | 色彩 | 款式 | 基本参数 |
| 品种 | 个人的整体印象 | 装潢材料明细 | 名称 |
| 零件/附件 | 缺点和问题 | 易遇到的反对 | 易发生的抱怨 |
| 曾经遇到的主要询问问题 | | | |
| 有关价格及条件的知识 | | | |
| 价格 | 价格变动 | 二手车市场情况 | 付款条件 |
| 性价比 | 优惠条件 | 交货期限 | 库存情况 |
| 生产情况 | 有关期限 | 保证期限 | 售后服务情况 |
| 其他服务项目 | 出现质量问题的处理方式 | 出现投诉的频率 | 可能的主要故障所在 |
| 运输情况 | 签约、付款的方式和程序 | 有关法规 | |
| 其他相关知识 | | | |
| 价格趋向 | 流行情况 | 使用者的满意度 | 竞争车型的整体情况 |
| 行业市场情况 | | | |

2) 明确六方位介绍法的主要目的

进行六方位介绍法的主要目的是为了能够更全面地了解和满足顾客的需求，因此在整个介绍过程中要随时发掘顾客的需求，并以此为主轴来进行产品的介绍。在产品展示完成后，销售人员要能够回答以下问题：

(1) 顾客购车的需求和梦想是什么？

(2) 顾客的购车动机是什么？

(3) 顾客现在是否在驾驶其他品牌的车辆？

(4) 顾客是如何了解我公司的品牌的？

(5) 顾客对本公司的车了解多少？顾客已了解什么车？通过什么渠道了解的？

(6) 顾客对其他公司的车了解多少？

(7) 顾客周围的朋友是否有驾驶本公司车辆的？

(8) 顾客是否知道本公司车辆的长久价值？

(9) 顾客是否清楚汽车质量问题可能导致的严重后果？

(10) 顾客是否知道售后服务对汽车产品的意义是什么？谁在顾客采购决策中具有影响力？

(11) 顾客如何评价汽车行业？

(12) 顾客认为汽车行业发展趋势如何？

(13) 顾客周围的人对他的评价和认知如何？

(14) 顾客平时是否经常会做重要的决定？

顾客通常喜欢与销售人员一起讨论或对话，而不喜欢被硬塞一堆数字与数据。介绍车型时一定要有所选择，尽可能把在探寻需求过程中发现的顾客需求串连起来。根据顾客可能购车的预算，提出符合的车型供其选择，从最经济型的车型开始。进而介绍配备最齐全的车型。基于上述的了解，必要时应进一步安排、建议顾客试乘试驾的车型。

3) 要针对顾客情况选择产品介绍的程度

销售人员可以从消费者的专业熟悉程度和交际类型来把握所用的展示方法。一个潜在消费者的消费素质由三个内容组成：知识、经验、技能。知识就是他们对汽车了解的知识程度；经验就是他们关于汽车的各种经验程度，如驾车时间、驾龄、驾车的主要目的等；技能就是他们具体在驾车时的熟练程度，比如意外情况下的下意识反应，高速路上超车的技能，载重爬坡的技巧等。根据这些内容把顾客分为高素质顾客和低素质顾客两类。低素质的顾客由于汽车方面的知识和经验较少，驾驶技能较差，此时销售人员对汽车特征的介绍是主导力量，应按程序进行，以演示、引导为主，并提议其试乘试驾，让顾客体会各种汽车技术带来的利益和感觉；高素质的顾客拥有丰富的知识，通常反感销售人员讲解一般性的知识，希望以自己为主导，此时销售人员对汽车的介绍以特色为主，并按顾客的要求跟随销售的全过程，然后根据其人际交往风格选择汽车的介绍方法。表现型和驾驭型的顾客以引导其体验为主，亲切型和分析型以展示为主。总之，销售人员在销售过程中要随时注意了解顾客的信息，调整讲解方式，从而大幅度提高销售成功率。

**2. 六方位绕车绕车方位**

绕车介绍时主要注意六个方位，如图 6-2 所示。

图 6-2　6 方位绕车介绍

按照介绍顺序 1 号位是车的 45 度角；2 号位是驾驶座的位置；3 号位是后排座；4 号位是车的后部，后备箱等都属于 4 号位；5 号位是车的正侧面；6 号位是引擎盖打开里边的部分，即发动机室。那么销售人员应该着重介绍什么呢？六方位绕车要点，如图 6-3 所示。

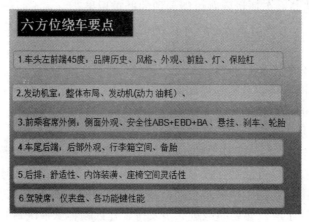

图 6-3　六方位绕车要点

1) 1 号位

(1) 外观与造型。

因为每一个品牌的车，其形状和设计的角度都不一样。所以，在 1 号位从车头 45 度角向客户进行介绍的时候，重点要介绍车的外观与造型，主要说明腰线的伸展，如图 6-4 所示。

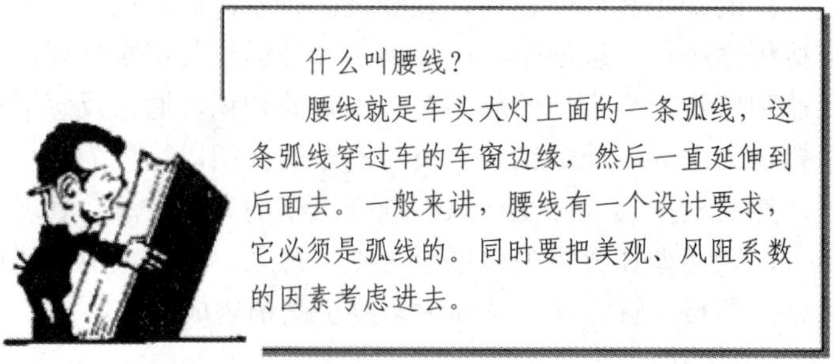

什么叫腰线？

腰线就是车头大灯上面的一条弧线，这条弧线穿过车的车窗边缘，然后一直延伸到后面去。一般来讲，腰线有一个设计要求，它必须是弧线的。同时要把美观、风阻系数的因素考虑进去。

图 6-4　腰线

(2) 前脸。

1 号位是 45 度角，从这个角度第一眼可以展现的是汽车的前脸。前脸上面有这个车的车牌，品牌也是你介绍的一个重点。

(3) 超值部分。

从这个角度介绍车的时候，可以介绍这辆车超值的部分。如名车的效应就是超值，进口车的品质也是超值。

2）2 号位

2 号位是驾驶座这个位置，在这个位置主要介绍乘坐的舒适性和驾驶的操控性。因为驾驶座这个位置有很多汽车操控的功能键。

在介绍 2 号位时，第一要告诉客户，这辆车是按照人体工程来设计的，它是一种包袱性的设计，乘座者坐进去以后就把他包围起来了，这样会使乘坐者有一种安全感。其实每款车都是这样的，但是对这个方面强调了以后，客户坐在这里会有切身的感觉。有的车还有一种功能，叫做腰部支撑。腰部支撑好一点的可以带按摩，差一些的有一个开关在它的侧面，把开关稍微转动一个角度，正好可以顶在你的腰上，腰部支撑这时就起作用了。这样驾驶员在长途驾驶的时候可减轻疲劳度。如果说你所代理的车有这些功能的话，别忘了给客户介绍。

3）3 号位

在 3 号位主要应介绍的是后排座的空间和它的舒适性。

客户坐上去以后要向他介绍后排座空间的舒适性、避震的设计、避震的效果。好一点的车后排座设计的很像沙发，可以变换角度或者平放。

4）4 号位

4 号位是车的后部，在这个方位销售人员要重点介绍车辆尾部的特点，尾灯的特点，还有后备箱。如后备箱的容积有多大，两箱有两箱的优势，三箱有三箱的好处，销售人员要根据不同的情况来向客户介绍。

5）5 号位

5 号位是车的侧身，很多销售人员认为车的侧面很难介绍，其实这个地方是很重要的，因为买车的客户最关心的还是安全，销售人员可以跟客户这样讲：大家看，一般的车是有三个柱子，我们称之为 A 柱、B 柱和 C 柱，很多汽车销售公司的员工不知道 A 柱、B 柱和 C 柱应该介绍什么。其实这里边的填充物可以抗击冲击。

门的侧面都有防撞的钢梁，这也是提供保护的措施。

再有就是有的车的气囊比较多，侧面也有，叫做窗帘式气囊，也称为安全气囊。

6）6 号位

6 号位就是发动机室，这里应主要介绍发动机的特点和发动机的动力性。

**3．汽车商品说明的关键时刻及行为指导**

(1) 与顾客交谈时做到灵活应变，可根据顾客关心的程度安排商品说明的顺序。

(2) 充分利用商品型录、小册子和销售工具夹内的商品资料辅助说明。

(3) 结合顾客的商品知识层次，避免使用顾客不懂的技术词汇，用简明、通俗易懂的方式介绍商品。

(4) 自己不明白的事情要想办法查清弄懂，给顾客一个正确、切实满意的答复。

(5) 注意饮料的供应和续杯。

(6) 从顾客最关心的部分和配备开始说明，激发顾客的兴趣。

(7) 创造机会让顾客动手触摸或操作有关配备。

(8) 注意顾客反应，不断寻求顾客的观感与认同，引导顾客提问。

(9) 顾客在展车内时，销售人员的视线不要高于顾客的视线。

(10) 销售人员指示车辆配备时动作专业、规范，切忌单指指示。

(11) 销售人员在说明过程中爱护车辆，切勿随意触碰车辆漆面。

(12) 若有多组顾客看车，要请求支援。

(13) 强调我们商品的优势，避免恶意贬低竞争产品。

(14) 若销售人员遇到疑难问题，可请其他同事配合，正确回答顾客的问题。

(15) 针对顾客需求，口头总结商品特点与顾客利益。

(16) 在商品目录上注明重点说明的配备，作为商品说明的总结文件。

(17) 转交车型目录，并写下销售人员的联系方式或附上名片。

(18) 主动邀请顾客试乘试驾。

(19) 待顾客离开展厅后及时整理和清洁展车，恢复原状。

**4. 六方位绕车话术详解**

(1) 位置 1——车前方(最好 45 度)(见表 6-4)。

表 6-4　位置 1

| 项　　目 | 营　销　话　术 | 客户利益 |
|---|---|---|
| 整体外型 | 为全新设计车型，比较其他改款车型来说，整车造型风格统一、外型饱满时尚，外观流线型设计风阻系数小 | 外型美观大方、气派有面子 |
| 车身及漆面工艺 | 车身采用优质双面镀锌钢板，厚度达到 0.8～1.2 mm，能够提供足够的安全保障，采用最先进的漆面处理技术，其生产线全部进口，油漆采用进口漆 | 更安全更美观 |
| 立体式前大灯 | 前大灯采用国际流行的立体式造型，各功能灯光布局错落有致，造型与组合式尾灯造型风格统一。大灯曲线与引擎盖翼线、保险杠曲面线条以及进气格栅造型线条完美协调，兼顾了时尚和大气<br><br>晶管式多曲率光学头灯组造型，别具一格，头灯组外型展现出整车的气度，多曲率光学设计，有效的将引擎盖、叶子板、保险杠三度空间以曲面结合并增加了照射面积 | 美观时尚更加安全 |
| 高分子材料保险杠 | 高分子材料铸造的美观大方保险杠。具有较强的吸能和抗冲击能力，能有效地减少前方的冲击力 | 美观安全 |
| 电动后视镜 | 电动后视镜可手动折叠、电动调节，镜面采用双曲面设计，让视野更加开阔，提高了行车安全 | 方便安全 |

(2) 位置2——驾驶室(见表6-5)。

### 表6-5　位置2

| 项目 | 营 销 话 术 | 客户利益 |
|---|---|---|
| 整车内饰 | 内部空间舒适自由，内饰精致，材质和色调典雅细腻。减震隔音设施充满人性，乘座舒适性远超同级车标准 | 够档次 |
| 组合仪表板 | 仪表盘采用发泡面板包裹加上动感装饰面板与车门内饰组合，体现车舱细腻品质及贴心考究，营造出优质的座舱环境。高清晰仪表盘，背光柔和并且可调，指示信号灯清晰柔和 | 更安全更环保 |
| 前排双安全气囊 | 正副驾驶位配备双安全气囊，安全性更高 | 高安全性 |
| 三点预紧式安全带 | 前排座椅配备三点预紧式安全带，当车辆发生紧急状况时，阻止驾驶员或乘车人员在车内移动，使车厢内发生二次碰撞的危险减至最小 | 安全 |
| 空调系统 | 采用的空调系统，制冷量大，能够在炎热的夏季为客户提供一个清凉的驾驶环境 | 舒适性 |
| 高保真汽车音响系统 | 高保真四声道环绕音响，六碟或单碟CD机，电调收放音响，全方位让你感受娱乐随行 | 高档配置 |
| 可调方向盘 | 以人性化设计配合不同身材人士，可利用方向管柱上下自由移动，调节位置高低，得心应手的驾驭爱车，体现最佳驾驶 | 操控灵活 |
| 多向调节座椅 | 高档丝绒座椅，可多方位调节，符合人体工程学设计的包覆式座椅，可以将你更安全舒适的包裹其中，而且采用流行的旋钮式靠背调节，可以把座位调节到人体舒适位置 | 更安全更舒适 |
| 中央控制锁+电动窗 | 电动窗可随心所欲升降四门的玻璃，操作轻松自如；四门集控的中央控制门锁，可用一把钥匙同时打开或关闭四个车门，防盗效果更佳，为财产及人身安全提供全方位的防护 | 高档配置 |
| 车门防撞钢梁 | 车门内采用横置式防侧撞钢梁，在遭到侧撞时能保持车门不变形，有效地保护车内乘员 | 安全性 |
| 防眩目内后视镜 | 可多角度调节，以适合不同身材驾驶人员在不同光线下，对后方不同区域的视野要求，夜间行车时可有效减少行车后方车辆光线干扰 | 人性化设计、告别眩晕、行车安全系数大增 |
| 扶手箱及多处置物盒 | 前排抚手箱减少长途驾驶疲劳，还配有内藏式储物盒，前顶内置眼睛盒，车门超大储物盒带杯盒，前排隐藏式烟灰缸 | 更多贴心设计更多储物空间更多旅途方便 |
| 人性化设计 | 车门迎宾灯既美观又大方，又能在夜间方便提醒客户上下车。车内阅读灯、点烟器、后备箱开启按钮、高速行驶四门自动锁止等人性化配置，保证你尽情感受"一切由我掌控"的驾驶乐趣 | 安全、舒心，贴身配置、全程便利 |

(3) 位置3——车后座(见表6-6)。

表6-6　位置3

| 项目 | 营销话术 | 客户利益 |
|---|---|---|
| 后部空间概述 | 车身宽度和车长,让后排空间更加宽大舒适,可以轻松乘坐3个成年人,而且腿部空间也很大。内饰色调渲染温馨室内环境,如居家般舒适,给您的家人温馨、舒适的乘坐感受,体现您对家人的关爱之心 | 宽敞舒适 |
| 可调节后座椅 | 后排座椅使用经济实惠的一体式座椅设计,为乘客提供最佳的舒适性与包裹性(可向前折叠翻转至水平位置,以增大尾箱空间) | 舒适 |
| 后座椅安全带 | 两侧三点预紧式安全带,中间两点式可调节腰带,车辆发生紧急状况时,安全带可有效阻止乘员在车内的急剧移动 | 安全性 |
| 儿童安全门锁 | 后门设儿童安全锁开关,启用儿童安全锁时后车门只能由车外打开,可有效防止儿童在行车途中打开车门出现意外,保证孩子的安全出行 | 安全性 |
| 后风窗钢化安全玻璃 | 采用双曲面钢化玻璃与加热电阻丝多功能结合,防霜、防雾化、防冻结,确保任何天气下后方视野清晰,受强冲击时,玻璃分裂成带钝边的小碎片,对乘员不易造成伤害,高档材质与技术为全天候安全行驶提供全面、细心的呵护与保障 | 安全 |

(4) 位置4——车后方(见表6-7)。

表6-7　位置4

| 项目 | 营销话术 | 客户利益 |
|---|---|---|
| 车尾概述 | 圆润的车尾设计,刚柔相济,典雅大方,镀铬车尾饰板有效地装点车尾,更加美观大方 | 有面子、豪华车 |
| 尾灯灯组 | 晶圆造型后尾灯采用晶莹剔透的晶片式造型,能够结合现代科技美感更可有效强化警示效果 | 彰显品味 |
| 超大行李箱 | 超大的后行李厢,容积达到×××升,比较宽大,有利于客户对空间的需求 | 方便实用 |
| 高位刹车灯 | 设计宽大的高位刹车灯,在夜间行驶中更加醒目,提供更多的安全提醒 | 安全 |

(5) 位置5——车侧方(见表6-8)。

表6-8　位置5

| 项目 | 营销话术 | 客户利益 |
|---|---|---|
| 车身尺寸 | 长×××mm、宽×××mm、高×××mm、轴距×××mm、车身自重×××kg | 宽敞 |
| 整体车身结构 | 整体车身设计过程严格按照×××汽车公司设计审核程序、样车制作标准、产品认证程序和认证标准进行<br>承载式车身设计,整车采用0.8~1.2 mm厚的高强度钢板,有效的为车主提供全方位的安全防护,由车头、车尾浓缩钢梁的溃缩吸收撞击力量,提高对车前、车后的抵抗力 | 安全性 |

| 项目 | 营 销 话 术 | 客户利益 |
|---|---|---|
| 底盘 | 底盘稳定性和操控性突出，安全可靠，操控性好 | 安全 |
| 外视镜 | 外后视镜采用很多高档轿车设计，(外带转向灯)既美观大方，(同时也能有效地提醒路面行驶的其他车辆)有效提升车辆的行驶安全 | 美观安全 |
| ABS+EBD | 刹车形式(盘刹)和四回路电子感应式 ABS + EBD，令行车中有效的防止紧急刹车时的车轮抱死，刹车效能高，制动灵敏及时。即使在高速行驶的状态下，将制动踏板一踩到底，车辆的减速也非常均匀 | 安全 |
| 铝合金轮辋 | 外观靓丽美观，重量更轻，可以提高整车的经济性，散热性能更好，有效地提高制动系统的效能，使制动更为灵敏可靠 | 安全 |
| 轮胎 | 轮胎采用"×××"×××型号的宽胎，抓地性更好，行驶更平稳，安全性更高 | 安全平稳 |

(6) 位置6——发动机舱(见表6-9)。

**表6-9 位置6**

| 项目 | 营 销 话 术 | 客户利益 |
|---|---|---|
| 发动机 | 采用直列四缸四冲程、(16 气门)双顶置凸轮轴发动机，多点电喷系统。尾气排放达到欧Ⅲ标准。最大输出功率达到××××，(×××马力)，最大扭矩达××××，等速油耗×××km/h。扭矩大、功率大、油耗低是这款发动机的优势。<br>针对中国消费者的开车习惯和油品特点，进行了扭矩点的设计，使其在动力、油耗、排放上达到较好的平衡 | 可靠性<br>经济性 |
| 防撞吸能区 | 前方 ABC 防撞吸能缓冲区车身设计，保险杠与散热器超过××mm 的缓冲空间，而散热器与发动机主体也有一个超过×××mm 的缓冲空间，增加了发生意外情况时车辆乘员的安全 | 安全 |
| 电喷系统 | 发动机ECU 系统,能根据你的驾驶习惯智能调节发动机的工作状况，使你在驾驶时轻松获得所需动力，同时还提高燃油的经济性，新技术的电喷系统如 TSI、VVTi 系统 | 高科技 |
| 变速系统 | 手动挡、自动挡、双离合变速箱(DSG) | |

### 5. 六方位绕车技巧

1) 各方位要点

汽车的正前方是客户最感兴趣的地方，当汽车销售人员和客户并排站在汽车的正前方时，客户会注意到汽车的标志、保险杠、前车灯、前挡风玻璃、大型蝴蝶雨刷设备，还有汽车的高度、越野车的接近角等。

在客户还缺乏相应的品牌忠诚度的时候，告诉客户一些非正式信息也是促成交易的好办法驾驶室带领客户钻进车里，对汽车的功能及操作做详细介绍。客户察看了汽车的外形，检查了汽车的内饰，对汽车的性能有了大致的了解，那么接下来就是告诉他驾驶的乐趣以及操作方法了。

如果客户进入了车内乘客的位置，那么你应该告诉他的是汽车的操控性能如何优异，乘坐多么舒适等；如果客户坐到了驾驶员的位置，那么你应该向客户详细解释操作方法，如雨刷器的使用、如何挂挡等，最好让客户进行实操作。

所有的客户都会关注发动机。因此，汽车销售人员应把发动机的基本参数包括发动机缸数、汽缸的排列形式、气门、排量、最高输出功率、最大扭矩等给客户做详细的介绍。

由于介绍发动机的技术参数时需要比较强的技术性，因此，在打开发动机前盖的时候，最好征求一下客户的意见，询问是否要介绍发动机。

如果客户是对汽车在行的朋友，他们会认为自己懂得比你多，因此不要说得过多。对于不懂的客人，太多的技术问题会让他们害怕，言多无益。作为汽车销售人员，你只要能说出发动机是由哪家汽车生产厂家生产的，动力性能如何就可以了。至于汽车油耗方面的问题，你可以介绍你的汽车是如何为客户节省燃油。同时你也应该向他们推荐一些节油的方式。只要你服务友好、态度热情，他们一定会很满意。

在运用六方位绕车介绍法向客户介绍汽车时，要熟悉在各个不同的位置应该阐述的、对应的汽车特征带给客户的利益，灵活利用一些非正式的沟通信息，展示出汽车独到的设计和领先的技术，从而将汽车的特点与客户的需求结合起来。

2) 掌握一定的汽车产品说明方法

随着汽车科技的日新月异，购车的人数也与日俱增，如果汽车销售人员向潜在客户介绍产品时仅仅做单纯的汽车性能、配置的罗列，只会让购车客户在选择时更加茫然。因此，掌握一定的说明方法，对汽车销售人员来说尤为重要。只有掌握了一定的说明方法才能刺激购车客户的需求，使购车者由认知的情感阶段顺利转入行为阶段。

(1) 直接说明法。

直接说明法主要针对的是需求直接来源于汽车自身特点的客户，尤其是需求直接来源于汽车外表的潜在客户。一般来说，这样的客户在购车前已经充分了解了汽车，汽车的各种功能直接刺激他们产生需求，并吸引他们到汽车展销厅来。汽车销售人员可以充分自信地按照流程来说明，介绍汽车的外表，强调汽车独到的地方。直接说明法不太需要关注客户的意见，也不需要过多地阐述各种汽车参数。如果能给客户一定的时间压力，那么，对促成销售是十分有利的。

(2) 公式化说明法。

公式化说明法主要运用在规模比较大的汽车展销会上。因为客户来参观时看的是同类型的汽车，所以，只要汽车销售人员向他们提供标准的、统一的汽车说明就可以顺利地完成任务。这时不需要汽车销售人员有什么特殊的创新。但是，这种公式化的说明介绍比较枯燥和单调，汽车销售人员须具有足够耐心和良好的职业素养才行满足需求说明。

(3) 满足需求说明法。

汽车销售人员在介绍时，不必按部就班，这是一种灵活的、有高度创新要求的销售说明。如果客户的需求是明确的，汽车销售人员只要围绕他们的需求利益，进行有针对性的介绍，打动客户就行了。如果客户对自己的需求不太明白，那么，汽车销售人员就要有针对性地对客户设立问题，明确客户的需求。特别是汽车销售人员要让客户自己意识到需求，然后通过汽车介绍满足客户的需求。

(4) 解决问题说明法。

解决问题说明法的第一步必须对客户的所有疑惑和问题做一个彻底的了解。然后，再提供一套具有针对性的、有效的、个性化的解决方案。在汽车说明介绍中，汽车销售人员最重要的工作就是与客户建立起初期的信任关系，取得客户在专业性和利益方面的绝对信任。然后，再根据客户的特点制定建议书和推荐、介绍计划。这些工作没有统一的标准，汽车销售人员要把有针对性的销售报告准备好，再根据报告做出理性的介绍分析，打消客户的疑虑，从而推进销售进程。

(5) 三段论说明法。

这种方法可以分以下三步进行：第一步，陈述产品的事实状况；第二步，解释说明这些事实中独具特点的地方；第三步，阐述汽车带给客户的利益。

三段论说明法，具体地说，在汽车销售的过程中，首先陈述说明用眼睛能观察到的事实状况，如汽车的原材料、设计、颜色、规格、配置等。然后，言简意赅地介绍汽车的各种性能。但应注意介绍说明不要过于专业和冗杂。汽车销售人员陈述每一个卖点时，都应力求让卖点在客户脑海里产生一种观念上的冲击，让陈述转化成客户购车的理由。有了购买的理由，客户才会有购买行为。在从潜在客户转变为真实客户的过程中，客户需要不断地学习，从而达到客户、厂商、经销商三方对车辆统一认识的目的。在整个介绍过程中，汽车销售人员应让客户感到自己不仅仅是销售一辆车，而且还提供给客户一种崭新的观念和一套合理的方案。运用这种方法说明汽车产品时，如果客户的利益能够和你所陈述的汽车特点相一致，那获得订单就成为水到渠成的事情了。

3) 介绍说明时应牢记的注意事项

汽车销售人员在做汽车展示时，应该注意以下事项

(1) 首先应给客户营造一个良好的介绍环境。融洽的氛围对汽车销售员和客户双方的交流都非常有利，良好的环境能打消客户对汽车销售员的疑虑，从而促进成交。

(2) 汽车销售人员在说明产品时，千万不要与客户辩论。与客户辩论容易使其产生抵触情绪，尤其是面对自尊心较强的客户时。与其辩论，他们有可能认为汽车销售人员不尊重自己而拂袖离去。

(3) 如果客户有质疑，汽车销售人员应预先想好回应的对策。在向客户说明介绍之前，汽车销售人员应当作好详细的计划，并从以前的经验中总结出一些客户经常提出的问题，预先想好答案。

(4) 在说明介绍过程中，汽车销售人员还应做好服务工作。这样不但可以展示自己高品质的服务和良好的业务素质，提升自身的企业形象，而且可以增加购车客户对汽车的认可度，并确保潜在客户在购车过程中对产品和服务有较高的满意度，使之成为忠诚客户。

值得注意的是，在介绍过程中，汽车销售人员要注意客户的反应，并及时地调整介绍的内容和侧重点，尽可能留给客户一个深刻的印象。

## 附录：帕萨特新领驭六方位绕车介绍话术

1. 车头(见表6-10)

表6-10 车　头

| 项目 | 介绍说明 | 顾客利益 |
| --- | --- | --- |
| 洗练大气的前瞻造型 | 全新造型，运用大众品牌创新的设计理念，横向拓展峻雅造型气派大方，呈现出车主非同一般的品位大气的视觉效果，以简洁而纯粹的线条，勾勒出峻雅刚毅的车头尽显德国大众全球设计战略，与中国市场需求的完美结合 | 全新设计体现非凡品味 |
| 前大灯设计 | 德国大众最新的车灯设计 质感强烈的飞翼式大灯设计前卫，具有强烈的科技感，道路上灵动而飘逸三维立体大灯具备极佳聚光性与不良气候穿透力 | 夜间行车具有极高辩识度与回头率 |
| 灯眉设计 | 同时具备灯光高度自动调节功能，不但光亮且分布均匀，提升驾驶安全 | 远光灯有灯眉装置在提供远程超亮照射时，也不会影响对方驾驶员的视线，保证会车安全 |
| 原厂技术氙气大灯 | 氙气大灯作为世界第一流的照明专家发明，亮度更高，射程更远，寿命更长，更节能，新领驭采用Philips原厂技术氙气大灯，品质可靠，为夜间行车提供极佳照明效果 | 增加夜间行车安全 |
| 小u形前脸及水箱隔栅设计 | 时尚大气，突显名车的身份地位，豪华尊贵，车头线条强调快速 | 高端车型设计，引领前言时尚，彰显非凡气派而简洁的曲面，动感流畅 |
| 利落显眼的徽标设计 | 家族徽标镶嵌在发动机散热器前面格栅的中间 | 简捷、鲜明、引人入胜，令人过目不忘 |
| 高穿透力投射式雾灯 | 设计照射距离更远，照射范围更广 | 增加雾中行驶的安全 |
| "小身材大智慧"电动折叠外后视镜 | LED侧转向灯的信号亮度更加醒目，具有电动加热功能，挂入倒档时，右外后视自动调整到预先设置的角度，不论是雨天驻车或是经过狭窄通道防止擦碰 | 人性化设计,提高行驶安全及驻车便利性 |
| 风阻系数 | 风阻系数0.28 | 高速行驶时稳定性更高,噪音更低更省油 |
| 车身尺寸 | 长4789 mm、宽1765 mm、高1470 mm、轴距2803 mm | 更加宽敞舒适的乘坐空间 |
| 轮毂 | 三种轮毂造型选择16寸多幅设计、重量轻、刚性佳 | 尊贵造型与车身外观相互辉映 |
| 雨刷系统 | 全系配置valco公司无骨雨刷，与车窗玻璃贴合更紧密，受力均匀，作动时较传统雨刷更加干净极少出现传统雨刷常见的刮片夹杂沙砾的情况没有噪音，使用寿命更长，保护前挡风玻璃不被刮花，同级车中唯一配置高成本的无骨雨刷产品 | 车主使用经济，驾驭宁静 |

2. 发动机舱(见表6-11)

### 表6-11　发　动　机　舱

| 水冷直列 4 缸 MFI 电喷汽油机带可变进气管及气门正时控制 | 85 kW、400 r/min、172 N·m、3500 r/min，动力充沛，具有低转速大扭矩的特点，是一款适合城市行驶的发动机 | 高效、节能、使用经济 |
|---|---|---|
| 直列 4 缸顶置双凸轮轴 5 气门高效能涡轮增压电喷汽油机带气门正时控制 | 120 kW、5700 r/min、220 N·m、1800～4600 r/min，相当与 2.4 升发动机的功率,任你体会凌厉的加速和风驰电掣的感觉 | 技术突破更显澎湃动力 |
| V 型 6 缸顶置双凸轮轴 5 气门电喷汽油机带可变进气管及气门正时控制 | 140 kW、6000 r/min、260 N·m、3200 r/min，V 型夹角布置，达到了优良的平衡性，使发动机工作十分安静和平稳，中低转速动力强劲，输出流畅 | 同级车中最佳重量马力比 |
| canbus | 系统综合了发动机变速箱安全气囊组合仪表ABS舒适诊断系统，通过控制器区域网络，使汽车的各个系统协调运作，信息共享，这在同级车中绝对是领先的技术 | 保证车辆行使更安全，舒适和可靠 |

3. 驾驶室(前排)(见表6-12)

### 表6-12　驾　驶　室

| 气囊强化 | 增加侧气帘，安全升级 | 提供最佳安全保障 |
|---|---|---|
| 220 V 车载电源 | 中央扶手充电系统，工作所需的手机，电脑与充电器随时可以充电，操作方便，同级车中唯一培植充电系统的产品 | 在任何时刻都能满足尊贵车主所需，增加车主更多的商务便利性 |
| 木纹内饰 | 车内大量使用木纹和亚光金属表面装饰，精致化处理的镀铬边框，多层次豪华亮饰条，彰显豪华本色，豪华车设计，吸引众人眼球 | 扎实的品质感与低调的奢华气质不言而喻 |
| 自动防眩目后视镜 | 自动调节以减少后方车辆前照灯产生的强光眩目问题 | 赋予行驶更高级别的安全保护 |
| 新一代全语音环境智能蓝牙系统 | 通话模式转换，麦克风静音，回拨等功能，全语音环境，中英文语音提示，语音识别，语音控制功能，只需通过语音命令就可完成菜单设置，蓝牙匹配与下载，拨打挂断电话，获得帮助等 | 车主可轻松接听，拨打电话,车主解放双手，让行车安全大幅提高 |
| 座椅 | 柔化皮面料产自意大利著名的 Alcantara 品牌，成本非常高昂，目前仅有奥迪、辉腾、保时捷等豪华品牌采用为内装配置，前排座椅配置的 8 项可调功能或受动 6 项可调功能，更配置有电动加热及三组记忆功能，兼顾舒适性与支撑性的座椅设计 | 同级车中唯一配置豪华房车才有的 Alcantara 柔化皮面料 |
| HHC 坡道辅助系统 | 车辆前进上坡或是倒车上坡时，在驾驶员松开制动踏扳后，保持车辆不滑坡。同级车中唯一配置 HHC 坡道辅助系统的产品 | 坡道上行车时容易驾驶，即使是新驾驶员也能对紧张的坡道起步从容应付 |

续表

| 气囊强化 | 增加侧气帘，安全升级 | 提供最佳安全保障 |
| --- | --- | --- |
| D3TPMS 双向数字直接式胎压检测系统 | 新领域提供车主国外最先进的胎压检测系统，具有开机自检功能，通电后 6 秒内完成轮胎压力监测，胎压不足立刻警示，竞争对手须车速达到 20 km/h 后，才开始工作 | 当胎压处在最佳范围内，最多可省油 6%，轮胎寿命可延长 18%，确保车主的安全性与使用经济性 |
| 全方位泊车雷达系统 | 触摸式可视倒车雷达屏幕，倒车雷达画面还以动态线条显示系统探测到的停车位，全方位八通道主车雷达，分别探测车辆前后方障碍物，显示屏上仍保存原来覆盖 2216 个地级市的 GPS 卫星导航系统，以及兼容 DVD、CD、MP3 的娱乐功能，同级车中唯一同时配置主车雷达系统，以及触摸式后视倒车雷达屏幕的产品 | 车主在繁忙工作之余，不论路边停车或是倒车入库，在回家路上仍能轻松容易的放心驾驭 |
| 空调 | 环保高效全自动恒温空调带粉尘微粒过滤器，以独有的过滤装置维持车内健康空气质量 | 营造舒适的驾乘环境 |
| 车载娱乐信息系统 | 巧妙将 SD 卡，MP3，6 碟 CD 播放器 DVD 影音娱乐系统，语音卫星导航系统 GPS 等功能蕴涵于方寸之间，中文目录菜单，触摸式操作快捷简便播放器搭配八喇叭高保真立体声扬声器，营造媲美影院级的立体声环绕效果 | 以无比尊崇感开启舒适娱乐享受 |

4. 乘客室(后排)(见表 6-13)

表 6-13　乘　客　室

| 宽敞舒适的车室空间 | 轴距 2803 mm | 轴距加长，营造宽敞的内部空间 |
| --- | --- | --- |
| 全新的 ISO-FIX 儿童座椅固定装置 | 儿童座椅开发的标准铆固设计，借助焊接在底盘上的两个锁扣，将儿童安全座椅与车体合二为一讲究证明，ISO-FIX 标准化的安装方式，在道路意外事件发生时，可将 0～3 岁儿童的伤亡情况降低 22%。后排两侧安全带具有 KISI 功能，儿童坐在座位时只能适度收紧而不能拉出 | 即使在周末自驾外出休闲也会给幼儿全面的安全保护，儿童坐在座位时只能适度收紧而不能拉出，防止儿童因嬉闹造成的安全带松弛或是离开座位 |
| 后座中央扶手 | 后排中央扶手存储物盒内可以存放笔和便签甚至是掌上电脑，方便商务人士在旅途中处理公务，营造出豪华车内气氛的同时提高了扶手的实用价值 | 豪华实用，为后座乘员在旅途中提供舒适与便利性 |
| 头枕 | 前排左翼头枕具有高度和角度可调功能后排左翼配有 3 个独立头枕，左右头枕有高度调节功能，乘员可根据身体调节头枕位置，配合安全带起到缓冲作用，保护乘客员头部在轿车受到冲击时免受伤害 | 提供最佳头部支撑，长途行驶不劳累，人体工程学 |
| 后窗遮阳帘 | 手动式遮阳帘能有效抵挡阳光照射，为后排乘客提供非凡的尊崇舒适体验 | 增加后排乘客乘坐舒适性 |

5. 车身(见表6-14)

表6-14 车 身

| 侧面造型，宽大车门 | 车门开启角度更大，位置感明显，车门铰接牢固，上下车非常方便，防止因车门惯性被夹伤，减少碰撞车门带来的经济损失 | 气派美观，安全便利 |
|---|---|---|
| 最强固的车身结构 | 新领域采用的是当今世界最先进的激光焊接技术，相对于普通的点焊，它是将两块钢板的连接处直接融合，从形成一块钢板的强度，车身强度提高 30%，PASSAT 新领域采用的是超越同级车的超厚镀锌钢板，其厚度在 1.0～1.5 mm 之间，远厚于竞争对手为降低成本所采用的 0.7 mm 钢板 | 车辆车身更加牢固，即使正常的使用多年，车身变形极小，二手车的残值高 |
| 材质 | 空强住拉运用了空腔注蜡和阴极电泳底漆的先进工艺，给新领驭带来了多年的超长防蚀穿保证。 | 德国品质经久耐用 |
| 轮胎 | 绿色节能轮胎 205/55/R16　215/55/R16 | 环保节能，经久耐磨，从容应付各种路面 |
| 油箱 | 62 升超大容积，塑钢材质防爆油箱，在车辆撞击后自动将油路切断，避免汽油外漏，造成爆炸意外 | 提供意外发生后人员安全保障 |
| 刹车系统 | ABS 防抱死制动系统，EBD 电子制动力分配系统，HBA 制动力辅助系统，ESP 车身动态电子稳定系统 | 完备主动安全，提供最佳行驶安全保障 |
| 悬挂系统 | 前四连杆式悬架搭配高刚性副车架的悬架，兼具操控精准性与乘坐舒适性的优秀前悬架，后复合扭转梁式半独立悬架经上海大众多年持续改良，最符合中国路况的调校 | 针对中国路况进行特殊调教，提供绝佳的驾乘舒适性 |

6. 尾部(见表6-15)

表6-15 尾 部

| 宽宏大气尾部设计 | 动感飞梭式双环状 LED 尾灯，晶莹璀璨，现代动感的双状，LED 灯组，大大提升整车的品质感和贯穿始终的张力设计风格 | 创新风格，醒目美观，兼具视觉美感与新车整体安全性 |
|---|---|---|
| 一体式开启行李箱 | 475 升超大后行李箱，一体式开启设计 | 超大容量，无限空间，使用便利 |
| 倒车雷达 | 自动侦测倒车报警装置，可探测到车后方的障碍物，方便倒车 | 停车的好帮手 |
| 行李箱支撑 | 行李箱盖气弹簧支撑带来更从容的开启方式，不占用丝毫内部空间的箱盖支架，即使装满行李时也不至于会压坏，大大提高尾箱容积利用率 | 便利实用 |

## 小知识：ACE 话术

ACE 话术即 Approval、Comparison、elevate，中文意思为认可、比较、提升。

运用 ACE 技巧详述相对于竞品的产品优势：

(1) 认可：承认顾客的判断是明智的，承认竞品车型的优势，牢记顾客的需求比较，从对顾客有意义、并对本车型有利的方面进行比较。

(2) 可供选择的方面有：车辆配置、厂商声誉、经销商的服务、销售顾问的知识、第三方推荐、其他客户的评价。

(3) 提升：强调与竞品对手比较的优势，以及这些优势如何更适合顾客所述的希望或需求，明确在竞品比较过程中的优势地位。

# 第四节　试乘试驾

试乘试驾是让客户体验我们商品车魅力和性能的重要途径，而且据统计一般客户试乘试驾后购车的可能性达到 87% 以上。为每一个车型配备试乘试驾车也是生产厂家的要求。生产厂家以较低的价格将试驾车卖给各经销商，但指定只能作为试驾用途，并且每年都必须更换新车。从短期来说，为每一款车都配备专用试乘试驾车其实会给经销商带来一些损失，因为成本增加了不少。但从长远来看，这样做首先能够提高品牌档次，其次能够提升客户对车辆的认知，减少一些不必要的纠纷。

试乘试驾很重要，因为试乘试驾对客户和商家都有不同的目的，对客户来说他可能正在收集产品信息为后期购车做决策依据，所以试乘试驾。而对于商家来说就是要让客户在试乘试驾中体验到产品的优势，同时通过针对性的措施规避产品的不足或者有目的地巧妙呈现产品的不足从而促进销售成交。

试乘试驾时，站在销售员的角度来说，有四个主要目的，如图 6-5 所示。一是消除客户对产品的疑虑，通过亲自体验加深对产品的认可；二是向客户展示产品优点，强调产品的优势；三是展现销售人员和本销售展厅良好的服务能力，加深客户的好感；四是通过一系列服务和产品展示，促进成交。在试乘试驾前，销售员应充分了解产品的优点和缺点。优点应通过试乘试驾路段的选择来充分展示，缺点应巧妙地转化为客户可以接受的特点，甚至可以转化为优点来进行规避。

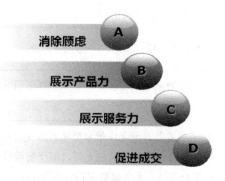

图 6-5　试乘试驾的目的

### 1．试乘试驾车

试乘试驾车算是一种特殊用途的车辆，4S店提供给客户的试乘试驾车往往是当年生产厂家的主推车型，而且配置也会比较高。试乘试驾车往往有以下几个特点：

首先，试乘试驾车一般都是刚上市的新车型，要不就是此款车型已经上市但是没有太多的现车，厂家只提供一辆样车，所以这样的样车拥有展示车和试乘试驾车的双重身份。其次，试乘试驾车都是厂家给4S店的配属车型，使用时间都比较短，一般在一年以内，生产厂家以特优惠价格提供给4S店使用。再次，为了保证避免试乘试驾车出现各种纠纷，试乘试驾车往往保险投得比较全面。另外，迫于交通管理上的压力，很多4S店的试乘试驾车都是有正式牌照的，牌照基本都是4S店的户，所以这种车型最终回厂家也好，独立买卖也好，到时候都属于二手车的范畴。不过一旦作为二手车转卖，这些车价格并不会因为其身份而过分跌价。店面较大、客流量较大的店建议设置试乘试驾专员，如图6-6所示。

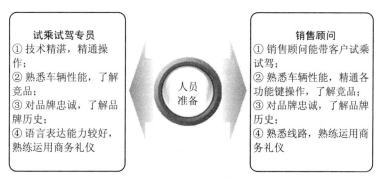

图 6-6　设置试乘试驾专员

最后，有些4S店的工作人员还把试乘试驾车当平时的工作用车，或是公车私用，这时候这些车的车况就更难保证了。再加上这个车很多人都在开，开车的习惯不一样，有的人脚重，有的人脚轻，有的会脱档，有的技术高一些，所以对车的伤害也是比较大的。因此一定要在每一次试驾之前，对这辆车的车况做一次检查，确保车处在最佳的状态。

试乘试驾车辆必须保持良好的清洁和车况：

(1) 试乘试驾车必须将车内所有可以移动发出声响的物品移除，以确保在行驶时不会发出异响。

(2) 每次试乘试驾车使用后要及时将常用设施(座椅、方向盘、音响等)恢复到使用前的状态。

(3) 试乘试驾车辆必须保证随时拥有半箱以上燃油，同时车上必须带CD唱片。

(4) 对试乘试驾车辆严格按要求进行车辆的保养及维护，随时保证车辆良好的状态。

(5) 试驾车的钥匙由专职人员保管，销售人员凭有客户签字的《试乘试驾保证书》领取钥匙，用完后登记车辆行驶里程数，然后归还钥匙。

### 2．试乘试驾的体验要点

试乘试驾时，我们一般建议客户从以下几个角度考虑车子的品质(如表6-16所示)。

表 6-16　要点及注意事项

| 项目 | 要点及注意事项 |
|---|---|
| 起动时 | 提醒客户音响、空调等需发动后才可以使用 |
| 起步时 | (1) 请客户体验发动机的加速性、变速器的换档平顺性<br>(2) 稳起步，切忌一开始就重踩油门 |
| 直线行驶 | (1) 体验室内隔音、音响、悬挂系统的平稳性<br>(2) 时速超过 30 km/h 时，踩油门让发动机转速超过 2000 r/min，表现加速的灵敏性 |
| 减速时 | (1) 体验刹车时的稳定性及控制性<br>(2) 松油门，恢复稳步驾驶 |
| 高速行驶 | (1) 体验风动噪音、轮胎噪音、起伏路面的舒适性，方向盘控制力<br>(2) 在车速 60 km/h 时，重踩油门 3/4，表现中段加速的敏捷 |
| 刹车时 | (1) 后方近距离无车时，重刹车，体验刹车的力道<br>(2) 提前提醒客户 |
| 上坡时 | (1) 发动机扭力输出，轮胎抓地性<br>(2) 掌握档位与油门的配合 |
| 转弯时 | (1) 前挡风玻璃环视角度，座椅的包覆性、回转半径<br>(2) 减速进弯道行至弯曲路段维持车速 40 km/h，提醒顾客体验转弯良好的操控性和扎实底盘技术所带来的车辆稳定 |

1) 看车内空间和安全装备

在试车前，应该先看车内的空间和安全装备，也就是驾驶座椅和周围控制件的布局、前后座椅及附件，考虑自身身高和车型前后座椅的比例，车内的视野效果，A 柱的位置设计，是否符合"操纵轻便、设计合理"的要求。其次，还要看看安全带抽拉是否轻柔，扣时是否方便。

2) 品车的加速性能

在对车的表面察看完后，便可以测试车的加速性能。启动发动机，预热 2～3 分钟后，观察转速表，转速表的位置最好低于 800 转。低于 800 转，相对来说，比较省油。随后，试车回来停车后，感觉车辆的怠速是否平稳，一方面可以在车外听它在运转过程中是否有异响，另一方面看看转速表有没有"忽高忽低"的现象。同时需要注意的是，起步、加速等各个阶段要仔细体会车辆是否与自己的驾驶习惯相符。

3) 试汽车的操控性

操控性是驾驶者在驾驶过程中，对车辆加速、转向、制动和弯道表现等动态反应的总体感受，是综合了汽车的动力、制动、稳定性等性能后的操控性。所以说，试驾车的主要项目也就是这项了。

在起步加速后，应先测试车的刹车效果，感受它是否灵敏。其次，便是看刹车反应是否能和制动踏板的力度保持一致，以及刹车时车辆是否稳定。所以在测试刹车时，不妨尝试着用不同力度踩踏刹车板。

如果试驾的是手动挡车型，那么挡位是否清晰便是行驶中最重要的试驾目的。在试驾中，将挡把按顺序推入各个挡位，感受各挡位的位置是否清晰不易挂错，在挂挡过程中是否顺滑，回位感觉是否良好。

车跑动时，轻打方向盘，感觉方向盘是否轻柔，这是测试转向助力。在行车过程中，轻轻地、小幅度地晃动一下方向盘，看看车头能否随着方向盘发生晃动，以及反应的快慢程度，反应快当然就很灵敏，如果没有反应，就说明该车的方向有松旷。

在试驾中，最好选择两种路况，一是选择平坦的路线，这样可以测试汽车的流畅性能。其次，便是选择较为颠簸的路况，颠簸的路面可以测试出汽车的减震性能和悬挂的软硬。较软的悬挂有利于更好地减震，提高乘坐舒适度；较硬的悬挂有利于提高车辆的操控性能，尤其是弯道性能。

4) 感受汽车的动力性

试驾中感受车的动力性也非常重要，主要通过起步加速，加速换挡，各转速区动力的表现就可以得知。

起步加速后，感觉车有无顿挫感，在安全的情况下，尝试超车，感受车加速的动力。但尽量不要开快车，不是车速过快，就能证明车辆动力强。

在试驾手动挡车型时，一挡起步以后，将变速器按顺序挂上二、三挡，同时保持较大的油门，感受车辆的加速性能。对于自动挡车型，直接挂在 D 挡，然后深踩油门，看看车速能否随着转速的提升而迅速提高。以此来判断车的动力性能。

同时在加速时，用力地踩踏几下离合器，感受离合器的轻重是否符合自己的习惯。如果是自动挡，需要感受一下脚下空间是否合理，左脚搁放的位置如何。

5) 听汽车的噪音

在车加速过程中，听噪音是最主要的事项。发动机噪声主要出现在中高转速，此时，一是仔细听一听发动机在加速时的声音大小，二是将车速稳下来去听。路噪的大小考察的是车辆密封性，所以路噪的声音过大也就意味着车的密封性能差。当然，路噪有时会和路况有关，所以在比较不同车型时，最好选择相同的路况去感受。

其次，就是测试车内的空调噪声，在行驶 50 米以后，打开空调，将其调至 2 挡，1 分钟后从 2 挡调至最大，此时再听听声音，看你能否适应空调的噪声。

6) 问售后的服务情况

试驾完后，最好再询问一下这部车的售后服务情况。维修店面是否多，网络服务信息覆盖面是否广泛，保养的费用能否接受，维修的成本是否合理等都是需要提前询问清楚的。

另外还要问清楚所选车型在市场上的饱有量。市场上车的饱有量越大，那么就意味着维修费用较低，反之，则维修费用高。另外，还应询问清楚一些配件的供应情况，有些车型的配件只能到原厂去配，这就意味着维修费用较高，同时还需要长时间的等待。

**3. 试乘试驾流程**

1) 试乘试驾邀请

试乘试驾能够让消费者对车型有直观的了解，同时可以帮助销售顾问筛选意向客户，如果客户主动提出试乘试驾，或者接受了销售顾问的邀请，那么说明他已基本看中了此款车型，只要试乘试驾满意，成交的几率非常大。试乘试驾邀请的形式如图 6-7 所示。

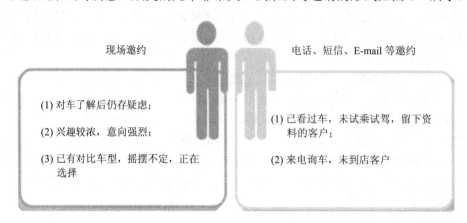

图 6-7　试乘试驾邀请

但是大多数客户不知道试乘试驾或者对试乘试驾是有疑虑的，销售员要抓住时机，利用话术邀请客户参加试乘试驾活动。

试乘试驾的第一项就是邀请客户，销售顾问常见的说辞有以下几种：

(1) ××先生，如果您喜欢这款车，可以进行试乘试驾(表达平淡无奇，不能引起顾客的兴趣)。

(2) ××先生，买车就像买衣服，您不亲自试试，怎么知道合适不合适呢，如果您想真正了解这部车，一定是开过之后才能体会得到，百闻不如一见，百见不如一试，我建议您做一个试乘试驾，体验一下我们这部车的性能，您看咱们现在体验一下怎么样？

(3) ××女士，咱们最近搞活动，对所有参加试乘试驾的客户，都有三重大礼赠送，只要办一个简单的登记就行，您看您要不要参与下，机会难得哦。

顾客常见回答的应对如下：

(1) 不用了，我就是随便看看。

应答：您不用担心，不是试了车就一定要买，无论你买哪个品牌，试乘试驾是必不可少的，只有您自己亲身体验了，才能挑到自己最满意的车，十几万的产品，自己不试一试，怎么知道合适不合适呢？

(2) 我还有事情，没时间啊。

应答：啊！那太可惜了，毕竟买车是件大事，您只有亲自开过才放心的，我们这已经准备好车了，花 30 分钟就可以，您看时间来得及吗？如果实在不行，那我帮您安排在周末试车您看怎么样？

对于邀请客户进行试乘试驾要注意以下几点：

(1) 把握机会，不过早提出试乘试驾的建议，要确认顾客的购买诚意后再提出。

(2) 要有信心，要给客户传递一种信心，让顾客感受到你对自家产品的自信。

(3) 要引导，引导客户，让客户觉得如果不进行试乘试驾，就买不到合适自己的车。

(4) 让客户了解试乘试驾的重要性。

(5) 建议如果客户不同意，不要轻易放弃，但是邀请不要超过三次。

2) 试乘试驾前的准备

首先销售人员要非常热情地询问顾客是否愿意亲自驾驶，并核对客户驾照，看是否有两年驾龄，以确认客户是否有资格试驾，并复印顾客的驾驶执照和身份证。销售人员向顾客做试乘试驾概述，内容包括试驾的线路、试驾所需的时间、试驾的注意事项等。

请顾客签署《试乘试驾协议书》(见表 6-17)，向客户说明试乘试驾路线，试乘试驾线路图如图 6-8 所示。

表 6-17　试　驾　协　议　书

| |
|---|
| 销售商(店)名称：××汽车销售服务有限公司 |
| 试驾车辆型号： |
| 试驾车辆车牌号码： |
| 试驾路线： |
| 试驾时间： |

本人于_____年_____月_____日在_____(地点)自愿参加××汽车特许经销商(公司名称见以上表格)举行的汽车试驾活动，为此作如下陈述与声明：

本人在试驾过程中，将严格遵守国家及地方有关行车驾驶的一切法律和法规要求，并服从上述特许经销商提出的一切指示，做到安全、文明驾驶，以尽最大努力和善意保护试驾车辆的安全和完好。否则，对试驾过程中造成的对自身和/或他人的人身伤亡、对上述特许经销商和/或一汽大众/或他人财产的一切损失，本人将承担全部责任。

附件：驾驶证复印件 1 份

试驾人签名：

身份证号码：

联系电话：

联系地址：

日期：

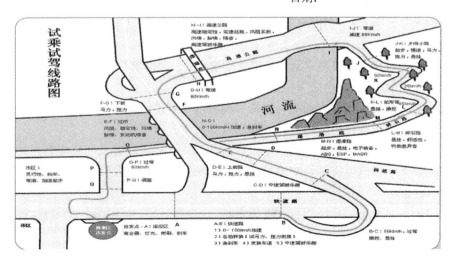

图 6-8　试乘试驾线路图

生活中，很少有人会主动承认自己的错误，同样，在试乘试驾过程中，如果客户对产品的驾驶操作不熟悉导致了不愉快体验，他们很少会归结为自己的原因，反而会认为是产品不好，把责任推到产品或者销售员身上。所以，在试乘试驾前，销售员应该向客户介绍车辆各功能部件的操作方法，然后让客户亲自动手试一试，确认客户会操作后才能把车辆交给客户驾驶。

在这个过程中，销售员可以这样子说："先生，为了让您获得更好的试乘试驾体会，我们得一起花几分钟来熟悉一下这款车的一些功能特点和主要部件的操作方法。我先给您讲解一遍，然后您再尝试一遍，确认您都掌握了使用方法后我们才能开始真正的试乘试驾，这样您就不会发生误操作，会让您的试乘试驾更加顺利。"

每个前来购车的客户都有自己的驾车风格，销售员在陪同客户做试乘试驾前应该有所了解。对于客户的驾车风格，能有利于展示产品优点的驾车风格，可以鼓励客户保持，并且在试乘试驾时充分发挥出来。而那些不利于产品优点展示或可能暴露产品不足的驾车风格，则需要提前做预防性约束，或者调整路段以规避掉。

3) 示范驾驶阶段

试乘试驾车来了以后，应首先给这个客户做一个静态的介绍，注意这个客户观察什么，在意什么，把这些内容集中起来，在出发之前给客户做一个静态的介绍。

销售顾问请客户在副驾驶座坐好，帮客户调整座椅，提醒客户系好安全带，并有销售员陪同全程试乘试驾；结合客户的兴趣点进行试驾车型的示范驾驶。

示范驾驶结束，在换乘区将发动机熄火，把钥匙拔出来，与客户交流，小结刚才的试乘，寻求客户的认同。"××先生/女士/小姐，您刚才乘坐感受如何？您给我们的车打多少分？"

4) 客户驾驶阶段

在试乘试驾过程中，销售员一般陪同客户坐在前排，以便于向客户提供及时的服务。而客户的随行人员一般会坐在后排座椅上，但也不可冷落了他。在条件允许的情况下，应该让同事陪同客户朋友乘坐在后排提供有关的解说服务。提高了客户朋友的服务满意度，他就不会在客户面前挑销售员或产品太多毛病。

试乘试驾专员为客户打开车门，等客户坐至驾驶室后，试乘试驾专员方可从车头行至副驾驶室。

试乘试驾专员坐至副驾驶室后，将钥匙交给客户。提醒客户重新系好安全带，"××先生/女士/小姐，请您系好安全带"。

帮助用户将车后视镜、方向盘、坐椅调整到舒适程度，告诉客户雨刷、喇叭、车灯、刹车等"四件"的正确使用方法，并让客户自己熟悉各操作按钮。

在客户试驾过程中，销售顾问必须一同参与试乘试驾过程并及时提醒客户每个路段的试驾重点以及下一路段即将试驾的项目，并简洁地介绍车辆的性能和优点。

5) 试驾结束

试乘试驾专员将车辆停放在试驾车停车位，对车辆进行车内的整理，以便迎接下一位客户的试乘试驾。

6) 及时填写记录表

当潜在用户按时完成试乘试驾后，试乘试驾专员应及时做好试乘试驾记录并录入相关管理系统。若未能当场成交，销售顾问应感谢并礼貌送客。当天将客户信息填入《客户信息卡》，进入潜在客户管理流程，确认试乘试驾车辆可用(看板)。

 **小知识：试乘试驾常识：**

### 试乘试驾发生事故怎么办？

在了解中，4S店表示说，进行试车的时候与另外一辆社会车辆发生碰撞，肇事方负全部责任。如果是试驾车的话由于已经上牌保险，那么一旦事故由保险公司负责，肇事方就不用赔付了；但如果你试驾的车型为车行提供的新车，一旦出现事故，肇事方则需付全部责任。

### 试驾车最后如何处理？

要知道，一旦车辆发生事故，即使修理技术再好，也不能完全恢复到事故前的性能指标。这也就是为什么市场上发生过事故的二手车价格比没有事故的要便宜一大截，这种损耗性折旧在汽车行业里是很普遍的。所以一般试驾车都会便宜处理卖给消费者，具体折扣由双方具体协商。

 **阅读材料一**

### 试乘试驾规定

为了保证试乘试驾过程中的人身和车辆的安全，为顾客提供一次美好的亲身体验，强化顾客对我们所销售汽车品牌的认识，公司对试乘试驾工作做出如下规定，请有关人员遵照执行：

1. 试乘试驾前，工作人员必须保持车辆内外的清洁、卫生，并检查车辆是否处于良好状况。

2. 试乘试驾前，销售人员必须检查顾客的驾驶执照是否准确、有效，并与顾客签订在《试驾协议》。陪同试驾的销售人员必须具有驾驶执照。

3. 签订《试驾协议》后，销售人员与顾客协商合适的试车路线或熟悉规定的路线，并为客户讲解驾驶操作方法、注意事项，向顾客提出安全及文明驾车的要求。

4. 试驾车辆过程中，必须严格按照规定路线试车，严格听从销售人员安排；销售人员应该坐在副驾驶位置，以便处理紧急情况；并主动为顾客介绍车辆的优越性能。在试车过程中，销售人员不要过多说话，让顾客自己体会驾驶的乐趣。各试车小组成员组成后，未经工作人员允许不得更换。

5. 在试车中途停车换人时注意安全，全体人员除驾驶员外一律从右门下车。

6. 试车人员在驾驶车辆时禁止接听或拨打手机。

7. 试车人员在车辆中禁止吸烟和吃零食。

8. 行车途中保持车速，严禁强行超车。

9. 试验刹车性能时，注意保持前后车间距，并在刹车前做出有效提示。

10. 试乘试驾结束时，销售人员应主动询问顾客对试驾的感受，并确认该车型是否符合顾客的需求，做好相应的记录。

11. 试乘试驾结束后，销售人员应整理好车内卫生，调整好座椅，将车辆停放在指定位置，锁好车门、车窗。

12. 试车活动前认真阅读和填写试驾协议，并于活动开始前交于活动组织方。

## 第五节　客户异议处理

异议是销售人员在汽车销售过程中，客户的不赞同、提出质疑或拒绝。例如，销售人员向客户解说商品时，客户不以为然的表情等，这些都称为异议。销售人员在汽车销售过程中，经常会遇到客户提出的各种异议，比如以下两个方面：

在销售过程中遇到最多的问题就是价格问题。比如客户总是认为公司的价格还不够低，想让公司让价。

一些客户说："其他的店都送装潢了，为什么你们店不送呢？"有些还会怀疑公司的售后服务能力问题。

### 1. 异议的产生不可回避

实际上，在汽车销售的过程中，来自于客户的异议非常正常。当我们的产品介绍完以后，一般都会沉默几秒钟，为什么呢？你还记得节奏的理念吗？对，我们在产品介绍里一般都比较有激情，客户也会陪渲染。激情过后，一般是冷静。那么如果想购买汽车的话，客户就会有信号发出。我们要做的就是捕捉这种信号，顺势而上，不能把时机错过。客户的信号主要的表现形式就是提出异议。一般的销售顾问这个时间会体现得比较紧张，因为越快到成交，客户越小心，他可能会想办法说出各种异议。在前期的销售里，客户不一定是下了决心购买，所以，销售员和客户的交流没有利益冲突，大家的交流比较放松。但客户一旦有了购买的决心时，他会想各种理由来打击你，以达到讨价还价的目的。这对销售员来说即是机遇也是挑战。

当今的两大商品，一个是住房，一个是车辆。这么贵的商品，在付钱之前客户能没有疑问吗？从另外一个角度来讲，这也是件好事情。客户没有疑问，销售人员的销售过程过于简单，对于自己销售能力的提高就没有挑战。

还有一个好处是，当客户提出异议的时候，你根据他提出来的一些问题，就能分析出这个客户究竟是什么样的情况。据以往的经验来看，绝大多数因为这个客户是一种条件反射，他真的是想买这辆车，如果不想买这辆车，他不会去谈那么多不同的意见。

异议的处理要先分析，看客户提出异议是真的还是敷衍。一般来说有耐心和你交流这么久，都是有兴趣的。

### 2. 异议的种类及其原因

异议的产生不可回避，大家应该有勇气去面对。回头看一看，公司卖了很多年的车，客户在购买过程中，绝大多数都有意见。我们总结了一下，客户提出的异议大致有三种：

#### 1) 误解

汽车销售常常会遇到这种情况，过去进口车有召回的现象，国内现在也慢慢地引入了这种机制。召回是件好事情，是对客户负责任的一种表现。但是客户不这样想，他认为，召回的车肯定有问题，不买了。其实他不了解，哪款车都不敢说是完美无缺的。比如，奔驰、宝马车都不错，但它们也有召回的。这要看到它们有利的一面，毕竟招回是主动的，是本着对客户负责任的态度出发的，本着提高产品质量的角度出发的，这是件好事情，但是客户往往会误解。

#### 2) 怀疑

怀疑是指客户可能听到了一些不真实的信息。这种怀疑来自方方面面，一个是社会的大气候，大家都在讲降价，那款车降价了，这款车也降价了，你这个车不用说肯定也要降。而现在针对这种情况，很多汽车公司都率先做出一个承诺，如果在什么时间里发生降价的话，将承诺返还客户差价。

#### 3) 假异议

在销售前期，客户的话一般都是真话，即使有些话不好说，他也会用委婉的方式表达。但到了成交环节，一定要注意客户的话，有些是真的，有的是他的策略。

这个"假的"是什么意思呢？它往往是最有代表性的。客户有时会直截了当地说，"你这个价格太高了"。客户有时会说 ："产品是好，就是价格太归贵。"或者"在××商场只卖××××价格。"或者"我再考虑一下。"

关于贵，我们要清晰地问客户，贵是指产品和那个竞品比较显得贵，还是产品本身贵了？如果客户告诉你和××比较，显得贵了。恭喜你，这个客户是 A 和 B 选的客户，他是真正的潜在客户，因为他花了时间去调查产品，知道商品的行情，你要做的就是进行产品比较。当然，做为销售顾问，你一定要对竞品的情况比较了解。如果客户说是产品本身贵了，也恭喜你，你知道自己的前期销售没有取得效果，客户还没有认同产品的价值。你要回到原来的流程，直到让客户了解你产品的对他的真正价值。

"我再考虑考虑？"这也是经常碰到的异议。我们还是要提问："是呀，买一个东西肯定要考虑一下，哦，请问你还要考虑什么呢？"如果客户回答价格，我们可以利用上一段的分析；如果回答是和家里商量，可能他不是决策人，你要让他下次带决策人来。如果说是要考虑一下产品的保养期限，你要知道原来你前面的产品介绍还没有完善，你要将产品的各个方面进行补充。如果回答是有没有促销，你要带领客户进入成交流程。

异议的原因有以下几个方面：

(1) 价格太高。销售人员最常面对、同时也最害怕的顾客户异议是价格问题。汽车销售人员首先要有心理准备，顾客只会强调产品价格高，而不会对销售人员讲价格太便宜。因此，面对顾客提车的价格太高异议时，汽车销售人员首先应明白，这种异议是一种绝大多数汽车购买者所共有的人之常情的自然反应，更何况汽车是一种大件消费品。

(2) 质量问题。一方面是报纸、电视或网路等媒体、社会传闻得到的有关质量方面的信息；另一方面是从竞争对手那里获得的贬义信息以及对销售人员所做的有关汽车质量的解释或说明有意见，特别是对那种"不着边际的夸夸其谈"抱有怀疑和不信任。

(3) 对售后服务的担心。很多顾客都害怕售后服务不够周到，买之前什么都说好，买了以后谁也不管，到处踢皮球，更谈不上服务态度了。也有的顾客认为你的特约服务网点不够多，维修不方便，也有的顾客担心或怀疑你的技术能力是否能够为他解决问题而提出售后服务担心的异议。

(4) 交易条件。交易的条件也是一种顾客经常提出的异议。如付款方式、交车时间、交车地点、赠送礼品、折扣、让利幅度、免费保养等。

(5) 对汽车厂商或汽车经销商的不满。顾客的异议还有涉及到对汽车厂商或汽车经销商不满。顾客对汽车厂商或经销商的异议可能来自别的竞争对手的宣传、朋友的抱怨、媒体的负面报道等。也有的顾客可能对汽车经销商或汽车品牌的知名度不高而留下不好的印象。

(6) 对销售人员的不满。在顾客见到销售人员第一面时，可能由于销售人员的衣冠不整、态度不好、三心二意、敷衍了事、技术生疏、夸夸其谈、轻视顾客、怠慢顾客甚至不尊重顾客、不按时交车、随便承诺等而产生不满。总之，销售人员能取得顾客的信任就会给顾客产生好的印象，从而将不购买的理由转移到销售人员身上。

总结一点，客户的异议是件正常的事情，大家不要紧张，但我们一定要认真地探询出客户异议的真实原因，好对症下药。在工作中要不断地总结客户可能产生的各种异议，并找出比较科学的异议处理话术，作到有备无患。

### 3．处理异议的方法

首先要把握异议处理的三个原则：正确对待；避免争论；把握时机。

#### 1) 异议处理的五个技巧

在处理客户异议的时候，首先要找准根源所在。这个客户提出不同的意见，他的理由和动机是什么？你首先要找到原因，这个原因刚开始的时候是不容易找到的，需要讲究一些技巧。

(1) 要认真地听。装作站在对方的立场上，让对方感觉到他有这样的想法，作为销售人员能理解，同意他的观点等。

(2) 重复客户提出来的问题。为了表示是认真地在听他说的话，在这个过程当中，销售人员可以把他说过的一些问题重复一遍。由于感觉到销售人员在认真听他说话，客户怀有的敌意会慢慢淡薄。

(3) 认同和回应。销售人员可以对客户说，"你有这样的想法，我认为这是可以理解的"。销售人员这么一说，客户肯定会说，"我们总算找到共同语言了"。其实并非如此，只不过这里有一个技巧性问题而已。

(4) 提出证据。销售人员要提出一个证据，前面三项技巧的目的是为了了解客户提出这些不同意见的原因、理由和动机。

(5) 容地解答。找到动机之后就有办法解决了。

#### 2) 处理异议的六种方法

(1) 忽视法。所谓忽视法，顾名思义，就是当客户提出的一些反对意见，并不是真的想要获得解决或讨论时，这些意见和眼前的交易扯不上直接的关系，销售人员只需面带笑容地同意他就好了。

对于一些"为反对而反对"或"只是想表现自己的看法高人一等"的客户意见，若是销售人员认真地处理，不但费时，尚有旁生枝节的可能。因此，销售人员只要让客户满足了表达的欲望，就可采用忽视法，迅速地引开话题。

忽视法常使用的方法如下：

微笑点头，表示"同意"或表示"您真幽默！"；"嗯！真是高见！"等。

(2) 补偿法。当客户提出的异议，有事实依据时，销售人员应该承认并欣然接受，强力否认事实是不明智的举动。但记得，要给客户一些补偿，让他取得心理的平衡，也就是让他产生两种感觉：

① 产品的价格与售价一致的感觉。

② 产品的优点对客户是重要的，产品没有的优点对客户而言是不太重要的。

世界上没有一样十全十美的产品，当然要求产品的优点愈多愈好，但真正影响客户购买与否的关键点其实不多，补偿法能有效地弥补产品本身的弱点。

补偿法的运用范围非常广泛，效果也很实用。

(3) 太极法。太极法取自太极拳中的借力使力。太极法用在销售上的基本做法是当客户提出某些不购买的异议时，销售人员能立刻回复说："这正是我认为你要购买的理由！"也就是销售人员能立即将客户的反对意见直接转换成为什么他必须购买的理由。

太极法能处理的异议多半是客户通常并不十分坚持的异议，特别是客户的一些藉口，太极法最大的目的是让销售人员能藉处理异议而迅速地陈述他能带给客户的利益，以引起客户的注意。

(4) 询问法。询问法在处理异议中扮演着两个角色。

首先，透过询问，可以把握住客户真正的异议点。销售人员在没有确认客户异议重点及程度前，直接回答客户的异议可能会引出更多的异议，从而使销售人员自困愁城。销售人员的字典中，有一个非常珍贵、价值无穷的字眼"为什么？"请不要轻易放弃这个利器，也不要过于自信，认为自己已能猜出客户为什么会这样或为什么会那样，要让客户自己说出来。当你问为什么的时候，客户必然会做出以下反应：他必须回答自己提出反对意见的理由，说出自己内心的想法；他必须再次地检视他提出的反对意见是否妥当。此时，销售人员能听到客户真实的反对原因及明确地把握住反对的项目，他也能有较多的时间思考如何处理客户的反对意见。

其次，透过询问，直接化解客户的反对意见。有时，销售人员也能透过各客户提出反问的技巧，直接化解客户的异议。

(5) 肯定假设法。人有一个通性，不管有理没理，当自己的意见被别人直接反驳时，内心总会感到不快，甚至会很恼火，尤其是当他遭到一位素昧平生的销售人员的正面反驳时。屡次正面反驳客户会让客户恼羞成怒，就算你说得都对，而且也没有恶意，也会引起客户的反感，因此，销售人员最好不要开门见山地直接提出反对的意见。在表达不同意见时，尽量利用"是的……如果"的句法，软化不同意见的口语。

"是的……如果……"源自"是的……但是……"的句法，因为"但是"的字眼在转折时过于强烈，很容易让客户感觉到你说的"是的"并没有含着多大诚意，你强调的是"但是"后面的诉求，因此，若你使用"但是"时，要多加留意，以免失去了处理客户异议的原意。

(6) 直接反驳法。在肯定假设法的说明中，我们已强调不要直接反驳客户。直接反驳客户容易陷于与客户争辩而不自知，往往事后懊恼，但已很难挽回。但有些情况销售人员必须直接反驳以纠正客户的错误观点。例如，当客户对企业的服务、诚信有所怀疑或当客户引用的资料不正确时，就必须直接反驳，因为客户若对企业的服务、诚信有所怀疑，销售人员拿到订单的机会几乎是零。

使用直接反驳技巧时，在遣词造句方面要特别留意，态度要诚恳，本着对事不对人的原则，切勿伤害客户的自尊心，要让客户感受到你的专业与敬业。

### 4. 案例

**【案例1】**

客户说："这款车降到这个位置上你不降价了，我告诉你，另一家店也卖这款车，他就能降这个价。"问题提出来了，原因也找到了。这个客户讲这个车还能再降价，这个时候了解了客户是因为价格的原因，就有解决的办法了。

销售人员想，"我卖这辆车，他也卖这辆车，都是一个厂家生产的，怎么他能卖这个价我不能卖呢？换做是我，我也会这么说"。我们是一个品牌的代理，虽然是两个店，但是价格同盟是肯定不会错的。从生产厂家到汽车销售公司，到4S店，到专营店，这个价格是不可以随便降的，或者擅自定价的。既然是这种情况，这个客户的信息肯定有问题。

客户说："我可以当你的面给对方打一个电话，我说马上掏钱来买，你给我什么价格"。现在的专营店都很聪明，电话里边说降价的事情原则上是不回答的。因为现在有很多汽车公司都找市场调查公司做调查，万一电话有录音怎么办？你说，"这个车我可以降价，比那个店卖得还低，这一下子从我账上作为惩罚把十万块钱划掉了，我专营店卖一辆车才挣几个钱，我不敢这样做。"虽然我们内部都知道，但打完了以后跟客户还不能抬杠，你必须避重就轻，只能说，"我能理解你，但是可能这个信息有点问题，也可能你是听别人讲的，那个人听错了。"这个客户一看，你打电话问的不是这个结果，心里面很难受。在这种情况下，如果你再不讲究处理方法的话，这个客户就会跟你产生对立。当然我们不排除有的客户是故意说这个低价格是哪一家的。你不要跟这个客户计较这个信息的来源，你要做的事情是跟他做朋友。

这种情况下，有的时候客户本来是这样想的，他就试试你，反正他想买这辆车，能够降到他心里的这个价位最好，如果不能降到心里价位，他还是会买。你跟客户一讲，这个客户觉得这个人还不错，没有当面揭穿他，那他就买了。在这种情况下你还得给他下台阶，你说，"这样吧，为了表示诚意，我以我个人的名义送您一瓶香水。"这个客户他不知道，那瓶香水零卖都是40块钱、50块钱的，但进价只有20块钱左右。在这种情况下客户也找到心理平衡了。有的客户说，"哪能让你掏钱呢，这个钱我给你了，车我一定要买。"本来这个圈画的不圆，到最后七绕八绕就把这个圈给绕圆了，所以客户的异议这么处理才能圆满。

**【案例2】**

我们常听到客户说，"价格太高，便宜多少钱我就买，你不便宜我就再考虑考虑。"这个时候销售人员应该怎样去应对呢？

首先你与客户不能在价格的问题上纠缠，你要与客户谈价值。他虽然买的是这个车，但是这款车的价值远远超出了你的报价。为什么这样讲呢？你有证据给他看。

比方说你代理了一个好品牌，那么首先这个品牌的价值是多少，他花同样的钱去买另一款车，但那个车品牌不知名。同样的价钱一个是知名品牌，一个是不知名的品牌，他肯定选择知名的，这就是超值的部分，这就是它具有价值的地方。

第二，他开了这个品牌的车以后，他的身价马上就不同了。他开着这款车出去办事儿比以前会方便得多。

还有，这款车的一些装备大多数是进口件，质量比国产的要好，要耐用；既然是进口件，它还有关税，单件的价格肯定比国产的要高。前面讲的那个 ABS 是进口的，五千，国产的两千，你这辆车仅 ABS 已经比它贵了三千了，这款车对他来说值不值呢？

价值还包括服务。"你看我们的服务怎么样，我们的公司怎么样，我们是否规范，我们公司的规模、知名度是否值得你信赖？"通过前面的这些规范的流程，再加上销售人员的素质等，客户回过头来想一想，确实不错，用这种方法去说服客户，帮他排除不同意见。

### 📖　小知识：客户异议处理 CPR 法

顾客表示异议是一个得到更多顾客想法和向其展现更多优势的绝佳机会。在回应前应首先倾听顾客的意见，再用 CPR 方法将异议转变为卖点，对顾客表示关怀，以提高成交的机会。

CPR 方法即澄清(Clarify) – 转述(Paraphrase) – 解决(Resolve)(CPR)方法。澄清使用开放式的问题进一步明确顾客的异议，切忌用防御式的辩解或者反驳的口吻提出问题。采取积极倾听的技巧确保您准确地理解顾客的异议，用自己的话总结顾客的异议，转述顾客的异议，帮助他们重新评估、调整和确认他们的担忧。转述让您有机会把顾客的异议转化为您更容易应对的表述形式。从以上两个步骤中所获得的时间和附加信息，能够让您更容易用专业的方式加以回应。此外还能够显示您对顾客的问题的关注并积极响应认可他们的担忧，理解并认同顾客的感受，然后给出您的解决方案。

# 第六节　签　约　成　交

通过在汽车销售流程中前面几个环节，销售顾问专业、坦率和诚实地向客户提供服务，让他们感到在本经销店可以非常划算地买到心仪的汽车。现在客户非常期望能清楚、轻松地了解(包括所需额外配置价格在内的)最终价格和包括汽车保险、额外赠送、保修选择、付款组合、何时提车等内容。

和客户价格商定过程的公平性，是经销商与顾客建立持久的、相互信任的合作关系的前提。顾客通过销售顾问在服务过程中传递的产品价值和定价本身的透明度来感知公平性。在产品展示和议价过程中让顾客认同产品提供的价值，是有效管理顾客价格预期的关键成功因素。报价签约流程如图6-9所示。

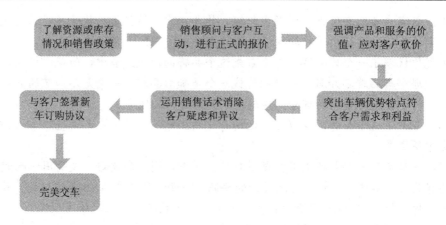

图 6-9　报价签约流程图

### 1. 客户的购买信号

#### 1) 语言信号

客户询问的使用方法、售后服务、交货期、交货手续、支付方式、保养方法、使用注意事项、价格、新旧产品比较、竞争对手的产品及交货条件、市场评价等都是语言信号。语言信号还包括客户跟你谈交货时间、谈车的颜色、客户询问保修情况、保险问题等。客户可能会说："你看这个车怎么样，到底能不能买啊。"这些都是信号，证明他基本上已经没什么意见了，但是他还是吃不准。

这个时候客户可能会讲，"你这个车除了这个价还能给我什么？"在这个时候他是认真地想要讨价还价了。他想花最少的钱买最好的东西，所以一点好处都想要。"这个能不能送我啊，那个能不能送我啊，你有什么促销活动多给我点"，最后实在没有办法了，"这个售后服务免费保养的次数能不能多加一次啊"。因为有一些交换的性质在里边，所以对这种事情也可以采取另外一种技巧。

这时销售人员要表示，如此优惠以前从来没有过，只要跟领导请示。所以这样做是为了让销售人员要留点余地，这个余地留得越多就越方便。作为销售人员，超出范围的请示领导批不批也不知道，往往就在这个最关键的地方，是表明一种为客户争取最大权益的态度。如果能够有协商的余地，当然是最好的，客户也真切感受到了优惠。如果不能成功，通过如此服务，亦能让客户感受到销售人员工作的积极态度。

#### 2) 动作信号

客户频频点头、端详样品、细看说明书、向销售人员方向前倾、用手触及订单等。客户有一种放松的感觉，不是像一开始那么紧张了，具体是怎样表现的呢？

(1) 他本来是坐在椅子上，后背往上一靠，翘起二郎腿，整个就没把你放在眼里。心想，"我是客户，有什么事儿你围绕我转，这个钱在我口袋里，我想买谁的车就买谁的车"。那个时候他是那样的心情，可是现在突然他把腰背直立起来，不再靠沙发了，而且身体是朝着你的方向往前倾斜。

(2) 他跟你谈的时候，把座椅朝你跟前儿拉一拉，好像要把你们两个人坐的距离拉近一些。

(3) 以前都是你巴结客户，说好话，甚至给客户递烟，敬茶。这个时候客户从口袋里把烟掏出来给你，这就表示客户基本上没什么意见了，要决定买车了。

3) 表情信号

客户紧锁的双眉分开、上扬、深思的样子、神色活跃、态度更加友好、表情变得开朗、自然微笑、客户的眼神、脸部表情变得很认真等。

有时候还可以试探客户。当大家都没有话题的时候，销售人员可以说，"小李呀，帮个忙，去把购车合同拿过来"。这虽然没有明确说咱们俩之间该签合同了，但这个时候你就要看客户的反应了。心理学认为，当他准备掏钱的时候他就会犹豫，这个时候如果哪一个人能够出面推他一把那就成功了。所以在这种情况下要抓住他，就要使用一些成交的技巧。

### 2．汽车报价

1) 报价前的四点

对于报价成交这个阶段，在进入正式的报价成交之前一定要做的四件事情。

首先是要检查关键点是否有遗漏，也就是汽车的价值点，让客户再次确认。销售人员可以这样说："××先生，您看，刚才介绍了这么多，关于车辆、性能、价格、配置啊，关于车辆本身方方面面的事情，我还有什么没有介绍到的，您看您还有什么要了解的。"一定要说这句话，那么也就是说如果有刚才我们没有谈到的问题，而顾客恰恰比较关心的话，顾客在报价成交阶段想起来，那可是他进攻的一个武器，跟你砍价的一个武器。在进入报价成交阶段之前，解除顾客的所有武装，一定要检查顾客的关键点有没有遗漏，这是第一步。

第二步，总结利益点，就是说在整个的销售会谈当中，我们的话题可能是非常非常宽泛的，在非常轻松的洽谈过程中，销售人员给顾客可能开发出很多的利益点来满足他，但是顾客会忘了，那么我们最后要坐下来，把这个利益点给他总结一下。当我们总结出一二三四这些利益点的时候，实际上这就是给我们自己设立了一个标准，买一个车能有几个利益点啊，不超过 7 个，我把车辆动力操控性、安全性、经济性、外观以及内饰、还有品牌的内涵，在其他的方面，顾客无非还关心售后服务的便捷程度，以及付款方式的便捷性，就这么几点，没别的了，当销售人员要能数出一二三四五六个利益点，这个顾客肯定没问题了。

顾客的利益点，为什么我们说一定要总结顾客的利益点，也是给我们自己做了一个标准，最能抓住顾客是顾客的利益，什么是顾客能否回来的标准，是顾客的利益，顾客的利益点，心中有一二三四五六七个利益点，这个是顾客心中的一个阵地。销售人员要去把它占领住，占领的越多，留给竞争对手的机会就越少，而且这个利益是销售人员跟顾客开发出来的，从这种意义上讲，销售人员跟顾客是站在同一战线上的，是获得双赢的。

第三点，是要给客户留余地。有时顾客说，需要跟家里人商量。销售人员应该告诉客户，"买车是大事，家里人都得满意都得认可才行，要不您看什么时间方便，咱们约个下周六上午，我在店里等您，正好我值班，让您太太一块过来，或者让您家里人一块过来，我给您安排一个试驾试乘，家里人再感受一下。"

最后一点，就是不要超出顾客的决定权限，比如说销售顾问明明知道面对的是一个使用者，他没有决策权，非要让他做一个决策，那肯定是没有用的。销售人员要利用客户利益点，按照需求效益问题，去训练他在他的家庭会议上，进行有效的利益总结。

2) 向客户报价的准则

(1) 所有销售人员了解各车型的零售价范围，并能准确报价。报价和议价过程要透明，销售顾问清晰地解释每个价格项目。销售顾问应该清晰地解释每个价格项目，包括选装配件、精品和折扣等。

(2) 在议价之前塑造产品和服务的价值，在议价过程中关注顾客需求，确保所提建议和意见与顾客要求密切相关，并确保满足顾客提出的或者隐性的期望。

(3) 随手可得的展品、样品、宣传册和其他材料用于说明信息并帮顾客选择。

(4) 寻找交叉销售的机会(配件、贷款等)。

(5) 在确认库存前，配置出顾客的理想车辆；在配置好车辆之后，提及目前的促销和特价优惠，看看库存现车是否可以作为备选。

(6) 诚恳地向顾客提供金融贷款服务，不要让顾客觉得你认为他买不起。

(7) 如果顾客明确表示当天不想做出购买决定，不要给顾客施加压力。

3) 三明治报价法

一般来说，汽车销售都是采用"三明治"报价法。

首先总结你认为最能激起客户热情的一些个人切身利益并介绍给客户，这些利益要和客户的购买动机相对应。然后再进行清楚的报价。如果客户还有异议，强调一些你相信能超过顾客期望值的针对顾客的益处，比如再赠送东西，或是在客户感兴趣的配置之余还有超出客户想象的其他配置，最后再次强调那些你认为超出客户期望值的个人切身利益。

**3. 促进成交的技巧**

1) 选择成交法

选择成交法是提供给客户三个可选择的成交方案，任其自选一种。这种办法是用来帮助那些没有决定力的客户进行交易。这种方法是将选择权交给客户，没有强加与人的感觉，利于成交。如一个早餐点销售鸡蛋，一个办法是你要不要蛋，另一种是你要一个还是两个蛋，结果销售鸡蛋的业绩可想而知。

2) 请求成交法

请求成交法是销售顾问用简单明确的语言直接要求客户购买。成交时机成熟时销售顾问要及时采取此办法。此办法有利于排除客户不愿主动成交的心理障碍，加速客户决策。但此办法将给客户造成心里压力，引起反感。该办法适应客户有意愿，但不好意思提出或犹豫时。

3) 肯定成交法

肯定成交法为销售顾问用赞美坚定客户的购买决心，从而促进成交的方法。客户都愿意听好话，如果你称赞他有眼光，当然有利于成交。此法必须是客户对产品有较大的兴趣，而且赞美必须是发自内心的，语言要实在，态度要诚恳。

4) 从众成交法

消费者购车容易受社会环境的影响，如现在流行什么车，某某名人或熟人购买了什么车，常常将影响到客户的购买决策。但此法不适应于自我意识强的客户。

5) 优惠成交法

提供优惠条件来促进成交即为优惠成交法。此办法利用客户沾光的心理，促成成交。但此法将增加成本，可以作为一种利用客户进行推广并让客户从心里上得到满足的一种办法。比方说公司现在搞促销活动，从几月几号到几月几号这个期间要买车的话，公司会有什么优惠条件。客户心里想，"我本来就想买车，干嘛要拖，现在就买吧。"

6) 假定成交法

假定成交法为假定客户已经做出了决策，只是对某一些具体问题要求作出答复，从而促使成交的方法。如对意向客户说"此车非常适合您的需要，你看我是不是给你搞搞装饰"。此法对老客户、熟客户或个性随和、依赖性强的客户，不适合自我意识强的客户，此外还要看好时机！

7) 利益汇总成交法

利益汇总成交法是销售顾问将所销的车型将带给客户的主要利益汇总，提供给客户，有利于激发客户的购买欲望，促成交易。但此办法必须准确把握客户的内在需求！

8) 保证成交法

保证成交法即为向客户提供售后服务的保证来促成交易。采取此办法要求销售顾问必须"言必信，行必果"！

9) 小点成交法

小点成交法是指销售顾问通过解决次要的问题，从而促成整体交易的办法。牺牲局部，争取全局。如销车时先解决客户的执照、消费贷款等问题。

10) 最后机会法

最后机会法是指给客户提供最后的成交机会，促使购买的一种办法。如：这是促销的最后机会。"机不可失，时不再来"，变客户的犹豫为购买！

11) 压力法相结合

比方说，客户根据自己的需要回答，黑的不要，白的也不要，要的是银色的。那么话题就来了。销售人员可以告诉客户，"这个银色的车，我查一查库存还剩两辆，是星期一刚到的货，六辆车现在只剩两辆了。"这个客户一听，就紧张了，再不买过两天又没了。但是并不是让大家必须按流程走，如图6-10所示。

提醒您：

我们讲这么多并不是让大家死搬教条，必须按流程走。让大家了解流程的目的是熟悉每一个环节，在不同的环节当中去灵活运用。当你觉得谈得比较好的情况下，提出成交建议的话，他往往会接受得快一些，就不用到后面再走那么多的弯路。

图 6-10 提醒

12）赞美法

比方说，销售人员在展厅里面要互相配合。比如，利用给客户倒茶和递资料的时候说："小张是我们这里最资深的销售人员了，他很有经验，您找他买车什么问题都可以帮您解决。"客户一听，就会想，"他是专家，我愿意跟他谈。"可见在临门一脚的时候，有个人的努力，也有销售人员相互的支持和配合。还有一个就是在关键的时刻销售人员要主动地去说，要主动地用这些技巧让客户去说，让客户去选择，然后就顺着他这条道儿走下去。

**4．成交阶段的风险防范**

在成交阶段，还要注意成交方面的风险。现在介绍几个有代表性的问题：

1）颜色问题

颜色问题经常会出现。比方说，客户来了以后没绕那么多弯子，也没看到样车，他就问，黄的有没有啊？然后销售顾问说有黄的，他说就买黄的。把定金一付人就走了，因为他赶着出差，把事情先办了。等他回来以后，新车交车前的检查都做好了，也开过蜡，各个方面都清理过了，就等他来提车了。他来了一看，说怎么是这个车啊，这个车不是他要的，他要的黄色不是这个黄色。因为当时大家都没说清楚什么黄，所以就出现了纠纷。本来客户定金都付了，现在他不要了。这个品牌的车没有他要的那个黄色，只能做个让步，买一个其他颜色的车。但定好的这个车已经开过蜡，做过检查，皮带也做好了，往那儿一放，谁还要啊。

2）确保客户清楚各项条款

汽车销售公司之所以要建立汽车销售流程管理就是要确保客户的利益，汽车销售员在和客户签约前应该确保客户已经清楚地知道了各项条款，包括客户所购车的车型车款、提车日期、所享有的礼品等。只有当这些条款全部清晰了，客户才会相信汽车销售员继续相信你的品牌，也避免日后服务的纠纷。

3）沟通好客户付款方式

汽车销售收回钱了才是一笔真正的交易，汽车销售员在汽车销售流程管理的签约成交之前一定要和客户沟通好其付款事项。和客户协商清楚客户什么时候付款，用什么方式付款，分几期付款等。只有这些东西弄清楚了客户愿意并付款了，才算签约成交了。

4）协商好提车日期

很多时候汽车的4S店的都没有现车或者客户不想要现车，这时都是先订车签约付款后提车。这时对于签约成交这个汽车销售流程管理就要更加严格，汽车销售员必须确保客户购买的是哪一款车、什么时候能够提车等。如果在客户规定的时间无法提车的汽车销售员千万不可想着先签下再说，而是应该向客户解释清楚并尽量协商提车的时间再签约。因为如果承诺没有做到会让公司蒙受损失，自己也会从此失去客户的信任。

5）说明汽车售后服务

在签约前汽车销售人员一定要和客户说清楚所有的售后服务内容，这是汽车销售流程管理非常重要的事项。比如客户所购买的这辆车能享受哪些售后的保养，免费或者有偿的售后服务流程都有哪些。多长时间在售后服务范围内，哪些情况不能无偿服务等都要和客户说明白，并得到客户点头才签约成交。

签下一张单不等于卖出一辆车,签约后因为不满拒绝打款买车的客户经常可以遇见。所以在汽车销售流程管理中汽车销售员一定要好好把握住,确保客户已经完全清楚和同意以上五点再签约成交。签约成交是整个汽车销售流程管理最重要的一个环节,切不可因为一时着急而让到嘴边的肉给飞了。

### 5. 签订合同

等到汽车销售走到签订合同环节,销售人员既然在成交阶段之前已做了大量的工作,所以,此时要相信自己,相信客户是通情达理、真心诚意的,不要在销售条件上软下来。所有的变通都要在规定的条件框内决定。

销售人员要多听少说,注意言多必失,一定要将承诺和条件互相确认。如对车辆的颜色、车辆的交货期、车辆的代号、车辆的价格确认等避免出现歧义。同时要确认车辆的购买人单位,确认支付方法、支付银行、交易银行、银行账号等。

这个阶段,销售人员要动作迅速,一切按规范处理,一定要确认资金和支付方式,按规定收取订金,注意订金差别,把订单协议、合同的一联交给客户,同时把注意事项说清楚。

成交之后,即指签订购车合同后,双方都会表现出高兴、得意的表情,但在这个阶段客户对洽谈的内容有时还会存有一些担心。所以不忘适时地美言客户几句,一定要给客户留下"确定买了一样好东西,物有所值"的印象。

### 6. 订单签订流程(见图6-11)执行标准

1) 订单签订前注意事项

(1) 与客户签订订单前,应充分考虑订购车辆车型、颜色、数量和付款方式,有关车辆参照供货计划。

(2) 对无供货计划的订单签订时应向相关负责人咨询,确认供货期、货源和价款。

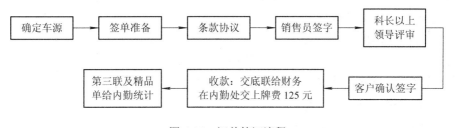

图6-11 订单签订流程

2) 订单签订标准

(1) 地址:填写车主(车辆所有人)或联系人的通讯地址。要求填写移动电话及固定电话,固定电话不能为空,必须填写(车管所对新车受理登记时也要求提供固定电话)。

(2) 车型按标准方式填写:如 HG7201、HD7240、HG7301、HG7232、HG7131、HG7132、HG7130、DHW6460。

排气量填写:××××CC。如 2400CC、2000CC……

颜色按厂家公布的颜色名称填写:沙漠雾、夜鹰黑……

数量填写大写,一般填写为壹台。

（3）定金/首期按订车要求的订金填写，如贰万、壹万等。首期按办理按揭时要求的首期填写。

首付金额按客户订车时第一笔交来的金额填写，当首付金额小于订金/首期要求客户在三日内补齐，对于现货交易客户决定下单时，定金/首期金额按相同金额填写。

（4）交付期填写自订购日期(订购日期与首付金额付款日期相同)起三日内，例如，订购日期为 2005.7.8，则订金交付期为 2005.7.5

（5）约定事项中第 6 条，上牌期限按实际填写，一般填写 3～5 个工作日。

约定事项的违约金一律填写大写金额。一般填写为伍仟或定金的 50%；车源不确定的不填写或少填写；按揭车不填写；定金为壹仟按壹仟填写，必须用大写表示。

（6）如果有涉及到退余款或回佣事宜，签单前应向经理申请，同意后在订单第三联备注栏确认签字。全款到账后，填写《工作请示审批表》，经批准后，由内勤存档备案。

（7）如果需要代办牌证车辆，要求客户填写上牌委托书。

（8）订单签订不可轻易补充条款或备注条款，补充条款或备注条款应遵循请示原则和核签原则，私自补充或备注条款由当事人负责解释并承担其责任。

订单评审的重点：内容的完整性、条款的合法性、合理性、价税价款的明晰性和准确性。

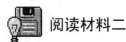阅读材料二

比亚迪汽车销售合同

销售方(以下简称"甲方")：

地址：　　　　　　　邮编：　　　　电话：　　　传真：

负责经办人：　　手机：

买受方(以下简称"乙方")：　　　　　　身份证号码或公司注册号：

地址：　　　　　　　邮编：　　　　　　电话：

甲乙双方经过协商，就购买甲方汽车达成一致协议如下：

一、车辆简况：

汽车品牌：

型号：

车身颜色：

坐椅颜色/材质：真皮；其他。

发动机号：

车架号：

产地：

制造商：

自排挡或手排挡：

新车或二手车：

二、出厂日期：

甲方所交付的车辆如果是新车，甲方保证其所交付的车辆不是返修车、库存车，且应为零公里车(因办理手续、提车而进行的必要移动除外)；甲方所交付的车辆如果是二手车，甲方保证：车辆没有被抵押、没有被司法机关查封，里程表上的记录是真实、可信的，没有对其进行任何里程回拨。

三、价款：

乙方须向甲方支付的总价款为人民币　　　　　，该金额由以下几部分构成：

1. 车价　　　　　元；

2. 购置税　　　　　元；

3. 保险费　　　　　元；

4. 牌照费　　　　　元；

5. 本合同第五条第　款的代办费　元。

乙方不再承担任何加急费、手续费、运费、出库费等费用。

四、交车方式：

交车地点：　　　　　交车时间：

付款方式：　　　　　付款时间：

五、甲方同意向乙方无偿赠送以下设备、配件和提供如下的免费服务(略)：

六、经乙方的书面委托，甲方可向乙方提供以下服务，乙方打勾选定如下服务项目(略)，同时应按甲方和保险公司、银行、车辆登记机关的要求提供相应所需的文件和证明。

甲方完成上述代办事宜后，应将相应的牌照、发票、保险单等票据凭证完整地交给乙方，乙方按票证据实支付。

因办理上述手续而产生的代办费由双方约定，甲方亦可免收代办费。甲方的代理行为应在乙方的委托授权范围内进行，否则后果自负，如因此给乙方造成损失的，甲方应承担赔偿责任。

1. 代理乙方向保险公司购买有关汽车保险；　　　　代办费：

2. 代理乙方向有关银行提出并办理汽车贷款；　　　　代办费：

3. 代理乙方参与汽车牌照的投标；　　　　代办费：

4. 代理乙方为所购汽车上牌；　　　代办费：

5. 乙方要求的其他服务。　　　　代办费：

七、质量和维修：

1. 甲方向乙方出售的汽车，其质量必须符合国家颁布的汽车质量标准和汽车行业标准。如果汽车制造商的企业标准高于国家标准或行业标准的，必须达到企业标准。甲方出售的车辆应当与随车提供的产品说明书或车辆使用书的质量状况相一致。

乙方对车辆的特殊质量要求如下(略)。

2. 甲方向乙方出售的汽车，必须是在《全国汽车、民用改装车和摩托车生产企业及产品目录》上备案的汽车。

3. 甲方向乙方出售汽车时要真实、准确、完整地介绍所销售车辆的基本情况，并提醒乙方注意有关车辆的非缺陷性的瑕疵状况，不得做虚假陈述或隐瞒车辆的真实状况。

4. 甲方在向乙方出售车辆时必须向乙方提供以下书面文件：

(1) 汽车销售发票；(2) 车辆合格证；(3) 保修卡或保修手册；(4) 中文说明书；(5) 随车工具及附件清单；(6) 车辆行驶证、登记证及以往维修记录或维修单位和所投保的保险公司的名称、地址、电话(二手车)。

5. 乙方在购车时应认真检查出卖人所提供的车辆证件、手续是否齐全。

6. 乙方在购车时应对所购车辆的使用性能及外观进行认真检查、确认。

7. 如乙方使用、保管或保养不当造成的问题，由乙方自行负责。

8. 甲方应当在交车时向乙方提供车辆交接单一份(见附件)，由乙方对该车的外观、使用性能进行检查、确认。

9. 甲方及车辆生产商应保证车辆在正常行驶状况下的安全性，而无安全隐患，《产品说明书》或《产品使用书》应对安全操作方法、安全装置的时效、安全性的检测等作了详尽说明，并向乙方作了明确的告知。销售方与生产商应保证车辆在有效期内，所有《产品说明书》或《产品使用书》所载明的安全装置都处在有效的使用状态。

10. 汽车在购买后，由买受人负责与生产厂家的特约维修站联系、解决，但甲方应提供联络、沟通及协助的便利。甲方及车辆生产商应建立一定数量的特约维修站，并保证车辆能及时获得修理，汽车零部件充足，收费合理。

八、违约责任：

1. 任何一方违反本合同，包括但不限于甲方不按本合同的约定交付车辆，或交付车辆质量不符合本合同条件的，或车辆有潜在的隐蔽瑕疵无法在交接时查验的；乙方不按本合同规定支付车款；不配合对方办理车辆贷款、保险、上牌的；任何一方违反保证、承诺条款或不履行协作配合义务，致使对方不能实现合同目的的，均须承担违约责任。守约方有要求降低价款、无偿修理(七日内修理完成)、支付违约金(每迟延一日，以车辆总价款的5‰计算)、换车、继续履行本合同、解除本合同的各项权利，上述权利可由守约方根据不同情况合理选择。

2. 如属于在汽车交车以前出现的质量问题(包括外观)，甲方未向乙方明示的，乙方有权按照本条前款规定追究甲方违约责任。但甲方有证据表明对质量问题没有过错，甲方是不知情的，则甲方可以免责。

甲方虽然已向乙方交车，但在甲方按照本合同第5条提供相关服务如上牌、代办保险时造成车辆损坏的，甲方应当及时免费修理，乙方有权要求甲方适当降低车价或赔偿损失。

车辆的主要部件和系统如发动机、电路系统、油路系统、制动系统、方向系统出现故障而1年内经2次修理后仍不能修复的，且甲方隐瞒车辆真实状况的，甲方应承担相应的法律责任。情形严重的，乙方可以解除本合同。

甲方提供的汽车由于各种部件发生质量问题，造成车辆频繁维修，而影响到乙方正常使用的，乙方可以要求甲方赔偿损失；问题严重导致车辆无法正常行驶的，且甲方隐瞒车辆真实状况的，乙方可以要求解除合同。

九、争议解决：因本合同引起的或与本合同有关的任何争议，由双方当事人协商解决；协商不成，可以采取向甲方所在地法院提起诉讼方式解决：

十、合同文本：本合同一式肆份，双方各执贰份。

十一、合同效力：

本合同经甲、乙双方签字或盖章后即生法律效力；但如果乙方购买车辆按揭贷款的，

双方约定选择下列第___种方法实施:

(1) 银行同意对乙方按揭贷款的,则本合同生效;否则,本合同不生效。

(2) 不管银行是否同意按揭贷款,本合同均为有效;改由乙方向甲方支付全部车款,但甲方同意给予一定的宽限期,乙方向甲方分期支付,支付方式和时限。

十二、其他约定事项和条款:

本合同附件或补充协议、补充条款与本合同具有同等法律效力。

甲方(签字或盖章): 乙方(签字或盖章):

代理人(签字或盖章): 代理人(签字或盖章):

电话: 电话:

年 月 日

鉴于购车是一种民事法律行为,涉及标的额较大、专业性较强、法律规范较多,为更好地维护双方当事人的权益,双方签订合同时应当慎重,力求签订得具体、全面、严密。

注意事项:

1. 购车人在购车前最好要先看到业务员的授权书或介绍信,以明确业务员的真实身份,而不仅仅是看名片。购车人在购车合同前最好是先去销售商单位实地查看一下销售商的规模、实力、检查一下其营业执照的原件,以确认销售商的身份和资信状况。

2. 如果销售方是公司,购车人应要求销售方提供营业执照复印件及有关的资质证明文件;如果销售方是个人,则应该要求其提供个人身份证复印件、行驶证或车辆登记证。

3. 购车人在签署购车合同时需要确定销售方的盖章名称与购车合同、发票上的名称三者必须保持一致,如果出现不一致,将导致责任主体不清,对购车人而言会不利。

4. 汽车的发动机、音响、空调以及行使时的噪音声响等质量问题很难在合同中明确约定,购车人只能在交接车时找比较懂车的内行人士或老驾驶员试开一下,如果发现问题在交接单上注明或当场拒收,免去日后取证上的麻烦。

 附件一:

车 辆 交 接 单

NO.

交接日期

年 月 日

收车单位

品牌车型

颜色

发动机号

车架号

验收项目:项目验收无擦伤请证明:"√"或"好",有擦伤请证明"×"或一般

检查验收内容

1. 说明书
2. CD
3. 备胎
4. 喇叭
5. 千斤顶
6. 雨刮器
7. 空调
8. 点烟器
9. 保险丝
10. 收音机
11. 门窗开关
12. 随车工具
13. 内饰
14. 车身油漆
15. 车辆灯光
16. 电动天窗
17. 电动天线
18. 遥控器
19. 钥匙
20. 反光镜
21. 合格证拓印

说明:
1. 车主签收车辆以前对上述各项轿车手续及标准验收确认后签字;
2. 若委托提车,代理人办理交车手续时所作任何行为视同委托人行为,车辆离开本公司(库)后概由委托人负责;

# 第七节　交车服务与售后跟踪服务

交车环节是客户最兴奋的时刻。在这个步骤当中,按约定你要把一辆客户喜欢的车交给他,这对于提高客户的满意度起着很重要的作用,而这正是我们过去所忽视的。在交车服务中与客户建立朋友关系实际就是准备进入到新一轮的客户开发,这个观念很重要。

## 1. 交车前 PDI

### 1) PDI 的定义

PDI(Pre Delivery Inspection,出厂前检查),即车辆的售前检验记录。PDI 检查是新车在交车前必须通过的一项流程。

按照正规的程序,车辆交接的时候是要填写一张至少四十多项的《PDI 检测表》(售前检测证明)。因为新车从生产厂到达经销商处经历了上千公里的运输路途和长时间的停放,为了向顾客保证新车的安全性和原厂性能，PDI 检查必不可少。越是高档车辆，其电子自动化程度越高，PDI 项目的检查也就越多。例如，未做 PDI 的新车，会始终在运输模式运行。这种模式只能简单行驶，很多系统没有被激活。强行使用会导致功能不全，甚至会严重损害车辆，给车辆及驾驶员的安全造成极大的危害。正常情况下，各种车辆在使用过程中都要进行正规的维护保养。PDI 检查项目范围很广，其中一些细微的检查也许车主连想都没有想过，如电池是否充放电正常、钥匙记忆功能是否匹配、舒适系统是否激活、仪表灯光功能是否设置到原厂要求等。为了确保车辆的安全性和驾驶的舒适性，车辆的售前检验记录非常重要。

2) 交车检查(PDI)的流程(见图 6-12)

做 PDI 检查，一般情况下需要三四个小时。我们对客户也要讲至少三四个小时，同时还要保守一些，以防止车在做 PDI 检查的时候出现问题。交车检查流程如图 6-12 所示。

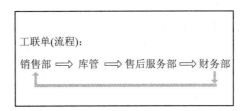

图 6-12　交车检查流程

汽车有成千成万个零部件，在做检查的时候要涉及到机修的岗位，油漆的岗位，电工的岗位，还涉及到其他的岗位等。工联单是公司内部使用的。销售部把工联单下到库管；库管接到工联单以后对号入座，把这台车提出来，之后交给售后服务部；售后服务部拿去做检查。

工联单里面包括客户的一些要求，比方说客户要加一些配件，客户希望来提车的时候这些东西都已经装好了。售后服务部一看工联单就知道了哪些东西是需要加装进去的，应一并把它办好。工联单里边还有客户来提车的时间，售后服务部应该在规定的时间内完成这件事情。

售后服务部完成了自己的工作之后，把车开到交接处，连同工联单的文件夹和车钥匙全部交给财务部。由财务部通知销售部是否可以交车。因为财务部知道客户的钱是否到账。工联单上有客户名字、联系电话、购买车型、价钱、相关要求、加装配件等。财务部一看车款到账了，应马上通知销售部门。销售部门马上就打电话通知客户："先生，您的车好了，您看什么时间过来，咱们交接一下。"

3) PDI 的内容

交车前一日由售后服务部门支持完成新车 PDI(选装件安装)，销售顾问再次确认并在 PDI 检查单上签名确认。

清洗车辆，保证车辆内外美观整洁(含发动机室与后备箱)，车内地板铺上脚垫。重点检查灯光车窗、后视镜、烟灰缸、备用轮胎及工具，校正时钟，调整收音机频率等，在卫星导航系统上事先设定经销店的位置。

下面以速腾为例进行示例说明，见表 6-18。

### 表 6-18　速腾轿车售前检查卡(PDI)

| 速腾轿车售前检查卡(PDI) | | | | | |
|---|---|---|---|---|---|
| 车型代码 | 底盘号 | | 发动机号 | | 经销商代码 | 交车日期 |
| | | | | | | |

| | |
|---|---|
| 1 | 发动机号、底盘号、车辆标牌是否清晰，是否与合格证号码相符 |
| 2 | 发动机号、底盘号、车辆标牌是否符合交通管理部门规定 |
| 3 | 核对随车文件(与上牌照相关文件)中的部件有无渗漏及损伤 |
| 4 | 目视检查发动机舱(上部和下部)中的部件有无渗漏及损伤 |
| 5 | 运输模块：关闭 |
| 6 | 检查发动机机油油位，必要时添加机油，注意机油规格 |
| 7 | 检查冷却液液位(液位应达 MAX.标记) |
| 8 | 检查制动液液位(液位应达 MAX.标记) |
| 9 | 检查蓄电池状态、电压、电极卡夹是否紧固 |
| 10 | 检查前桥、主传动轴、转向系及万向节防尘套有无渗漏及损伤 |
| 11 | 检查制动液储液罐及软管有无渗漏及损伤 |
| 12 | 检查车底盘有无损伤 |
| 13 | 检查轮胎及轮辋状态，将轮胎充气压力(包括备用车轮)调到规定值 |
| 14 | 检查车轮螺栓及自锁螺母拧紧力矩 |
| 15 | 检查底盘各可见螺栓拧紧力矩 |
| 16 | 检查车身漆面及装饰件是否完好 |
| 17 | 检查风窗及车窗玻璃是否清洁完好 |
| 18 | 检查内饰各部位及行李箱是否清洁完好 |
| 19 | 检查座椅调整及后座椅折叠功能及安全带功能 |
| 20 | 检查所有电器、开关、指示器、操纵件及车钥匙的功能 |
| 21 | 检查刮水器及清洗器功能，必要时加注清洗液(零件号：G 052 164) |
| 22 | 检查车内照明灯、警报/指示灯、喇叭及前大灯调整功能 |
| 23 | 检查电动车窗升降器定位情况、中央门锁及后视镜调整功能 |
| 24 | 校准时钟，保养周期指示器清零 |
| 25 | 检查收音机功能，将收音机密码贴于收音机说明书上 |
| 26 | 检查空调功能，将自动空调的温度调至 22℃ |
| 27 | 检查副驾驶员安全气囊钥匙开关和"开/关功能"指示灯，将开关置于"开"位置 |
| 28 | 查询各电控单元故障存储，清除故障记忆 |
| 29 | 检查钥匙、随车文件、工具及三角警示标牌是否齐全 |
| 30 | 装上车轮罩、点烟器及脚垫 |
| 31 | 除去前轴减振器上的止动器(运输安全件)：取下车内后视镜处的说明条 |
| 32 | 试车：检查发动机、变速箱、制动系、转向系、悬挂系等功能 |

续表

| 33 | 除去车内各种保护套、垫及膜 |
|---|---|
| 34 | 除去车门边角塑料保护膜 |
| 35 | 填写《保养手册》内的交车检查证明,加盖经销商 PDI 公章 |
| | |

本车已按生产厂规定完成交车前检查,质量符合生产厂技术规范

经销商签字: _____ 用户签字: _____

白色联:经销商留存 粉色联:用户留存

### 2. 车辆与相关文件的交接和确认(见图 6-13)

#### 1) 迎接客户

交车环节首先从迎接客户开始。车辆到达 4S 店并经过 PDI 确认无问题后销售顾问应即时和客户联系预约交车时间,预约时应提及以下事项:

(1) 告知客户交车的流程和所需占用的时间,征得客户的同意,以客户方便的时间约定交车时间及地点。

(2) 再次与客户确认一条龙服务/衍生服务的需求及完成状况。提醒客户带齐必要的文件、证件和尾款。

(3) 询问顾客交车时将与谁同来,并鼓励顾客与亲友一起前来。

(4) 前一日事先联系好售后服务部门、展厅经理、销售主管做好准备迎接客户的到来。约定时间前 15 分钟再次确认,以利于接待。重要客户可安排车辆接送客户。

(5) 交车期较长时,能让客户随时了解供货讯息。预定交车日期发生延迟时,主动向客户说明原因及解决方案。

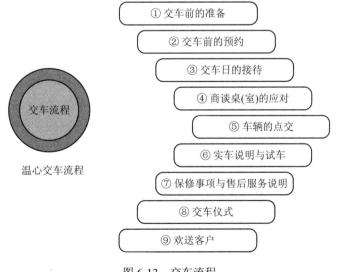

图 6-13 交车流程

(6) 要让全体销售人员都知道今天有个客户要来接车，大家都恭喜他，这个客户肯定会高兴。

(7) 跟客户交代清楚，除了恭喜之外，当事人要对客户解释清楚需要交接物件。

2) 交接的文件部分

文件部分包括汽车的合格证，进口车是关单、三检单等，还包括发票(一式三联，一联是客户的购车发票，一联是交给购车附加税的，还有一联是给交管部门上牌登记用的)。这些都要纳入文件管理里边。文件还包括汽车的使用说明书。这一大堆文件要一项一项分开。

① 随车文件：使用手册、保护保养手册、快捷使用手册、使用光碟、合格证、出厂车检验单、车架号、发动机号拓印本、回函等。

② 各项缴费收据及发票。

③ 其他相关文件：费用清单、交车确认单、交车服务验收清单、满意度调查表等。

3) 整车交接

整车交接部分除了外观、里边的功能等都要给客户进行详细的介绍。比如做客户满意度调查时就可能问他这样的问题，"您几月几号买了一款什么车是吗？请问销售人员有没有告诉您发动机那个杠印应该在说明书的第几页？"可以说 99%以上的汽车销售业务员不知道，但是这个发动机的杠印确实有用。在上新牌登记的时候，首先要向车管部门提供发动机的拓印，还有底盘的拓印，我们叫车驾号，又叫微码，是修理编码。

4) 售后服务解释

向客户奉上《用户手册》、《简易操作手册》，同时介绍车辆检查、维修的里程及日程，重点提醒首次保养的服务项目和公里数以及免费维护项目。

提醒客户在新车磨合期中的注意事项，说明保修内容和保修范围，强调保修期限。

介绍售后服务的营业时间、服务流程及服务网络、服务特色等。引导客户至维修车间参观并介绍服务经理、维修接待等人员及交换名片。说明发生故障时的联系方法与手续。

5) 交车仪式

对每一位购车客户，都会进行一个比较隆重的交车仪式，并尊崇客户心理，设立独立专用的交车区，以 4S 店外景形象为背景，室内摆放绿色植物和鲜花，保持其清洁。除了协助客户办理交车手续之外，销售顾问会在前一天向花店预订鲜花，并在客户前来提车的时候，由销售顾问写上 4S 店送给客户的祝福语，连同鲜花一起送给客户。然后，销售顾问请出销售经理、服务经理、维修主管、SA 主管等，一起交流合影。

在这里，合影完毕并不意味工作结束，而是由专人拿去冲洗之后，在照片上面镶嵌"××××交车留念"的烫金字样及交车合影的日期，并镶在事先根据车主喜好准备的相框里，在一周内寄给买车的车主及其家人。当车主拿着装有自己精美照片的相框，看着有××轿车特色的 LOGO 时，他们都会从心底流露出丝丝感动——有的是第一次买车，喜悦之情自不言说；有些是换新车，别样温馨甚是如获至宝；还有些是买车送给妻子或者儿女，当全家一起捧着意外惊喜想象着未来日子里追忆似水年华的亲情，更是刻下恒久记忆……无论是哪一类，这些小细节都会给客户流下深刻印象，加上后期对客户无微不至的服务跟踪，销售代表向各位用户进行了新车交递的流程，热情、耐心的讲解，让人充分体会到专业、周到、温馨的服务。

### 3．售后跟踪服务

#### 1) 客户还会来吗

从现在的情况来看，绝大多数汽车销售公司这一点做得都不好，就像我们开头讲的那样，几乎没有客户的回头率，这是由几个方面原因造成的：

(1) 服务不规范，销售人员没有与客户成为真正的朋友，客户买回去车以后，越想越不舒服，觉得买上当了。

(2) 销售队伍不稳定，大家可以想想，在汽车销售公司里，销售人员能够在这个岗位上干满五年的有几个？应该不多。据了解的是普遍能够干到两三年，甚至更短。

(3) 客户在销售人员那儿买了车，即使做朋友，也是与销售人员做朋友。当像国外那样，第三年、第四年，到了更换新车的时候，这个客户肯定还是来找这名销售人员。可是再找你的时候，这名销售人员已经不在这家汽车公司了。原来是你这个汽车公司的保有客户，这个时候就有可能变为另外一家汽车公司的保有客户。因为销售人员把这名客户带走了。这就是我们前面讲的客户的回头率。因为很多汽车公司，包括老总、投资者在内，没想到这个问题损失很大。所以，我们把这个问题作为一个重点跟大家讲讲。

#### 2) 客户的维系

客户关系的维系是指客户买车后，在相当长的一段时间内不再来找销售人员，但销售人员应不停地跟客户联系，联系方式可采取发短信的方法，比方说今天天气预报说有雨，路滑，提醒客户开车小心一点；天气预报说冷空气马上要来了，提醒客户多穿一点衣服不要感冒等。这样的事情做长了客户就习惯了，你要是有一段时间没给他发短信，客户会打电话向你询问原因。这是好事情，因为这个客户没把你忘记。过了一段时间以后，如果他的朋友要买车，他肯定会找你；如果他自己要更新车辆，他也会来找你，这就是客户关系维系。

#### 3) 感谢信

应该什么时间发出第一封感谢信，各个专业店、各个汽车公司的做法不一样。一般来说，感谢信应该在 24 小时之内，最好是客户提车的当天，销售人员马上就把感谢信寄出去。因为在同一个城市里边，这个客户开车还没到家呢，卡片就到家了，客户就会认为这家公司不错，就会向自己的朋友和同事进行推荐，从而起到最好的宣传效果。

#### 4) 回访电话

在什么时间向客户打出第一个回访电话？应在 24 小时之内。有的销售人员在两三天之内打电话，其实是错误的。当三天之内再打这个电话的时候，该出什么事情全出了。就像我们前面讲的，客户拿到车以后不看说明书，他开车时遇到这个功能的时候，不知道在哪里，就开始乱摸了，这就容易出问题。可是，你在 24 小时之内打电话给他的时候，你问他，"先生您这个车开得怎么样，有哪些还不清楚的请提出来。"这个时候是及时雨。可能他会说，"有一个间歇性的雨刮器，但我不知道该怎么使用。"你就可以通过电话告诉他。这会使客户觉得，这个公司不错，没把我忘记，从而对你产生好感。

这个电话打完以后还要不要打呢？其实还应打第二次电话。第二次电话应在一个星期之内打，但不是你打，而是你们公司的经理打。经理打电话就是要问这个客户，"买这个车的过程你满意吗？我是经理，你有什么不满意的地方可以向我投诉。"这时客户心里肯定非常高兴，同时还要提醒客户做首保。

接下来还应有第三次、第四次电话回访等。

5) 一照、二卡、三邀请

一照，就是他卖车给客户之后照相；二卡，就是给客户建立档案；三邀请，就是他一年要请这个客户到他们公司来三次，包括忘年会、汽车文化的一些活动，以及"自驾游"等。

6) 四礼、五电、六经访

四礼，就是一年当中有四次从礼貌的角度出发去拜访客户，包括生日、节假日等；五电，就是一年当中要给客户最少打五次电话，问客户车况如何，什么时间该回来做维修保养等，同时打电话问候客户；六经访，就是一年当中基本上每两个月要去登门拜访一次，没事儿也没关系，就感谢他买了你的车，你路过他这儿就来看看他，这个客户也感动，就说谢谢你。你就说，"您别谢，您要想谢我，您给我多介绍一些客户来，这就是对我最大的感谢了。"你经常在每两个月都要提示一下客户，有没有新客户来买车。这样你的客户能不多吗？只要努力，一定会有越来越多的回头客，如图 6-14 所示。

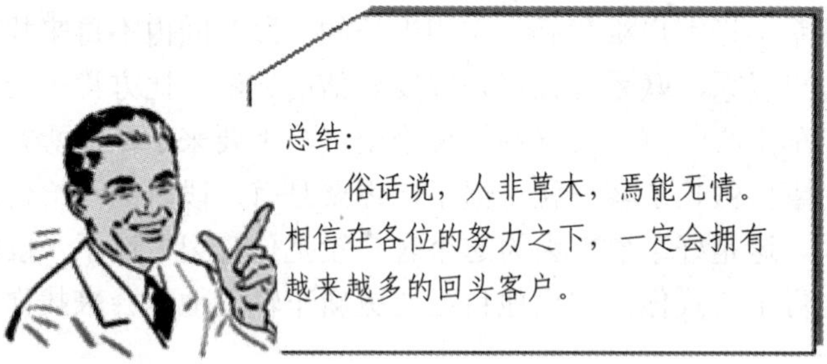

总结：

　　俗话说，人非草木，焉能无情。相信在各位的努力之下，一定会拥有越来越多的回头客户。

图 6-14　总结

## 第一节　汽车保险主险介绍

### 1. 机动车交通事故责任强制保险(交强险)

1) 交强险概念

机动车交通事故责任强制保险(简称交强险),是指由保险公司对被保险机动车发生道路交通事故造成本车人员及被保险人以外的受害人的人身伤亡、财产损失,在责任限额内予以赔偿的强制性责任保险。

2) 交强险的解除

《机动车交通事故责任强制保险条款》规定投保人不得解除机动车交通事故责任强制保险合同,但有下列情形之一的除外:第一,被保险机动车被依法注销登记的;第二,被保险机动车办理停驶的;第三,被保险机动车经公安机关证实丢失的。

3) 交强险保费

我国交强险保费的制定坚持不盈利不亏损的原则。表 7-1 为机动车辆的交强险保险费。

表 7-1　机动车辆的交强险保险费(单位:元)

| 车辆大类 | 车辆明细分类 | 保费 |
| --- | --- | --- |
| 家庭自用车 | 家庭自用汽车 6 座以下 | 950 |
| | 家庭自用汽车 6 座及以上 | 1100 |
| 非营业客车 | 企业非营业汽车 6 座以下 | 1000 |
| | 企业非营业汽车 6~10 座 | 1130 |
| | 企业非营业汽车 10~20 座 | 1220 |
| | 企业非营业汽车 20 座以上 | 1270 |
| | 机关非营业汽车 6 座以下 | 950 |
| | 机关非营业汽车 6~10 座 | 1070 |
| | 机关非营业汽车 10~20 座 | 1140 |
| | 机关非营业汽车 20 座以上 | 1320 |

续表

| 车辆大类 | 车辆明细分类 | 保费 |
|---|---|---|
| 营业客车 | 营业出租租赁 6 座以下 | 1800 |
| | 营业出租租赁 6～10 座 | 2360 |
| | 营业出租租赁 10～20 座 | 2400 |
| | 营业出租租赁 20～36 座 | 2560 |
| | 营业出租租赁 36 座以上 | 3530 |
| | 营业城市公交 6～10 座 | 2250 |
| | 营业城市公交 10～20 座 | 2520 |
| | 营业城市公交 20～36 座 | 3020 |
| | 营业城市公交 36 座以上 | 3140 |
| | 营业公路客运 6～10 座 | 2350 |
| | 营业公路客运 10～20 座 | 2620 |
| | 营业公路客运 20～36 座 | 3420 |
| | 营业公路客运 36 座以上 | 4690 |
| 非营业货车 | 非营业货车 2 吨以下 | 1200 |
| | 非营业货车 2～5 吨 | 1470 |
| | 非营业货车 5～10 吨 | 1650 |
| | 非营业货车 10 吨以上 | 2220 |
| 营业货车 | 营业货车 2 吨以下 | 1850 |
| | 营业货车 2～5 吨 | 3070 |
| | 营业货车 5～10 吨 | 3450 |
| | 营业货车 10 吨以上 | 4480 |
| 特种车 | 特种车一 | 3710 |
| | 特种车二 | 2430 |
| | 特种车三 | 1080 |
| | 特种车四 | 3980 |
| 摩托车 | 摩托车 50CC 及以下 | 80 |
| | 摩托车 50～250CC(含) | 120 |
| | 摩托车 250CC 以上及侧三轮 | 400 |
| 拖拉机 | 兼用型拖拉机 14.7 kW 及以下 | 按保监产险 [2007]53 号实行地区差别费率 |
| | 兼用型拖拉机 14.7 kW 以上 | |
| | 运输型拖拉机 14.7 kW 及以下 | |
| | 运输型拖拉机 14.7 kW 以上 | |

注：(1) 座位和吨位的分类都按照"含起点不含终点"的原则来解释。

（2）特种车一：油罐车、汽罐车、液罐车；

特种车二：专用净水车、特种车一以外的罐式货车，以及用于清障、清扫、清洁、起重、装卸、升降、搅拌、挖掘、推土、冷藏、保温等的各种专用机动车；

特种车三：装有固定专用仪器设备从事专业工作的监测、消防、运钞、医疗、电视转播等的各种专用机动车；

特种车四：集装箱拖头。

（3）挂车根据实际的使用性质并按照对应吨位货车的30%计算。

（4）低速载货汽车参照运输型拖拉机14.7 kW以上的费率执行。

4）交强险标志

《机动车交通事故责任强制保险条例》规定，购买了交强险的机动车辆，必须在规定地方张贴交强险标志。若上路行驶的机动车虽购买了交强险，但未按规定张贴或携带交强险标志的，则机动车将被扣留并处以警告或20～200元的罚款。伪造或使用伪造的保险标志或使用其他机动车保险标志的，机动车将被扣留并处以200～2000元的罚款。

交强险标志有内置型标志(见图7-1)和便携型标志。

（1）内置型标志。

内置型标志适用有前挡风玻璃的车辆。内置型保险标志将正面涂胶后张贴在前档风玻璃的右上角。

图7-1　交强险内置型保险标志正面

（2）便携型标志。

便携型交强险标志(见图7-2)适用于无前挡风玻璃的车辆。便携型保险标志用于车主随身携带。

图7-2　便携型交强险标志正面

### 2. 车辆损失险(简称车损险)

**1) 车损险概念**

车损险赔偿的是车辆在使用过程中由于自然灾害或意外事故造成的车辆本身损失及合理施救费用。

**2) 车损险的构成情况**

(1) 07-A 款构成：家庭自用汽车损失险、非营业用汽车损失险、营业用汽车损失险、特种车保险和摩托车、拖拉机保险共五种。

(2) 07-B 款和 07-C 构成：车辆损失险(不含摩托车和拖拉机)。

(3) 07-D 款构成：车碰车车辆损失险、车辆损失综合险和车辆损失一切险共三种。

**3) 车损险保险金额的确定方式**

机动车损失保险金额自以下方式中选择一种。

(1) 按新车购置价确定保险金额。

新车购置价是指在保险合同签订地购置与被保险机动车同类型新车的价格(含车辆购置税)。

投保时的新车购置价根据投保时保险合同签订地同类型新车的市场销售价格(含车辆购置税)确定，并在保险单中说明，无同类型新车市场销售价格的由投保人与保险人协商确定。

(2) 按投保时被保险机动车的实际价值确定。

车辆的实际价值是指新车购置价减去折旧金额后的价格。投保时被保险机动车的实际价值根据投保时的新车购置价减去折旧金额后的价格确定。

被保险机动车的折旧按月计算，不足一个月的部分，不计折旧(具体见下表 7-2)。9 座以下客车月折旧率为 0.6%，10 座以上客车月折旧率为 0.9%，最高折旧金额不超过投保时被保险机动车新车购置价的 80%。

折旧金额 = 投保时的新车购置价 × 被保险机动车已使用月数 × 月折旧率

#### 表 7-2　折旧率表

| 车辆种类 | 月折旧率 |
| --- | --- |
| 9 座以下客车 | 0.60% |
| 低速货车和三轮汽车 | 1.10% |
| 其他车辆 | 0.90% |

(3) 投保时，在被保险机动车的新车购置价内协商确定。

**4) 车损险的保险费**

车损险的保险费 = 基础保费 + 保险金额 × 费率

车损险的费率由保监会统一制定，每个省市有差别，A、B、C 条款也有差别，表 7-3 是 A 款北京市汽车部分的车损险费率。

### 表7-3 A款车损险北京市部分汽车费率　　　单位：元

| 家庭自用汽车与非营业用车 | | 机动车损失保险 | | | | | | | |
|---|---|---|---|---|---|---|---|---|---|
| | | 1年以下 | | 1~2年 | | 2~6年 | | 6年以上 | |
| | | 基础保费 | 费率 | 基础保费 | 费率 | 基础保费 | 费率 | 基础保费 | 费率 |
| 家庭自用汽车 | 6座以下 | 539 | 1.28% | 513 | 1.22% | 508 | 1.21% | 523 | 1.24% |
| | 6~10座 | 646 | 1.28% | 616 | 1.22% | 609 | 1.21% | 628 | 1.24% |
| | 10座以上 | 646 | 1.28% | 616 | 1.22% | 609 | 1.21% | 628 | 1.24% |
| 企业非营业客车 | 6座以下 | 335 | 1.11% | 319 | 1.06% | 316 | 1.05% | 325 | 1.08% |
| | 6~10座 | 402 | 1.05% | 383 | 1.00% | 379 | 0.99% | 390 | 1.02% |
| | 10~20座 | 402 | 1.13% | 383 | 1.08% | 379 | 1.07% | 390 | 1.10% |
| | 20座以上 | 419 | 1.13% | 399 | 1.08% | 395 | 1.07% | 407 | 1.10% |
| 党政机关、事业团体非营业客车 | 6座以下 | 259 | 0.86% | 247 | 0.82% | 245 | 0.81% | 252 | 0.84% |
| | 6~10座 | 311 | 0.82% | 296 | 0.78% | 293 | 0.77% | 302 | 0.79% |
| | 10~20座 | 311 | 0.86% | 296 | 0.82% | 293 | 0.81% | 302 | 0.84% |
| | 20座以上 | 324 | 0.86% | 309 | 0.82% | 306 | 0.81% | 315 | 0.84% |
| 非营业货车 | 2吨以下 | 254 | 0.98% | 242 | 0.93% | 240 | 0.92% | 247 | 0.95% |
| | 2~5吨 | 328 | 1.26% | 312 | 1.20% | 309 | 1.19% | 318 | 1.22% |
| | 5~10吨 | 358 | 1.38% | 341 | 1.31% | 338 | 1.30% | 348 | 1.34% |
| | 10吨以上 | 236 | 1.67% | 225 | 1.59% | 223 | 1.58% | 229 | 1.63% |
| | 低速载货汽车 | 216 | 0.83% | 206 | 0.79% | 204 | 0.78% | 210 | 0.81% |

5) 车损险的赔偿处理

(1) 车损险有关免赔规定。

① 负次要事故责任(30%)的免赔率为 5%，负同等事故责任(50%)的免赔率为 8%，负主要事故责任(70%)的免赔率为 10%，负全部事故责任或单方肇事事故(100%)的免赔率为 15%。

② 被保险机动车的损失应当由第三方负责赔偿的，无法找到第三方时，免赔率为 30%。

③ 被保险人根据有关法律法规规定选择自行协商方式处理交通事故，不能证明事故原因的，免赔率为 20%。

④ 投保时指定驾驶人，保险事故发生时为非指定驾驶人使用被保险机动车的，增加免赔率 10%。

⑤ 投保时约定行驶区域，保险事故发生在约定行驶区域以外的，增加免赔率 10%。

(2) 车损险赔偿计算公式。

① 按投保时被保险机动车的新车购置价确定保险金额的。

A. 发生全部损失时，在保险金额内计算赔偿，保险金额高于保险事故发生时被保险机动车实际价值的，按保险事故发生时被保险机动车的实际价值计算赔偿。

保险事故发生时被保险机动车的实际价值根据保险事故发生时的新车购置价减去折旧金额后的价格确定。

保险事故发生时的新车购置价根据保险事故发生时保险合同签订地同类型新车的市场销售价格(含车辆购置税)确定，无同类型新车市场销售价格的，由被保险人与保险人协商确定。

折旧金额 = 保险事故发生时的新车购置价 × 被保险机动车已使用月数 × 月折旧率

B. 发生部分损失时，按核定修理费用计算赔偿，但不得超过保险事故发生时被保险机动车的实际价值。

② 按投保时被保险机动车的实际价值确定保险金额或协商确定保险金额的。

A. 发生全部损失时，保险金额高于保险事故发生时被保险机动车实际价值的，以保险事故发生时被保险机动车的实际价值计算赔偿；保险金额等于或低于保险事故发生时被保险机动车实际价值的，按保险金额计算赔偿。

B. 发生部分损失时，按保险金额与投保时被保险机动车的新车购置价的比例计算赔偿，但不得超过保险事故发生时被保险机动车的实际价值。

施救费用的赔偿计算方式同车损险的赔款金计算公式，在被保险机动车损失赔偿金额以外另行计算，最高不超过保险金额的数额。

被施救的财产中，含有本保险合同未承保财产的，按被保险机动车与被施救财产价值的比例分摊施救费用。

### 3. 商业第三者责任险

1) 商业第三者责任险(简称商三险)的概念

保险期间内，被保险人或其允许的合法驾驶人在使用被保险机动车过程中发生意外事故，致使第三者遭受人身伤亡或财产直接损毁，依法应当由被保险人承担的损害赔偿责任，保险人依照保险合同的约定，对于超过机动车交通事故责任强制保险各分项赔偿限额以上的部分负责赔偿。

从以上商三险的概念得知，商三险赔偿强调车辆必须满足以下条件：

(1) 驾驶员必须是被保险人或其允许的合格驾驶员；

(2) 出事故时，保险车辆处于使用过程中；

(3) 事故是由意外引起的；

(4) 事故造成了第三者的人身或财产直接损失；

(5) 第三者的人身或财产直接损失由被保险人承担。

2) 第三者定义解读

商业第三者责任险的赔偿对象是第三者。机动车辆保险 A、B、C 条款对商三险的第三者的定义有区别。机动车辆保险 A、B 条款的商三险的第三者不包括被保险人的家庭成员。机动车辆保险 C 条款的商三险的第三者则包括被保险人的家庭成员。

3) 商业第三者责任险的保险金额

商业第三者责任险每次事故赔偿限额分八挡，由投保人与保险公司在签订保险合同时协商确定，并在保险单上载明。具体分挡如下：

5 万元、10 万元、15 万元、20 万元、30 万元、50 万元、100 万元和 100 万元以上，且最高不超过 5000 万元。

4) 商业第三者责任险的保险费

商三险的保险费由保监会统一制定，各个省、市有区别。表 7-4 是 A 款商业第三者责任险上海市汽车部分的保险费。

表7-4 A款商业第三者责任险上海市汽车部分的保险费　　单位：元

| 家庭自用汽车与非营业用车 | | 第三者责任保险 | | | | | | |
|---|---|---|---|---|---|---|---|---|
| | | 5万 | 10万 | 15万 | 20万 | 30万 | 50万 | 100万 |
| 家庭自用汽车 | 6座以下 | 692 | 968 | 1093 | 1176 | 1314 | 1561 | 2034 |
| | 6～10座 | 625 | 875 | 987 | 1062 | 1187 | 1410 | 1836 |
| | 10座以上 | 625 | 875 | 987 | 1062 | 1187 | 1410 | 1836 |
| 企业非营业客车 | 6座以下 | 671 | 939 | 1060 | 1140 | 1274 | 1514 | 1972 |
| | 6～10座 | 608 | 852 | 961 | 1034 | 1156 | 1373 | 1788 |
| | 10～20座 | 725 | 1015 | 1145 | 1232 | 1377 | 1637 | 2131 |
| | 20座以上 | 973 | 1362 | 1537 | 1654 | 1848 | 2197 | 2860 |
| 党政机关、事业团体非营业客车 | 6座以下 | 530 | 742 | 837 | 901 | 1007 | 1196 | 1558 |
| | 6～10座 | 560 | 784 | 884 | 952 | 1063 | 1263 | 1645 |
| | 10～20座 | 501 | 701 | 791 | 851 | 951 | 1130 | 1471 |
| | 20座以上 | 659 | 922 | 1040 | 1120 | 1251 | 1487 | 1936 |
| 非营业货车 | 2吨以下 | 915 | 1282 | 1446 | 1556 | 1739 | 2066 | 2692 |
| | 2～5吨 | 1310 | 1833 | 2069 | 2226 | 2488 | 2956 | 3850 |
| | 5～10吨 | 1448 | 2027 | 2287 | 2461 | 2751 | 3269 | 4256 |
| | 10吨以上 | 1794 | 2512 | 2835 | 3050 | 3409 | 4051 | 5275 |
| | 低速载货汽车 | 778 | 1089 | 1229 | 1323 | 1478 | 1757 | 2287 |

5) 商业第三者责任险有关免赔率规定

机动车辆保险条款规定，保险人在依据保险合同约定计算赔款的基础上，在保险单载明的责任限额内，按下列免赔率免赔：

(1) 负次要事故责任(30%)的免赔率为5%，负同等事故责任(50%)的免赔率为10%，负主要事故责任(70%)的免赔率为15%，负全部事故责任(100%)的免赔率为20%；

(2) 违反安全装载规定的，增加免赔率10%；

(3) 投保时指定驾驶人，保险事故发生时为非指定驾驶人使用被保险机动车的，增加免赔率10%；

(4) 投保时约定行驶区域，保险事故发生在约定行驶区域以外的，增加免赔率10%。

**4. 全车盗抢险**

1) 全车盗抢险的概念

全车盗抢险赔偿被保险车辆全车遭盗抢后导致的车辆损失。

全车盗抢险的赔偿对象是整车遭盗抢，而非车辆的零部件损失，但是，机动车辆遭盗抢后被找回时，如果被保险车辆的零部件、附属设备受到损坏，则保险公司负责赔偿零部件、附属设备损失所需修复的费用。

2) 全车盗抢险的保险金额

全车盗抢险的保险金额由投保人和保险人在投保时被保险机动车的实际价值内协商确定。

被保险车辆的实际价值是指新车购置价减去折旧金额后的价格。

被保险车辆的新车购置价是指在保险合同签订地购置与被保险机动车同类型新车的价格(含车辆购置税)。

投保时被保险机动车的实际价值根据投保时的新车购置价减去折旧金额后的价格确定。

折旧按月计算，不足一个月的部分，不计折旧。最高折旧金额不超过投保时被保险机动车新车购置价的 80%。

折旧金额 = 投保时的新车购置价 × 被保险机动车已使用月数 × 月折旧率

投保时的新车购置价根据投保时保险合同签订的同类型新车的市场销售价格(含车辆购置税)确定，并在保险单中载明，无同类型新车市场销售价格的由投保人与保险人协商确定。

3) 全车盗抢险的保险费

全车盗抢险的保费 = 基础保费 + 保险金额 × 费率(A 款)

基础保费 = (固定保费 + 保险金额 × 费率) × $C_1 × C_2 × … × C_n$ ($C_n$ 代表费率影响因子)

全车盗抢险实行的是差别化费率，全国各省市的费率不同，表 7-5 是上海市部分车辆的全车盗抢险费率。

表 7-5　上海市部分车辆的全车盗抢险费率

| 6 座以下家庭自用车 | | |
|---|---|---|
| 盗抢险 | 基础保费 | 费率 |
| A、B 款 | 120 元 | 0.41% |
| C 款 | 120 元 | 0.42% |

4) 全车盗抢险的有关免赔规定

全车盗抢险所涉及到的免赔率主要有：

(1) 发生全车损失的，免赔率为 20%；

(2) 发生全车损失，被保险人未能提供《机动车行驶证》、《机动车登记证书》、机动车来历凭证、车辆购置税完税证明(车辆购置附加费缴费证明)或免税证明的，每缺少一项，增加免赔率 1%；

(3) 投保时指定驾驶人，保险事故发生时为非指定驾驶人使用被保险机动车的，增加免赔率 5%；

(4) 投保时约定行驶区域，保险事故发生在约定行驶区域以外的，增加免赔率 10%。

5) 全车盗抢险不负责赔偿的损失和费用

被保险机动车的下列损失和费用，全车盗抢险不负责赔偿：

(1) 自然磨损、朽蚀、腐蚀、故障；

(2) 遭受保险责任范围内的损失后，未经必要修理继续使用被保险机动车，致使损失扩大的部分；

(3) 市场价格变动造成的贬值、修理后价值降低引起的损失;

(4) 标准配置以外新增设备的损失;

(5) 非全车遭盗窃, 仅车上零部件或附属设备被盗窃或损坏;

(6) 被保险机动车被诈骗造成的损失;

(7) 被保险人因民事、经济纠纷而导致被保险机动车被抢劫、抢夺;

(8) 被保险人及其家庭成员、被保险人允许的驾驶人的故意行为或违法行为造成的损失;

(9) 被保险机动车被盗窃、抢劫、抢夺期间造成人身伤亡或本车以外的财产损失, 保险人不负责赔偿。

**5. 车上人员责任险**

1) 车上人员责任险的概念

车上人员责任险的赔偿对象是车上人员。车上人员责任险的车上人员是指发生意外事故的瞬间, 在符合国家有关法律法规允许搭乘人员的保险机动车车体内或车体上的人员。

保险机动车在被保险人或其允许的合法驾驶人使用过程中发生意外事故, 致使车上人员遭受人身伤害, 对被保险人依法应支付的赔偿金额, 保险人在扣除机动车交通事故责任强制保险应当支付的赔款后, 依照保险合同的约定给予赔偿。

07 版机动车辆保险 A、B、C 条款在车上人员的界定上的区别: A、B 条款车上人员责任险的车上人员不包括正在上下车的人, 而 C 条款则包括正在上下车的人。

2) 车上人员责任险保险金额的确定方式

车上人员责任险保险金额的确定方式主要有两种, 投保人在投保时可选择任意一种方式投保, 或选择同时投保:

(1) 按驾驶人座位投保;

(2) 按核定乘客座位数投保。

投保人可分别约定两种方式的每次事故每座赔偿限额, 赔偿限额由投保人和保险人在签订保险合同时按照经中国保险监督管理委员会批准的机动车辆保险费率方案协商确定。保险人根据保险单载明的每次事故每座赔偿限额承担相应的赔偿责任。

3) 车上人员责任险的保费

车上人员责任险的保费 = 驾驶人保费 + 乘客保费

驾驶人保费 = 驾驶人每次事故责任限额 × 费率

乘客保费 = 乘客每次事故每人责任限额 × 费率 × 投保乘客座位数。

车上人员责任险实行的是差别化的保险费率, 表 7-6 是上海市部分车辆的车上人员责任险的费率。

表 7-6 上海市部分车辆的车上人员责任险费率

| 6 座以下家庭自用车 | | |
|---|---|---|
| 车上人员责任险 | 驾驶人费率 | 乘客费率 |
| A 款 | 0.42% | 0.27% |
| B 款 | 0.42% | 0.27% |
| C 款 | 0.42% | 0.27% |

4) 车上人员责任险的免赔率规定

保险人在计算车上人员责任险的赔款时，在保险单载明的责任限额内，按下列免赔率免赔：

(1) 负次要事故责任(30%)的免赔率为 5%，负同等事故责任(50%)的免赔率为 8%，负主要事故责任(70%)的免赔率为 10%，负全部事故责任或单方肇事事故(100%)的免赔率为 15%；

(2) 投保时指定驾驶人，保险事故发生时为非指定驾驶人使用被保险机动车的，增加免赔率 10%；

(3) 投保时约定行驶区域，保险事故发生在约定行驶区域以外的，增加免赔率 10%。

## 第二节　汽车保险常见附加险介绍

### 1. 玻璃单独破碎险

1) 玻璃单独破碎险概念

玻璃单独破碎险作为车损险附加险，车主只有在投保了车损险后方可投保。

投保人与保险人可协商选择按进口或国产玻璃投保。保险人根据协商选择的投保方式承担相应的赔偿责任。

2) 玻璃单独破碎险的保险责任

玻璃单独破碎险无免赔额的规定，被保险车辆玻璃单独损坏后，保险公司按国产或进口玻璃的重置价赔偿。

机动车辆保险 A 款的玻璃单独破碎险负责赔偿车辆前后风挡玻璃或车窗玻璃的单独破碎，不负责赔偿天窗玻璃、倒车镜、车灯、仪表玻璃的损失。

机动车辆保险 B 款负责赔偿车辆在使用过程中，本车风挡玻璃或车窗玻璃的单独破碎损失，不负责赔偿倒车镜、车灯、仪表玻璃的损失。

机动车辆保险 C 款负责赔偿由被保险人或其允许的合格驾驶人在使用车辆过程中，除车窗玻璃外的本车玻璃单独破碎。

3) 玻璃单独破碎险的责任免除

(1) 安装、维修车辆过程中造成的玻璃单独破碎；

(2) 不属于保险责任范围内的损失和费用。

### 2. 车身划痕险

车身划痕险是车损险的附加险，投保了机动车损失保险的机动车，可投保车身划痕险。

1) 车身划痕险的保险金额

车身划痕险的保险金额有 2000 元、5000 元、10000 元或 20000 元几个档次，由投保人和保险人在投保时协商确定。

2) 车身划痕险的保险责任

无明显碰撞痕迹的车身划痕损失，保险人负责赔偿。

3) 车身划痕险的责任免除

被保险人及其家庭成员、驾驶人及其家庭成员的故意行为造成的损失。

4) 车身划痕险的赔偿处理

车身划痕险在保险金额内按实际修理费用计算赔偿，每次赔偿实行 15% 的免赔率。在保险期间内，累计赔款金额达到保险金额，车身划痕险的保险责任终止。

### 3. 可选免赔额特约条款

2007 年 4 月 1 日起，可选免赔额特约险实行全国统一，但 A、B、C 款略有差异。可选免赔额特约条款是车损险的附加险，车主在投保了车损险后方可投保。保险人按投保人选择的免赔额给予相应的保险费优惠。

被保险机动车发生机动车损失保险合同约定的保险事故，保险人在按照机动车损失保险合同的约定计算赔款后，扣减本特约条款约定的免赔额。

1) 可选免赔额特约条款的免赔额

可选免赔额特约条款的免赔额有 300 元、500 元、1000 元、2000 元四个档次。车主自行选择投保。

2) 保费优惠

约定免赔额后的车损险保费 = 车损险保费 × 费率折扣系数

机动车辆 A、B、C 款的可选免赔额特约条款保费不同。

### 4. 自燃损失险

1) 自燃损失险的概念

赔偿保险车辆在使用过程中，因本车电器、线路、供油系统故障或货物自身原因起火燃烧，造成保险车辆的损失。

2) 最适宜购买自燃损失险的情形

(1) 改装狂热者。车主大肆改装音响、防盗器、电动天窗，增加动力等，容易使电路超负荷而引起自燃。

(2) 使用 5 年(或 10 万公里)以上的车辆。因电线老化容易引起自燃。

(3) 发动机仓维修过，特别是动过牵涉到电路的器件，或是在非正规维修厂动过电路、油路及其周边机件，且自己并没有在现场监督的。

(4) 使用频率高的汽车(如公交车、某些私家车等)。因很少有时间检修再加上线路易老化短路，自燃的概率较大。

(5) 长时间使用空调的汽车(如出租车)。发动机负荷大且电线易老化，所以容易引起自燃。

(6) "超载车"(如货车等)。因发动机过热且钢板几乎被压平发生机械摩擦而容易引起自燃。

3) 注意事项

(1) 该附加险由各保险公司自己拟定，但必须购买了车损险后方可投保。

(2) 尽管车辆发生自燃的概率相对较小，但一旦发生时损失巨大，最严重的自燃车甚至到了无法修理的地步，因自燃造成的损失在车险里几乎是最严重的。

据人保财险 2006 年一份关于自燃车理赔的统计显示，平均每辆车的自燃损失赔付高达 3 万元，远远超过其他车损，所以建议在保费可承受的情况下，还是购买一份自燃险比较好。

(3) 对非营业的企业或机关用车，由于 A、B、C 三款车损险中均包含"自燃"责任，所以千万不要投保自燃损失险。

(4) 即使投保了自燃损失险，车辆着火时不一定得到保险公司的赔偿。如：人工直接供油、高温烘烤机器引起的火灾；自燃仅造成电器、线路、供油系统的损失；货车自燃而连带货物的受损，货物不属于赔付范围；人为造成火灾的；车子改装后没有到车管所登记和经保险公司核保的等。

自燃损失险保障范围窄且费率高，性价比不高。车主一定要根据自己车辆的实际情况选择投保。

### 5．新增设备损失险

1) "新增设备"的概念

"新增设备"是指保险车辆出厂时原有各项附属设备外，被保险人另外加装或改装的设备及设施。如：加装了高级音响、防盗设备、GPS，加改了真皮或电动座椅、电动升降器、氙气大灯等。

2) 新增设备损失险的概念

新增设备损失险是指专门针对车辆新增加设备而进行保障的险种。

3) 新增设备损失险的优缺点

优点：保费不贵，性价比极高。如车主新增加了氙气大灯，保费只要 100 元左右，最高可以赔 5000 元。

缺点：投保手续复杂。要验车，要新增器具的发票。

## 第三节　机动车保险实务

### 1．机动车辆风险分析

通常，由车子带来的车主的风险有以下三大类：

1) 车辆损失

(1) 因意外事故而引起的损失。如：碰撞、倾覆、坠落、外界的火灾或爆炸、外界物体的坠落或倒坍等。

(2) 因自然灾害而引起的损失。如：地震、海啸、洪水、雷击、暴雨、崖崩、滑坡、暴风等。

(3) 因社会风险而引起的损失。如：被盗抢、暴动损坏、被划等。

(4) 因政治风险而引起的损失。如：战争、军事冲突、政府征用、动乱、恐怖活动、暴乱、宗教冲突等。

(5) 因经济风险而引起的损失。如：贬值、修理后价值降低等。

(6) 因车辆自身原因而引起的损失。如：自然磨损、朽蚀、腐蚀、故障、自燃、车载货物撞击等。

(7) 因车主或驾驶员自身的原因而引起的损失。如：被扣押、被收缴、被没收、年检问题、发动机进水后操作不当、醉酒驾车、疲劳驾驶等。

2) 人员伤亡

(1) 车主本人的伤亡。

(2) 实际驾驶员或乘客的伤亡。

(3) 车下人员被撞的伤亡。

3) 自身车辆以外的财产损失

(1) 事故的施救费用。

(2) 车主或实际驾驶员、乘客随身携带的财产损失。

(3) 车载货物的损失。

(4) 车下第三者遭受的财产(包括车辆)和精神损失。

(5) 车主因车辆停驶遭受的利润损失。

(6) 公共财产损失。

### 2．投保人投保须知

1) 投保人的资格条件

投保人又称要保人，是对保险标的具有可保利益，向保险人申请订立保险合同，并负有缴付保险费义务的人(法人或者自然人)。

我国《保险法》规定汽车保险的投保人必须具备以下基本条件：

(1) 具有缴费能力，愿意承担并能够支付保险费。

(2) 18 周岁以上，具有完全的民事权利能力和行为能力的自然人或法人。无民事行为能力或限制行为能力的人签订的汽车保险合同无效。

(3) 具有投保所在地户口。

(4) 非本地户口，但在投保所在地工作，有稳定收入和固定居所，必要时能提供有关证明。有关证明指身份证、户籍证明、当地暂住证、劳动用工合同、工商营业执照等。

(5) 对保险汽车具有保险利益(必要时能够提供有关保险利益关系证明)。

附加知识如图 7-3 所示。

---

附加知识：保险利益

　　保险利益是指投保人对保险标的具有的法律上承认的与投保人或被保险人具有利害关系的经济利益。财产保险的投保人在投保和索赔时都要有保险利益，人身保险要求投保人在投保时对保险标的具有保险利益。汽车保险合同的有效成立，必须建立在投保人或被保险人对保险车辆具有保险利益的基础上。

　　汽车保险的保险利益来源于以下几个方面：

　　① 所有关系。汽车的所有人对该车具有保险利益，汽车的所有人可以作为投保人和被保险人。

　　② 租赁关系。汽车的承租人对所租赁的车辆在租赁期内具有保险利益，在租赁期内可以作为投保人和被保险人。

　　③ 雇佣关系。受雇佣的人对其使用的车辆具有保险利益，可以作为投保人和被保险人。

　　④ 委托关系。汽车运输人对所承运的车辆具有保险利益，可以作为投保人和被保险人。

　　⑤ 借贷关系。如果汽车作为抵押物或担保物，债权人对该车具有保险利益，可以作为投保人和被保险人。

---

图 7-3　附加知识

2) 投保所需证件

投保人购买汽车保险时，务必带好以下所需证件：

(1) 驾驶证，驾驶证必须在有效期内。

(2) 车辆行驶证，车辆行驶证必须在有效期内。

(3) 续保车辆，需带上年度保单正本。

(4) 新保车辆，需带齐车辆合格证及购车发票。

(5) 本人的身份证复印件(户口本)。

(6) 如果是单位法人的话还需要营业执照复印件。

(7) 新车保险需要车辆合格证。

3) 投保人的义务——遵循最大诚信原则

投保人投保时必须填写汽车保险的投保单。汽车保险投保单是保险单的一个重要组成部分。投保人在填写投保单时，必须如实填写上，如果投保人隐瞒一些对保险人来说有关保险标的的重要情况，导致保险人判断失误损失增加，保险人有权利解除保险合同，因此，我国《保险法规定》投保人在投保时需要遵循最大诚信原则。

最大诚信原则是指保险合同双方在订立或履行保险合同时，对于与保险标的有关的重要事实，应本着最大的诚信的态度如实告知，不得有任何隐瞒、虚报、漏报或欺诈，同时恪守合同的认定与承诺，否则保险合同无效。

最大诚信原则中所指的重要事实是指那些足以影响保险人判别风险大小，确定保险费率或影响其决定承保与否及承保条件的每一项事实。图 7-4 是最大诚信原则的主要内容。

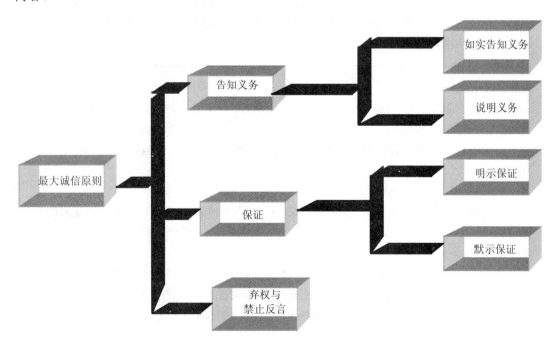

图 7-4　最大诚信原则

(1) 告知。

告知分为狭义的告知和广义的告知。狭义的告知是指合同当事人在订立合同前和订立合同时，互相据实申报与陈述。广义的告知是指合同订立前、订立时和合同有效期内，投保人或被保险人应对已知的或应知的和保险标的有关的重要事实，向保险人作口头的说明或书面的申报。保险实务中所称的告知，一般是指狭义告知。关于保险合同订立后保险标的危险变更、增加，或保险事故发生时的告知，一般称为通知。

告知的形式有询问告知和无限告知，我国采取询问告知的形式。询问告知要求投保人对于保险人询问的问题必须如实告知，对询问以外的问题，投保人没有义务告知。一般操作方法是保险人将需投保方告知的内容列在投保单上，要求投保方如实填写。告知的内容有以下几个方面：

① 保险合同订立时，根据保险人的询问，投保人或被保险人对于已知的与保险标的及其危险有关的重要事实作如实回答。

② 保险合同订立时与保险标的有联系的道德风险。

③ 涉及投保人或被保险人的一些事实。例如，将汽车保险中汽车的价值、品质、风险状况等如实告知保险人；将投保人或被保险人的年龄、性别、健康状况、既往病史、家族遗传史、职业、居住环境、嗜好等如实告知保险人。

④ 保险合同履行过程中，被保险人要将保险标的危险增加、标的转让或与保险合同有关的事项变动等情况告知保险人。

⑤ 被保险人索赔时将保险标的的受损情况、重复保险情况等告知保险人。

(2) 投保人未履行或者违反告知义务的法律后果。

我国保险法规定投保人未履行或者违反告知义务应承担相应的法律责任。投保人未履行或者违反告知义务的法律后果见表7-7。

表 7-7　投保人未履行或者违反告知义务的法律后果

| 法律后果 <br> 行为 | 合同 | 保险费 | 保险责任 |
| --- | --- | --- | --- |
| 故意未告知 | 解除 | 不退 | 不承担 |
| 过失未告知 | 解除 | 可以退 | 不承担 |
| 谎称保险事故 | 解除 | 不退 | 不承担 |
| 故意制造保险事故 | 解除 | 一般不退 | 不承担 |
| 虚报保险事故 | 不解除 | 不退 | 虚报部分不承担 |

4) 保证

保证是最大诚信原则的另一项重要内容。所谓保证是指保险人要求投保人或被保险人做或不做某事，或者使某种事态存在或不存在做出承诺。保证是保险人签发保险单或承担保险责任时要求投保人或被保险人履行某种义务的条件，其目的在于控制风险，确保保险标的及其周围环境处于良好的状态中。由此可见，最大诚信原则中的保证是对投保人或被保险人的要求。

(1) 保证的形式及内容。

保证的形式可分为默示保证和明示保证。默示保证的内容不载明于保险合同之上，一般是国际惯例所通行的准则，是习惯上或社会公认的被保险人应在保险实践中遵守的规则。明示保证指以文字、语言或其他书面的形式载明于保险合同中，成为保险合同的条款。例如，我国机动车辆保险条款："被保险人必须对保险车辆妥善保管、使用、保养，使之处于正常技术状态。"我国汽车保险合同中对被保险人义务的要求条款就属于明示保证。

默示保证与明示保证具有同等的法律效力，投保人或被保险人必须严格遵守。

(2) 投保人违反保证的法律后果。

投保人违反保证的后果一般有两种，一是保险人不承担或部分承担赔偿或给付保险金的责任；二是保险人解除保险合同。与告知不同，保证是投保人对某个特定事项的作为与不作为的保证，不是对整个保险合同的保证，因此，违反保证条件只是部分地损害了保险人的利益，保险人只应就投保人违反保证部分解除保险责任，拒绝承担保险责任，但不能就此解除保险合同。

### 3．汽车保险投保单的填写规则

投保单内容是保险合同的重要组成部分。如果投保人填写的投保单不符合要求，保险公司将该投保单作退单处理。因此，投保人在填写投保单之前有必要知道保险公司投保单的一些填写规则。

(1) 投保单须使用黑色钢笔或黑色签字笔填写。

(2) 投保单填写一律用简体字，不得使用繁体字和变体字。

(3) 投保单要求保持整洁，不得随意折叠、涂改和使用修改液，否则视为无效，需更更换投保单。

(4) 投保单填写时应字迹清晰、字体工整、字与字之间保持一定间距。内容要求填写完整、不能有空项，不可遗漏、不能涂改。如果有更改，应让投保人或被保险人在更改处签字盖章。

投保人认真填写好投保单并确认无误后，在投保人签章处签章。

### 4．常见的机动车辆保险产品组合介绍

1) 操作流程

流程 1：详细询问顾客的汽车的使用性质、汽车的使用年限等汽车相关资料。

流程 2：如果是新保客户，询问客户的汽车保险计划；如果是转保或者续保客户询问客户上年度保险情况以及本年度汽车保险需求。

流程 3：分析客户风险情况，按顾客意愿为顾客设计汽车保险方案。

流程 4：如果客户有需求，为客户选择最佳的投保途径。

流程 5：为客户选择最佳的保险公司。

流程 6：协助客户完成投保手续。

2) 客户风险分析

李先生 2011 年 9 月拿到驾驶执照，10 月花 15 万买了一辆大众新宝来。李先生是某家国有企业的中层干部，买车主要是代步，经常开着车子到郊区出差，也经常空闲时带着家人一起旅游。李先生的车子休息时停在自家小区车位，上班时停在单位附近收费停车场。车子买好后，面对五花八门的汽车保险产品，对汽车保险一无所知的李先生犯愁了，不知道自己应该买什么样的汽车保险险种。

3) 为客户设计不同类型的汽车保险产品组合

车主在投保时必须考虑驾驶员因素和车辆本身因素，所以，车主在选择车险产品时，要从自身情况和车辆因素两方面考虑自己需要投保的车险产品，这样就能最大化地做到以最少的成本支出享受到最全的保障。

车主可以根据自己的经济实力与实际需求进行投保。以下是 5 个机动车辆保险方案，可以供车主投保时参考。

(1) 最低保障型保险方案。

险种组合：第三者责任险。

保障范围：只对第三者的损失负赔偿责任。

适用对象：急于上牌照或通过年检的个人。

特点：只有最低保障，费用低。

优点：可以用来应付上牌照或检车。

缺点：一旦撞车或撞人，对方的损失能得到保险公司的一些赔偿，但自己车的损失只有自己负担。

(2) 基本型保险方案。

险种组合：车辆损失险加上第三者责任险。

保障范围：只投保基本险，不含任何附加险。

特点：费用适度，能够提供基本的保障。

适用对象：有一定经济压力的车主。

优点：必要性最高。

缺点：不是最佳组合，最好加入不计免赔特约险。

(3) 经济型保险方案。

险种组合：车辆损失险、第三者责任险、不计免赔特约险及全车盗抢险。

特点：投保 4 个最必要、最有价值的险种。

适用对象：是个人精打细算的最佳选择。

优点：投保最有价值的险种，保险性价比最高，人们最关心的丢失和 100% 赔付等大风险都有保障，保费不高但包含了比较实用的不计免赔特约险。当然，这仍不是最完善的保险方案。

(4) 最佳保障型保险方案。

险种组合：车辆损失险、第三者责任险、车上人员责任险、玻璃单独破碎险、不计免赔特约险及全车盗抢险。

特点：在经济投保方案的基础上，加入了车上人员责任险和玻璃单独破碎险，使乘客及车辆易损部分得到安全保障。

适用对象：一般公司或个人。

优点：投保价值大的险种，不花冤枉钱，物有所值。

(5) 完全型保险方案。

险种组合：车辆损失险、第三者责任险、车上人员责任险、玻璃单独破碎险、不免赔特约险、新增加设备损失险、自燃损失险及全车盗抢险。

特点：保全险，居安思危，才有备无患。能保的险种全部投保，从容上路，不必担心交通所带来的种种风险。

适用对象：经济充裕的车主。

优点：几乎与汽车有关的全部事故损失都能得到赔偿。投保的人不必为少保某一个险种而得不到赔偿，承担投保决策失误的损失。

缺点：保全险保费高，某些险种出险的几率非常小。

针对案例中李先生的实际情况，对接李先生投保以下汽车保险产品：交强险＋车辆损失险＋第三者责任险(50万元)＋玻璃单独破碎险＋不计免赔特约险＋人身意外伤害险(1年期)。

### 5. 机动车辆投保途径分析

李先生已经确定好了要购买的汽车保险产品，但是，他又有烦恼了，就是不知道通过什么渠道购买车险产品。

确实，现在车险的投保渠道也是五花八门，而且各种投保渠道各有优劣，到底哪种投保方式最合适呢，下面先分析一下各种车险投保方式的优劣，再针对李先生的情况为其推荐一个最佳的投保途径。

1) 通过汽车经销商(4S店)、汽车维修商等代理机构投保

目前，与汽车相关的行业通过与保险公司签订协议，代理销售保险公司的车险产品。现在4S店实行一条龙服务，汽车经销商可以为客户购买车险，这样车主就很省事，当然选择代理来投保需要多付一些费用。但是通过代理机构购买车险时要注意代理商为了促成投保人下定决心投保，可能会给一定比例的折扣。各公司打折比例不一，由于各公司的车险价格本身不同，打折多的不一定是最便宜的。每个代理商只代理几家公司的保险，建议先选合适的保险公司，再决定在哪家代理商处办理。代理商高度推荐的保单，可能是对代理商佣金最高的保单，不一定是最合适的保单。对于车险而言，价格重要，服务更重要。

还有现在车险市场可能出现一些山寨版的车险代理机构，对车主来说，如何选择一个合法的汽车保险代理人呢，以下是个人的一点建议。

(1) 代理人是否有保监会签发的代理资格证，与保险公司是否签订代理协议，这是非常重要的一条，反映了代理人是否具有合法的身份，能否代办合法的保险，保障车主的权益，所以广大车主在投保的时候，一定不要怕麻烦，要仔细检验代理人的资格。

(2) 保险代理人是否有正规固定的办公场所，与之合作的汽修厂是否具备相当的规模，这关系到车主买了保险以后的售后服务问题。

(3) 代理人是否能提供完善的售后服务，目前国内保险公司的一些售后服务主要是由合作的代理机构完成的。

2) 柜台投保

车主亲自到保险公司营业网点投保。保险公司也有对外营业的窗口，相对而言，中国人保、平安保险、太平洋保险三家国内最大财产保险商，自己的营业网点更多一些，投保人可以选择适合的保险公司，花上一些时间亲自去办理保险。

3) 电话投保

通过电话销售汽车保险是以后车险销售的主要途径。现在，我国已经有很多保险公司获得了电话销售汽车保险产品的资格。通过电话购买车险产品的价格比较低，最低能打到

7 折，对于车主来说也很方便，只要打个电话车险合同送上门，但是，电话投保也有不足之处就是有关条款的内容通过电话沟通不方便。

4) 网络投保

保险公司设立专门的网站，提供上网投保，该种投保方式自主选择性强，对于熟悉保险的客户比较适用，但是，对于不熟悉保险条款和网络的客户来说，网络投保也是一件难事。

5) 通过保险经纪人投保

所谓保险经纪人就是基于投保人的利益，为投保人制定合适的投保方案，并向保险人收取佣金的单位或者个人。

经纪人的保险专业知识很强，能够根据客户的情况制定车险产品组合，车主通过经纪人投保可以说很省事、省心，出险后也可以通过经纪人索赔，也不用担心买到假的车险产品，但是，通过专业的经纪人投保的话，相比电话和网络投保支付的保险费要更贵。

针对技能操作中李先生的实际情况，建议李先生在4S店购买车险产品。因为：一，李先生是首次购车，也是第一次购买车险产品，可以说对车险不熟悉，在4S店买车险就有专门的车险工作人员为其推荐车险产品，省去了自己查阅资料、熟悉车险产品的麻烦；二，李先生的车子如果出现意外，在4S店买的车险，这样，李先生在索赔过程中遇到困难，4S店会帮助解决。

## 6. 客户填写机动车辆投保单

李先生在确定好了车险产品和投保途径后，接下来就是投保，机动车辆保险投保的第一就是填写投保凭证，即机动车辆保险投保单。每家保险公司的机动车辆投保单略有差异。我们以××保险公司的机动车辆投保单(见表 7-8)为列说明机动车辆保险投保单的填写规则。

**表 7-8　××保险公司的机动车辆投保单**

| 投保人 | | | 联系人 | | | 电　话 | | |
|---|---|---|---|---|---|---|---|---|
| 被保险人 | | | 行车证车主 | | | | | |
| 地　　址 | | | 联系人 | | | 电　话 | | |
| 号牌号码 | | | 厂牌型号 | | | | | |
| 发动机号 | | | 车架号 | | | | | |
| 车辆种类 | | 座位/吨位 | | | 初次登记年月 | | | |
| 车辆类型 | □ 进口　　□ 国产 | 新车购置价 | | | 指定驾驶员 | | | |
| 使用性质 | □ 营业　　□ 非营业 | 单位性质 | □ 机关　□ 企业　□ 个人 | | | 车辆颜色 | | |
| 行驶区域 | □＿＿(省、自治区、直辖市)内 | | □中华人民共和国境内(不含港澳台地区) | | | □出入港澳 | | |
| 保险公司 | □ 人保 | □ 平安 | □ 太平洋 | | □ 安邦 | □ 其他保险公司 | | |

续表

| 险　别 | | 保险金额(赔偿限额) | 费　率 | 固定保费 | 保险费小计 |
|---|---|---|---|---|---|
| 投保险别 | 交通强制保险 | | | | |
| | | | | | |
| | 车辆损失险 | | | | |
| | 第三者责任险 | | | | |
| | 车上责任险　车上座位 | 元/座*　座 | | | |
| | 车上货物 | | | | |
| | 全车盗抢险 | | | | |
| | 玻璃单独破碎险 | | | | |
| | 自燃损失险 | | | | |
| | 不计免赔特约险 | | | | |

| 保险费合计 | (大写)： | (小写)：￥ |
|---|---|---|
| 保险期限 | 自　　年　　月　　日零时起至　　年　　月　　日二十四时止 | |

特别约定：

| 以下内容由本公司填写 | | | 投保人声明 |
|---|---|---|---|
| 业务来源 | □ 公司业务　□ 个人业务　□ 渠道业务 | | |
| | | | 兹声明上述各项填写内容属实，如非本法人(或自然人)亲笔而假手他人者均属本投保人授权行为并承担法律责任。同意按本投保单所列内容和机动车辆保险条款、附加险条款以及特别约定向贵公司投保机动车辆保险。 |
| 业务类别 | □ 新保业务　□ 续保业务　□ 转保业务 | | |
| 防盗装置 | □ 电子防盗　□ 机械防盗　□ 无防盗装置 | | |
| 验车情况 | □ 免验　　　□ 已验　　　□ 未验 | | |
| 投保单编号 | | 保险单号码 | |
| 保单印刷号 | | 发票印刷号 | 签章(签字) |
| 保卡印刷号 | | 签单日期 | |
| 经办人 | | 部　门 | 年　　月　　日 |

### 附录

(1) 初次登记年月。

车辆的初次登记年月用来确定车龄。初次登记年月是理赔时确定保险车辆实际价值的重要依据。初次登记年月应按照车辆行驶证上的"登记日期"填写。

(2) 车辆购置价。

车辆购置价是确定车辆保险金额的重要依据。汽车保险是足额保险。车辆的购置价包括裸车价格和购买车辆所缴纳的车辆购置税。

(3) 车辆使用性质。

车辆的使用性质与保险费挂钩，所以投保人要仔细填写。如果投保人的车辆使用性质发生改变，则被保险人要通知保险公司，办理保险合同内容的变更，否则，在发生保险事故时，容易遭到保险公司的拒赔。

(4) 座位/吨位

机动车辆投保单上的座位/吨位根据行驶证注明的座位和吨位填写。客车填座位。货车填吨位。客货两用车填写座位/吨位。如 BJ630 客车填"16/"，解放 CAl41 货车填"/5"，丰田 DYNA 客货两用车填写"5/1.75"。

(5) 保险费。

① 交强险的保险费。

交强险即机动车交通事故责任强制保险是强制性险种，是有车一族必须购买的险种。交强险实行全国统一的保险费率。交强险的保险费见表7-9。

**表 7-9　机动车交通事故责任强制保险保险费(2008 版)　　单位：元**

| 车辆大类 | 序号 | 车辆明细分类 | 保费 |
|---|---|---|---|
| 一、家庭自用车 | 1 | 家庭自用汽车 6 座以下 | 950 |
| | 2 | 家庭自用汽车 6 座及以上 | 1,100 |
| 二、非营业客车 | 3 | 企业非营业汽车 6 座以下 | 1,000 |
| | 4 | 企业非营业汽车 6～10 座 | 1,130 |
| | 5 | 企业非营业汽车 10～20 座 | 1,220 |
| | 6 | 企业非营业汽车 20 座以上 | 1,270 |
| | 7 | 机关非营业汽车 6 座以下 | 950 |
| | 8 | 机关非营业汽车 6～10 座 | 1,070 |
| | 9 | 机关非营业汽车 10～20 座 | 1,140 |
| | 10 | 机关非营业汽车 20 座以上 | 1,320 |
| 三、营业客车 | 11 | 营业出租租赁 6 座以下 | 1,800 |
| | 12 | 营业出租租赁 6～10 座 | 2,360 |
| | 13 | 营业出租租赁 10～20 座 | 2,400 |
| | 14 | 营业出租租赁 20～36 座 | 2,560 |
| | 15 | 营业出租租赁 36 座以上 | 3,530 |
| | 16 | 营业城市公交 6～10 座 | 2,250 |

续表

| 车辆大类 | 序号 | 车辆明细分类 | 保费 |
|---|---|---|---|
| 三、营业客车 | 17 | 营业城市公交 10～20 座 | 2,520 |
| | 18 | 营业城市公交 20～36 座 | 3,020 |
| | 19 | 营业城市公交 36 座以上 | 3,140 |
| | 20 | 营业公路客运 6～10 座 | 2,350 |
| | 21 | 营业公路客运 10～20 座 | 2,620 |
| | 22 | 营业公路客运 20～36 座 | 3,420 |
| | 23 | 营业公路客运 36 座以上 | 4,690 |
| 四、非营业货车 | 24 | 非营业货车 2 吨以下 | 1,200 |
| | 25 | 非营业货车 2～5 吨 | 1,470 |
| | 26 | 非营业货车 5～10 吨 | 1,650 |
| | 27 | 非营业货车 10 吨以上 | 2,220 |
| 五、营业货车 | 28 | 营业货车 2 吨以下 | 1,850 |
| | 29 | 营业货车 2～5 吨 | 3,070 |
| | 30 | 营业货车 5～10 吨 | 3,450 |
| | 31 | 营业货车 10 吨以上 | 4,480 |
| 六、特种车 | 32 | 特种车一 | 3,710 |
| | 33 | 特种车二 | 2,430 |
| | 34 | 特种车三 | 1,080 |
| | 35 | 特种车四 | 3,980 |
| 七、摩托车 | 36 | 摩托车 50CC 及以下 | 80 |
| | 37 | 摩托车 50～250CC(含) | 120 |
| | 38 | 摩托车 250CC 以上及侧三轮 | 400 |
| 八、拖拉机 | 39 | 兼用型拖拉机 14.7 kW 及以下 | 按保监产险 [2007]53 号实行地区差别费率 |
| | 40 | 兼用型拖拉机 14.7 kW 以上 | |
| | 41 | 运输型拖拉机 14.7 kW 及以下 | |
| | 42 | 运输型拖拉机 14.7 kW 以上 | |

② 车损险保险费的计算。

车损险的保险费 = 基本保费(固定保费) + 保险金额 × 保险费率

张先生刚买了一辆价值 40 万元汽车(6 座以下,家庭自用),张先生决定购买车损险、交强险、第三者责任险(保险金额 20 万元)、车上人员责任险、车身划痕险、玻璃单独破碎险等险种。如果张先生在北京投保,那么,按照 C 款投保车损险应交纳的保险费总和是多少?机动车辆保险条款 C 款车损险部分车辆费率见表 7-10(北京)。

张先生的车如果在北京投保车损险,则按照表 7-10 计算的张先生应缴纳的车损险的保

险费 = 539 + 400000 × 1.28% = 5659(元)。

表 7-10　机动车辆保险条款 C 款车损险部分车辆费率(北京)单位：元　费率：%

| 使用性质 | 车辆种类＼车龄 | [0，1) | | [1，4) | | [4，6) | | [6，8) | |
|---|---|---|---|---|---|---|---|---|---|
| | | 基本保费 | 费率 | 基本保费 | 费率 | 基本保费 | 费率 | 基本保费 | 费率 |
| 家庭自用汽车 | 6 座以下客车 | 539 | 1.28 | 508 | 1.21 | 513 | 1.22 | 523 | 1.24 |
| | 6～10 座客车 | 646 | 1.28 | 609 | 1.21 | 616 | 1.22 | 628 | 1.24 |
| | 10 座及以上客车 | 646 | 1.28 | 609 | 1.21 | 616 | 1.22 | 628 | 1.24 |
| 党政机关、事业团体用车 | 6 座以下客车 | 259 | 0.86 | 245 | 0.81 | 247 | 0.82 | 252 | 0.84 |
| | 6～10 座客车 | 311 | 0.82 | 293 | 0.77 | 296 | 0.78 | 302 | 0.79 |
| | 10～20 座客车 | 311 | 0.86 | 293 | 0.81 | 296 | 0.82 | 302 | 0.84 |
| | 20～36 座客车 | 324 | 0.86 | 306 | 0.81 | 309 | 0.82 | 315 | 0.84 |
| | 36 座及以上客车 | 324 | 0.86 | 306 | 0.81 | 309 | 0.82 | 315 | 0.84 |
| | 2 吨以下货车 | 254 | 0.98 | 240 | 0.92 | 242 | 0.93 | 247 | 0.95 |
| | 2～5 吨货车 | 328 | 1.26 | 309 | 1.19 | 312 | 1.20 | 318 | 1.22 |
| | 5～10 吨货车 | 358 | 1.38 | 338 | 1.30 | 341 | 1.31 | 348 | 1.34 |
| | 10 吨及以上货车 | 236 | 1.67 | 223 | 1.58 | 225 | 1.59 | 229 | 1.63 |
| | 低速载货汽车 | 216 | 0.83 | 204 | 0.78 | 206 | 0.79 | 210 | 0.81 |

③ 第三者责任险保险费。

我国的机动车辆保险第三者责任险的保险金额有 5 万、10 万、15 万、20 万、30 万、50 万和 100 万。机动车辆保险第三者责任险具有给付性质，第三者责任险赔偿限额不同(见表 7-11)，投保人所缴纳的保险费也不同。

表 7-11　机动车辆保险条款 C 款第三者责任险部分车辆费率　　单位：元

| 使用性质 | 车辆种类＼车龄 | 险别／机动车第三者责任险 | | | | | | |
|---|---|---|---|---|---|---|---|---|
| | | 5 万 | 10 万 | 15 万 | 20 万 | 30 万 | 50 万 | 100 万 |
| 家庭自用汽车 | 6 座以下客车 | 671 | 939 | 1060 | 1141 | 1275 | 1515 | 1973 |
| | 6～10 座客车 | 573 | 802 | 905 | 974 | 1089 | 1294 | 1685 |
| | 10 座及以上客车 | 573 | 802 | 905 | 974 | 1089 | 1294 | 1685 |
| 党政机关、事业团体用车 | 6 座以下客车 | 580 | 812 | 916 | 986 | 1102 | 1309 | 1705 |
| | 6～10 座客车 | 555 | 777 | 877 | 944 | 1055 | 1253 | 1632 |
| | 10～20 座客车 | 663 | 928 | 1048 | 1127 | 1260 | 1497 | 1949 |
| | 20～36 座客车 | 911 | 1275 | 1439 | 1549 | 1731 | 2057 | 2678 |
| | 36 座及以上客车 | 911 | 1275 | 1439 | 1549 | 1731 | 2057 | 2678 |

续表

| 险别 | | 机动车第三者责任险 | | | | | | |
|---|---|---|---|---|---|---|---|---|
| 使用性质 | 车辆种类＼车龄 | 5 万 | 10 万 | 15 万 | 20 万 | 30 万 | 50 万 | 100 万 |
| 党政机关、事业团体用车 | 2 吨以下货车 | 791 | 1107 | 1250 | 1345 | 1503 | 1786 | 2326 |
| | 2～5 吨货车 | 1124 | 1574 | 1776 | 1911 | 2136 | 2537 | 3305 |
| | 5～10 吨货车 | 1353 | 1894 | 2138 | 2300 | 2571 | 3054 | 3978 |
| | 10 吨及以上货车 | 1794 | 2512 | 2835 | 3050 | 3409 | 4050 | 5274 |
| | 低速载货汽车 | 673 | 942 | 1063 | 1144 | 1279 | 1519 | 1979 |
| 企业非营业用车 | 6 座以下客车 | 682 | 955 | 1078 | 1159 | 1296 | 1540 | 2005 |
| | 6～10 座客车 | 653 | 914 | 1032 | 1110 | 1241 | 1474 | 1920 |
| | 10～20 座客车 | 779 | 1091 | 1231 | 1324 | 1480 | 1759 | 2290 |
| | 20～36 座客车 | 1007 | 1410 | 1591 | 1712 | 1913 | 2273 | 2961 |
| | 36 座及以上客车 | 1007 | 1410 | 1591 | 1712 | 1913 | 2273 | 2961 |

(6) 特别约定条款。

特别约定条款往往是保险合同成立、生效或者保险公司承担赔偿责任的前提条件，但是通常被保险人在拿到保险单之后，不大会留意保险单中的特别约定条款，因此，由特别约定条款引起的保险纠纷也很多。

作为一名优秀的汽车销售顾问，除了能非常熟练地为客户推荐汽车，并在从客户接待到售后跟踪整个流程中，拥有良好的客户沟通能力外，相应地还需要拥有许多能够真实为客户服务的技术能力。这些技术能力包括购车费用计算、汽车牌照知识、汽车产品质量知识及其他能为消费者谋取优惠的知识。

## 第一节　购　车　费　用

### 1. 买车的费用知识

消费者购买商品车的总车款包括厂家制定的指导价(MSRP)、购置税和车船使用税，而厂家指导价又包含裸车价、增值税、消费税以及关税(国产车除外)。由此看来，购买一辆商品车，消费者需要缴纳不同的税费。那么不同税费在车款中所占的比例和金额又有哪些呢？

### 1) 车款中包含税的种类

商品车消费时需缴纳的税费共为两种，分别为购车前的税费和购车后的税费，如表8-1所示。其中，购车前的税费包含关税(国产车除外)、增值税和消费税。而购车后的税费包含购置税和车船使用税。值得一提的是，厂家指导价中包含的增值税不被消费者承担，在缴纳购置税时根据百分比减掉。

表 8-1　税的种类

| 购车需缴税费项目 | | | | |
|---|---|---|---|---|
| 项目 | 购车前的税费 | | | 购车后的税费 | |
| 进口车 | 关税 | 增值税 | 消费税 | 购置税 | 车船使用税 |
| 国产车 | 无 | | | | |

### 2) 应缴税费的税率

目前，我国轿车应缴税费的税率分别为关税25%、增值税17%、购置税10%，而消费税由于与车型排量挂钩，所以税率为1%～40%不等，如表8-2所示。此外，车船使用税根据车型不同，价格为300～600元。除此之外，关税(国产车除外)、增值税和消费税是按照裸车价进行计算，而购置税是按照包含关税(国产车除外)和消费税的厂家指导价进行计算。

表8-2　应缴税费的税率

| 缴税具体税率/税费 | | | | |
|---|---|---|---|---|
| 税费项目 | 关税 | 增值税 | 消费税 | 购置税 | 车船税 |
| 税率/税费 | 25% | 17% | 1%～40% | 10% | 300～600元 |

从2008年9月1日起调整汽车消费税政策，具体包括：一是提高大排量乘用车的消费税税率，排气量在3.0升以上至4.0升(含4.0升)的乘用车，税率由15%上调至25%，排气量在4.0升以上的乘用车，税率由20%上调至40%；二是降低小排量乘用车的消费税税率，排气量在1.0升(含1.0升)以下的乘用车，税率由3%下调至1%，如表8-3所示。

表8-3　乘用车消费税税率

| 乘用车(含SUV)消费税税率 | | | |
|---|---|---|---|
| 车型排量 | 调整前 | 调整后 | 幅度变化 |
| 小于1.0升(含) | 3% | 1% | 降2% |
| 小于1.5升(含) | 3% | 3% | 0 |
| 1.5升以上至2.0升(含) | 5% | 5% | 0 |
| 2.0升以上至2.5升(含) | 9% | 9% | 0 |
| 2.5升以上至3.0升(含) | 12% | 12% | 0 |
| 3.0升以上至4.0升(含) | 15% | 25% | 增10% |
| 4.0升以上 | 20% | 40% | 增20% |

3) 购买国产及进口车税费解析

以售价为13.28万元的一汽大众速腾1.6排量车型为例，由于是国产车型且排量为1.6升，所以这款速腾车型无关税且消费税按照裸车价的5%来计算，约为0.5万元左右。购置税是按照包含消费税的厂家指导价来计算的，为1.2万元左右。由此可以看出，13.28万元的速腾车型的税费总和约为3.5万元，约占车价的26%，如表8-4所示。

表8-4　速腾1.6车型的税费明细

| 售价13.28万的速腾1.6车型—税费明细 | | | | |
|---|---|---|---|---|
| 项目 | 购车前的税费 | | | 购车后的税费 | |
| | 关税(25%) | 增值税(17%) | 消费税(5%) | 购置税(10%) | 车船税 |
| 速腾1.6排量 | 无 | 1.8万 | 0.5万 | 1.2万 | 480元 |

看过小排量国产车型的税费后，再以售价78.99万元的新大切5.7排量车型为例，看看大排量进口车的相关税费组成。由于进口车型的排量为5.7升，所以这款新大切车型需缴纳10万元左右的关税，以及40%的消费税约为17万左右。除此之外，还需缴纳6.75万元的购置税和540元的车船税。由此可知，78.99万元的新大切车型的税费总和约为41万元，约占车价的52%，如表8-5所示。

**表8-5　新大切5.7车型的税费明细**

| 项目 | 售价78.99万的新大切5.7车型—税费明细 | | | | |
|------|------|------|------|------|------|
| | 购车前的税费 | | | 购车后的税费 | |
| | 关税(25%) | 增值税(17%) | 消费税(40%) | 购置税(10%) | 车船税 |
| 新大切5.7排量 | 10万 | 7万 | 17万 | 6.75万 | 540元 |

#### 2. 买车费用计算

1) 全款购车费用计算

例如，某一客户(私人)想购买一辆国产轿车，车价为11.7万元，共需交多少购车费用？

$$购置税 = \frac{购车款}{1+17\%} \times 购置税率(10\%)$$

所以，本车的购置税为：

$$\frac{车价}{11.7} = \frac{11.7}{11.7} = 1万元$$

为什么是÷1.17×购置税率(10%)？是因为我国在征收购置税的时候，为了避免重复征税，在车价中扣除增值税，简化算法就是直接除以11.7。

验车费上牌杂费和服务费约为800～1000元。保险和车船税大约5000元以内。

2) 进口汽车购车费用

目前国内进口车的价格主要由5部分构成，即到岸价格(货价：货物运抵中华人民共和国关境内输入地点起卸前的包装费、运费、保险费和其他劳务费等费用)、关税、消费税、增值税和经销商费用(包括车辆运输费用、报商检的费用、集港仓储费用、许可证费用、经销商利润)。

进口车价格计算公式为：

$$\frac{到岸价 \times (1+关税税率+消费税税率) \times (1+增值税税率)}{1-消费税率}$$

举例：宝马X5 xDrive35i领先型2014款，中国官方售价为92.8万元人民币。

注：宝马X5 xDrive35i的排气量为3.0升，因此征收消费税率为12%；此外，我们按照宝马美国官网公布的X5 xDrive35i最基础车型为蓝本折算到岸价，中/美两国最低配车型配置无明显差异。

所以此款宝马车的价格为

$$价格 = \frac{到岸价(55100美元，约33.36万元人民币) \times (1+25\%+12\%) \times (1+17\%)}{1-12\%}$$

按照上面的计算公式计算的费用再加上3600美元运输装卸费，最后约等于62.94万元人民币，与宝马中国官方公布的92.8万元人民币差价近30万元。

由于进口车在出口国的本地售价实际上已经包含了整车利润，所以到岸完税后，如果仍然与官方售价存在较大差价，证明该款进口车在中国市场进行了二次加价销售。对于人均收入远低于美国的中国来说，我国消费者的购车压力明显更大。中国加入WTO后，我国进口汽车关税从最早的150%下降到如今的25%，理论上进口汽车价格应该大幅度下降，但我们目前看到的是，当年卖到100多万元的进口豪华车，如今仍然在100万元以上的高价位区间徘徊。很显然，进口车二次加价的幅度偏大似乎在其中扮演了重要角色。从这个公式可以看出，消费税在进口车价格里占有很重要的因素。一般整个费用算下来，进口汽车的国内价格是国外车价的两到三倍。

3) 购车费用详表(见表 8-6)

表 8-6 购车费用详表

| 费用 | 级别 | 金额 | 解释 |
|---|---|---|---|
| 购置税 | | 元 | 购置税=$\dfrac{购车款}{1+17\%}$×购置税率(10%) |
| 上牌费用 | | 元 | 通常商家提供的一条龙服务收费约500 元，个人办理约 373 元，其中工商验证、出库 150 元、移动证 30 元、环保卡3 元、拓号费 40 元、行驶证相片 20 元、托盘费 130 元 |
| 车船使用税 | 1.0 L(含)以下　1.0~1.6 L(含)<br>1.6~2.0 L(含)　2.0~2.5 L(含)<br>2.5~3.0 L(含)　3.0~4.0 L(含)<br>4.0 L 以上 | 元 | 各省不统一，以北京为例(单位/年)。1.0 L(含)以下 300 元；1.0~1.6 L(含)420 元；1.6~2.0 L(含)480 元；2.0~2.5 L(含)900 元；2.5~3.0 L(含)1920 元；3.0~4.0 L(含)3480 元；4.0 L 以上 5280元；不足一年按当年剩余月算 |
| 交强险 | 家用 6 座以下<br>家用 6 座及以上 | 元 | 家用 6 座以下 950 元/年，家用 6 座及以上 1100 元/年 |
| 第三者责任险 | 赔付额度：　5 万；　10 万；20万；　50 万；　100 万 | 元 | |
| 车辆损失险 | | 元 | 基础保费 + 裸车价格 × 1.0880% |
| 全车盗抢险 | | 元 | 基础保费 + 裸车价格 × 费率 |
| 玻璃单独破碎险 | 进口　　　　国产 | 元 | 进口新车购置价 × 0.25%，国产新车购置价 × 0.15% |
| 自燃损失险 | | 元 | 新车购置价 × 0.15% |
| 不计免赔特约险 | | 元 | (车辆损失险 + 第三者责任险) × 20% |
| 无过责任险 | | 元 | 第三者责任险保险费 × 20% |
| 车上人员责任险 | | 元 | 每人保费 50 元，可根据车辆的实际座位数填写 |
| 车身划痕险 | 赔付额度：2 千　5 千　1 万　2 万 | 元 | |

## 第二节　机动车发票与机动车牌照

**1. 汽车专用发票**

1) 定义

专业术语是机动车销售发票(见图 8-1)，为电脑六联式发票，即第一联发票联(购货单位付款凭证)、第二联抵扣联(购货单位扣税凭证)、第三联报税联(车购税征收单位留存)、第四联注册登记联(车辆登记单位留存)、第五联记账联(销货单位记账凭证)、第六联存根联(销货单位留存)。

　　如果机动车发票遗失，根据规定，具体程序为：(1) 丢失机动车销售发票的消费者到机动车销售单位取得销售统一发票存根联复印件〔加盖销售单位发票专用章〕。(2) 到机动车销售方所在地主管税务机关盖章确认并登记备案。(3) 由机动车销售单位重新开具与原销售发票存根联内容一致的机动车销售发票。消费者凭重新开具的机动车销售发票办理相关手续。

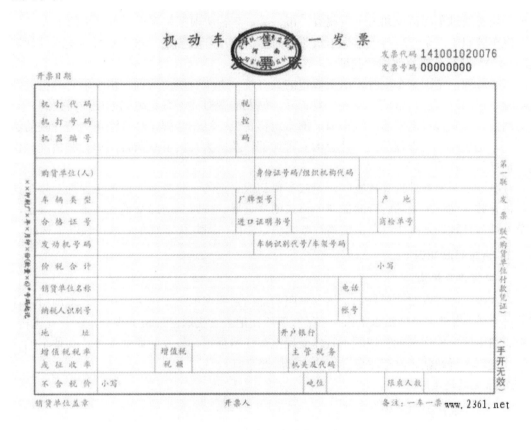

图 8-1　机动车销售发票

　2) 发票内容说明

　　"机打代码"应与"发票代码"一致，"机打号码"应与"发票号码"一致；"机器编号"指税控器具的编号；"税控码"指由税控器具根据票面相关参数生成打印的密码；"身份证号码"指购车人身份证号码；"组织机构代码"指由质检(技术监督)部门颁发的企业、事业单位和社会团体统一代码，向增值税一般纳税人销售机动车并使用税控系统开具《机动车销售统一发票》的，"身份证号码/组织机构代码"栏统一填写购买方纳税人识别号；"进口证明书号"指海关货物进口证明书号码；"商检单号"指商检局进口机动车车辆随车检验单号码；"车辆识别代号"指表示机动车身份识别的统一代码(即"VIN")；"价税合计"指含税(含增值税)车价；"纳税人识别号、账号、地址、开户银行"指销货单位所属信息；"增值税税率或征收率"指税收法律、法规规定的增值税税率或征收率;"增值税税额"指按照增值税税率或征收率计算出的税额,供按规定符合进项抵扣条件的增值税一般纳税人抵扣税款时使用;"不含税价"指不含增值税的车价,供税务机关计算进项抵扣税额和车辆购置税时使用,保留 2 位小数;"主管税务机关及代码"指销货单位主管税务机关及代码;"吨位"指货车核定载质量;"限乘人数"指轿车和货车限定的乘座人数。

### 2.汽车牌照的定义

车辆号牌是两面分别悬挂在车子前后的板材,通常使用的材质是铝、塑料或贴纸,在板上会显示有关车子的登记号码、登记地区或其他的基本资料。车牌是对各车的编号,其主要作用是通过车牌可以知道车所属省、市、县,车管所根据车牌可以查到车的主人。

汽车牌照是汽车号牌与汽车行车执照的简称。1972 年发布的《城市和公路交通管理规则(试行)》,把行车执照改称行驶证。

汽车号牌,是国家车辆管理法规规定的具有统一格式、统一式样,由车辆管理机关经过申领牌照的汽车进行审核、检验、登记后,核发的带有注册登记编码的硬质号码牌。一般为两面,分别按规定安装在汽车前后部指定位置上。汽车号牌是准许汽车上道行驶的法定凭证,是道路交通管理部门、社会治安管理部门及广大人民群众监督汽车行驶情况,识别、记忆与查找的凭证。

行驶证是车辆管理机关核发的,记载车辆初次登记的主要内容,由车主保存,随车携带,供记载变动情况及随时查验的统一格式的登记册。按照《道路交通管理条例》规定,汽车号牌与行驶证是准予汽车上道路行驶的法定证件,因此买了汽车必须申领汽车牌证。

### 3.汽车号牌知识

1) 申领牌照机构

在我国,办理汽车注册登记、核发牌照的部门是所在地公安机关的车辆管理部门。各省、自治区、直辖市及地级以上市、地区行署所在地公安交通管理机关设立车辆管理机构。除省、自治区公安厅车辆管理所不具体受理汽车注册登记、核发牌照业务外,其他车辆管理所均受理本行政辖区汽车注册登记和申领牌照事宜。

2) 常见的汽车号牌

(1) 大型汽车号牌(见图 8-2)。

外廓尺寸(mm × mm):前:440 × 140、后:440 × 220;颜色:黄底黑字黑框线;数量:2 块;适用范围:中型(含)以上载客、载货汽车和专项作业车、半挂牵引车、电车。

图 8-2　大型汽车号牌(正、反面)样式

(2) 挂车号牌(见图 8-3)

外廓尺寸(mm × mm):440 × 220;颜色:与大型汽车号牌相同;数量:2 块;适用范围:全挂车和不与牵引车固定使用的半挂车。

图 8-3 挂车号牌样式

(3) 小型汽车号牌(见图 8-4)。

外廓尺寸(mm × mm)：440 × 140；颜色：蓝底白字白框线；数量：2 块；适用范围：中型以下的载客、载货汽车和专项作业车。

图 8-4 小型汽车号牌样式

(4) 教练汽车号牌(见图 8-5)。

外廓尺寸(mm × mm)：440 × 140；颜色：黄底黑字，黑"学"字黑框线；数量：2 块；适用范围：教练用汽车。

图 8-5 教练汽车号牌样式

(5) 警用汽车号牌(见图 8-6)。

外廓尺寸(mm × mm)：440 × 140；颜色：白底黑字，红"警"字黑框线；数量：2 块；适用范围：汽车类警车。

图 8-6 警用汽车号牌(正、反面)样式

(6) 临时入境汽车号牌(见图 8-7)。

外廓尺寸(mm × mm)：220 × 140；颜色：白底棕蓝色专用底纹，黑字黑边框；数量：2 块；适用范围：临时入境汽车。

图 8-7　临时入境汽车号牌样式

3) 无牌照移车规定

机动车在没有领取正式号牌、行驶证以前，需要移动或试车时，必须申领移动证、临时号牌或试车号牌，按规定行驶。

在本地移动，应持本单位证明或本人身份证和汽车来历证明，到所在地交通民警队申请领取"移动证"，按证上规定的日期、时间、路线行驶。需要跨地、市行驶，应向始发地车辆管理所申领临时号牌。无牌照汽车如果不在道路上行驶移动，不需要办理上述手续。

准予机动车临时上道路行驶的纸质机动车号牌，也称临时行驶车号牌，有 4 种：行政辖区内临时号牌(俗称蓝牌)(见图 8-8)、跨行政辖区临时号牌(有合格证和发票才能办，限三次)(见图 8-9)、试验用临时号牌(俗称试牌)(见图 8-10)、特型机动车临时号牌(见图 8-11)。

图 8-8　行政辖区内临时行驶使用的临时行驶车号牌(正、反面)样式

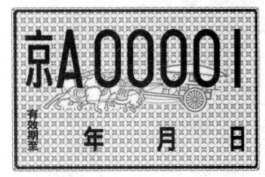

图 8-9　跨行政辖区临时移动使用的临时行驶车号牌(正、反面)样式

图 8-10　试验用机动车的临时行驶车号牌(正、反面)样式

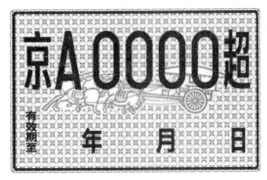 

图 8-11　特型机动车的临时行驶车号牌(正、反面)样式

4) 临时号牌申领规定

车辆管理所应当自受理之日起一日内，审查提交的证明、凭证。

(1) 属于《机动车登记规定》第四十五条第(1)项、第(2)项规定情形，需要在本行政辖区内临时行驶的，核发有效期不超过十五日的临时行驶车号牌。

(2) 需要跨行政辖区临时行驶的，核发有效期不超过三十日的临时行驶车号牌。

(3) 属于《机动车登记规定》第四十五条第(3)项、第(4)项规定情形的，核发有效期不超过九十日的临时行驶车号牌。

(4) 因号牌制作的原因，无法在规定时限内核发号牌的，车辆管理所应当核发有效期不超过十五日的临时行驶车号牌。

对具有《机动车登记规定》第四十五条第(1)项、第(2)项规定情形之一，机动车所有人需要多次申领临时行驶车号牌的，车辆管理所核发临时行驶车号牌不得超过三次。

根据公安部的规定：从 2011 年 1 月 1 日起，载客汽车的临时行驶车号牌由 1 张调整为 2 张，并将安装方式由"放置"调整为"粘贴"在统一位置。对于尚未登记的载客汽车，需要临时上道路行驶的，应当同时粘贴 2 张临时行驶车号牌：1 张粘贴在车内前风窗玻璃的左下角或右下角不影响驾驶人视线的位置，另一张应当粘贴在车内后风窗玻璃左下角。其他类型汽车应当将临时行驶车号牌粘贴在车内前风窗玻璃的左下角或右下角不影响驾驶人视线的位置。需要注意的是，临时行驶车号牌必须粘贴在风窗玻璃上，否则公安机关将按照不按规定安装号牌进行处罚。

# 第三节 注 册 登 记

根据《道交法实施条例》第四条规定，我国现行的机动车登记包括注册登记、变更登记、转移登记、抵押登记和注销登记五种类型。

**1. 注册登记**

根据《道交法实施条例》第五条规定初次申领机动车号牌、行驶证的，机动车所有人应当向住所地的车辆管理所申请注册登记。

根据《道交法实施条例》第六条规定： 机动车所有人应当到机动车安全技术检验机构对机动车进行安全技术检验，取得机动车安全技术检验合格证明后申请注册登记。

1) 安检规定

免予安全技术检验的机动车有下列情形之一的，应当进行安全技术检验：

(1) 国产机动车出厂后两年内未申请注册登记的；

(2) 经海关进口的机动车进口后两年内未申请注册登记的；

(3) 申请注册登记前发生交通事故的。

专用校车办理注册登记前，应当按照专用校车国家安全技术标准进行安全技术检验。

2) 证明审查

根据《道交法实施条例》第七条规定，申请注册登记的证明材料包括：

(1) 机动车所有人的身份证明；

(2) 购车发票等机动车来历证明；

(3) 机动车整车出厂合格证明或者进口机动车进口凭证；

(4) 车辆购置税完税证明或者免税凭证；

(5) 机动车交通事故责任强制保险凭证；

(6) 车船税纳税或者免税证明；

(7) 法律、行政法规规定应当在机动车注册登记时提交的其他证明、凭证。

不属于经海关进口的机动车和国务院机动车产品主管部门规定免予安全技术检验的机动车，还应当提交机动车安全技术检验合格证明。

车辆管理所应当自受理申请之日起两日内，确认机动车，核对车辆识别代号拓印膜，审查提交的证明、凭证，核发机动车登记证书、号牌、行驶证和检验合格标志。

《道交法实施条例》第八条规定：车辆管理所办理消防车、救护车、工程救险车注册登记时，应当对车辆的使用性质、标志图案、标志灯具和警报器进行审查。

车辆管理所办理全挂汽车列车和半挂汽车列车注册登记时，应当对牵引车和挂车分别核发机动车登记证书、号牌和行驶证。

3) 不予办理

根据《道交法实施条例》第九条规定，有下列情形之一的，不予办理注册登记：

(1) 机动车所有人提交的证明、凭证无效的；

(2) 机动车来历证明被涂改或者机动车来历证明记载的机动车所有人与身份证明不

符的；

(3) 机动车所有人提交的证明、凭证与机动车不符的；

(4) 机动车未经国务院机动车产品主管部门许可生产或者未经国家进口机动车主管部门许可进口的；

(5) 机动车的有关技术数据与国务院机动车产品主管部门公告的数据不符的；

(6) 机动车的型号、发动机号码、车辆识别代号或者有关技术数据不符合国家安全技术标准的；

(7) 机动车达到国家规定的强制报废标准的；

(8) 机动车被人民法院、人民检察院、行政执法部门依法查封、扣押的；

(9) 机动车属于被盗抢的；

(10) 其他不符合法律、行政法规规定的情形。

### 2．变更登记

1) 变更登记规定

根据《道交法实施条例》第十条规定，已注册登记的机动车有下列情形之一的，机动车所有人应当向登记地车辆管理所申请变更登记：

(1) 改变车身颜色的；

(2) 更换发动机的；

(3) 更换车身或者车架的；

(4) 因质量问题更换整车的；

(5) 营运机动车改为非营运机动车或者非营运机动车改为营运机动车等使用性质改变的；

(6) 机动车所有人的住所迁出或者迁入车辆管理所管辖区域的。

可以向登记地车辆管理所申请变更登记。

属于本条第一款第(1)项、第(2)项和第(3)项规定的变更事项的，机动车所有人应当在变更后十日内向车辆管理所申请变更登记；属于本条第一款第(6)项规定的变更事项的，机动车所有人申请转出前，应当将涉及该车的道路交通安全违法行为和交通事故处理完毕。

2) 证明材料

根据《道交法实施条例》第十一条规定，申请变更登记的，机动车所有人应当填写申请表，交验机动车，并提交以下证明、凭证：

(1) 机动车所有人的身份证明；

(2) 机动车登记证书；

(3) 机动车行驶证；

(4) 属于更换发动机、车身或者车架的，还应当提交机动车安全技术检验合格证明；

(5) 属于因质量问题更换整车的，还应当提交机动车安全技术检验合格证明，但经海关进口的机动车和国务院机动车产品主管部门认定免予安全技术检验的机动车除外。

车辆管理所应当自受理之日起一日内，确认机动车，审查提交的证明、凭证，在机动车登记证书上签注变更事项，收回行驶证，重新核发行驶证。

车辆管理所办理本规定第十条第一款第(3)项、第(4)项和第(6)项规定的变更登记事项的，应当核对车辆识别代号拓印膜。

3）号牌管理

根据《道交法实施条例》第十二条规定，车辆管理所办理机动车变更登记时，需要改变机动车号牌号码的，收回号牌、行驶证，确定新的机动车号牌号码，重新核发号牌、行驶证和检验合格标志。

《道交法实施条例》第十三条规定，机动车所有人的住所迁出车辆管理所管辖区域的，车辆管理所应当自受理之日起三日内，在机动车登记证书上签注变更事项，收回号牌、行驶证，核发有效期为三十日的临时行驶车号牌，将机动车档案交机动车所有人。机动车所有人应当在临时行驶车号牌的有效期限内到住所地车辆管理所申请机动车转入。

申请机动车转入的，机动车所有人应当填写申请表，提交身份证明、机动车登记证书、机动车档案，并交验机动车。机动车在转入时已超过检验有效期的，应当在转入地进行安全技术检验并提交机动车安全技术检验合格证明和交通事故责任强制保险凭证。车辆管理所应当自受理之日起三日内，确认机动车，核对车辆识别代号拓印膜，审查相关证明、凭证和机动车档案，在机动车登记证书上签注转入信息，核发号牌、行驶证和检验合格标志。

《道交法实施条例》第十四条规定，机动车所有人为两人以上，需要将登记的所有人的姓名变更为其他所有人姓名的，应当提交机动车登记证书、行驶证、变更前和变更后机动车所有人的身份证明和共同所有的公证证明，但属于夫妻双方共同所有的，可以提供《结婚证》或者证明夫妻关系的《居民户口簿》。

变更后机动车所有人的住所在车辆管理所管辖区域内的，车辆管理所按照本规定第十一条第(二)款的规定办理变更登记。变更后机动车所有人的住所不在车辆管理所管辖区域内的，迁出地和迁入地车辆管理所按照本规定第十三条的规定办理变更登记。

4）不予办理

根据《道交法实施条例》第十五条规定，有下列情形之一的，不予办理变更登记：

(1) 改变机动车的品牌、型号和发动机型号的，但经国务院机动车产品主管部门许可选装的发动机除外；

(2) 改变已登记的机动车外形和有关技术数据的，但法律、法规和国家强制性标准另有规定的除外；

(3) 有本规定第九条第(1)项、第(7)项、第(8)项、第(9)项规定情形的。

根据《道交法实施条例》第十六条规定，有下列情形之一，在不影响安全和识别号牌的情况下，机动车所有人不需要办理变更登记：

(1) 小型、微型载客汽车加装前后防撞装置；

(2) 货运机动车加装防风罩、水箱、工具箱、备胎架等；

(3) 增加机动车车内装饰。

### 3. 转移登记

根据《道交法实施条例》第十八条规定，已注册登记的机动车所有权发生转移的，现机动车所有人应当自机动车交付之日起三十日内向登记地车辆管理所申请转移登记。

机动车所有人申请转移登记前，应当将涉及该车的道路交通安全违法行为和交通事故处理完毕。

1) 证明材料

根据《道交法实施条例》第十九条规定，申请转移登记的，现机动车所有人应当填写申请表，交验机动车，并提交以下证明、凭证：

(1) 现机动车所有人的身份证明；

(2) 机动车所有权转移的证明、凭证；

(3) 机动车登记证书；

(4) 机动车行驶证；

(5) 属于海关监管的机动车，还应当提交《中华人民共和国海关监管车辆解除监管证明书》或者海关批准的转让证明；

(6) 属于超过检验有效期的机动车，还应当提交机动车安全技术检验合格证明和交通事故责任强制保险凭证。

现机动车所有人住所在车辆管理所管辖区域内的，车辆管理所应当自受理申请之日起一日内，确认机动车，核对车辆识别代号拓印膜，审查提交的证明、凭证，收回号牌、行驶证，确定新的机动车号牌号码，在机动车登记证书上签注转移事项，重新核发号牌、行驶证和检验合格标志。

现机动车所有人住所不在车辆管理所管辖区域内的，车辆管理所应当按照本规定第十三条的规定办理。

2) 不予办理的情形

根据《道交法实施条例》第二十条规定，有下列情形之一的，不予办理转移登记：

(1) 机动车与该车档案记载内容不一致的；

(2) 属于海关监管的机动车，海关未解除监管或者批准转让的；

(3) 机动车在抵押登记、质押备案期间的；

(4) 有本规定第九条第(1)项、第(2)项、第(7)项、第(8)项、第(9)项规定情形的。

《道交法实施条例》第二十一条规定，被人民法院、人民检察院和行政执法部门依法没收并拍卖，或者被仲裁机构依法仲裁裁决，或者被人民法院调解、裁定、判决机动车所有权转移时，原机动车所有人未向现机动车所有人提供机动车登记证书、号牌或者行驶证的，现机动车所有人在办理转移登记时，应当提交人民法院出具的未得到机动车登记证书、号牌或者行驶证的《协助执行通知书》，或者人民检察院、行政执法部门出具的未得到机动车登记证书、号牌或者行驶证的证明。车辆管理所应当公告原机动车登记证书、号牌或者行驶证作废，并在办理转移登记的同时，补发机动车登记证书。

### 4．抵押登记

机动车所有人将机动车作为抵押物抵押的，应当向登记地车辆管理所申请抵押登记；抵押权消灭的，应当向登记地车辆管理所申请解除抵押登记。

1) 证明材料

申请抵押登记的，机动车所有人应当填写申请表，由机动车所有人和抵押权人共同申请，并提交下列证明、凭证：

(1) 机动车所有人和抵押权人的身份证明；

(2) 机动车登记证书；

(3) 机动车所有人和抵押权人依法订立的主合同和抵押合同。

车辆管理所应当自受理之日起一日内，审查提交的证明、凭证，在机动车登记证书上签注抵押登记的内容和日期。

2) 申请解除抵押登记

申请解除抵押登记的证明材料包括：

(1) 机动车所有人和抵押权人的身份证明；

(2) 机动车登记证书。

人民法院调解、裁定、判决解除抵押的，机动车所有人或者抵押权人应当填写申请表，提交机动车登记证书、人民法院出具的已经生效的《调解书》、《裁定书》或者《判决书》，以及相应的《协助执行通知书》。

车辆管理所应当自受理之日起一日内，审查提交的证明、凭证，在机动车登记证书上签注解除抵押登记的内容和日期。

### 5. 注销登记

根据《道交法实施条例》第二十七条规定，已达到国家强制报废标准的机动车，机动车所有人向机动车回收企业交售机动车时，应当填写申请表。报废的校车、大型客、货车及其他营运车辆应当在车辆管理所的监督下解体。

机动车回收企业应当在机动车解体后七日内将申请表、机动车登记证书、号牌、行驶证和《报废机动车回收证明》副本提交车辆管理所，申请注销登记。

1) 注销登记规定

除本规定第二十七条规定的情形外，机动车有下列情形之一的，机动车所有人应当向登记地车辆管理所申请注销登记：

(1) 机动车灭失的；

(2) 机动车因故不在我国境内使用的；

(3) 因质量问题退车的。

已注册登记的机动车有下列情形之一的，登记地车辆管理所应当办理注销登记：

(1) 机动车登记被依法撤销的；

(2) 达到国家强制报废标准的机动车被依法收缴并强制报废的。

属于本条第一款第(2)项和第(3)项规定情形之一的，机动车所有人申请注销登记前，应当将涉及该车的道路交通安全违法行为和交通事故处理完毕。

2) 证明材料

根据《道交法实施条例》第二十九条规定，属于本规定第二十八条第一款规定的情形，机动车所有人申请注销登记的，应当填写申请表，并提交以下证明、凭证：

(1) 机动车登记证书；

(2) 机动车行驶证；

(3) 属于机动车灭失的，还应当提交机动车所有人的身份证明和机动车灭失证明；

(4) 属于机动车因故不在我国境内使用的，还应当提交机动车所有人的身份证明和出境证明，其中属于海关监管的机动车，还应当提交海关出具的《中华人民共和国海关监管

车辆进(出)境领(销)牌照通知书》;

(5) 属于因质量问题退车的,还应当提交机动车所有人的身份证明和机动车制造厂或者经销商出具的退车证明。

车辆管理所应当自受理之日起一日内,审查提交的证明、凭证,收回机动车登记证书、号牌、行驶证,出具注销证明。

## 第四节 其他汽车销售法规

### 1. 购买免税国产车的要求条件和手续步骤

中国出国人员服务总公司:在国外正规大学(学院)学习、进修一年以上的归国人员可以享受国家免税购买国产汽车的优惠政策。所谓免税是指免除车价中的进口零部件关税和购车后缴纳的车辆购置税。

同时,符合以下条件的留学归国人员可以享受免税优惠:在国外留学或进修一年以上;持有驻外使馆出具的《留学人员回国证明》;在取得结业证书后一年之内回国;在回国后半年内购买国产汽车。

此外,留学归国人员还需准备 5 种证件:护照、驻外使馆出具的《留学人员回国证明》、毕结业证书的正本及复印件、户口本和身份证。

目前,一汽的捷达、宝来、奥迪系列,二汽的神龙富康、东风爱丽舍、东风毕加索系列,上海大众的桑塔纳、帕萨特、POLO 系列,上海通用的别克、赛欧系列,广州本田的2.3Vti 和 2.0Eti 都可以免税购买。

留学归国人员也可以选择代办服务机构代为办理买车的手续。目前,经海关总署批准、合法代办留学生购买免税汽车的服务机构只有中国出国人员服务总公司和中国汽车销售总公司。

按现行规定,对个人自用免税汽车,海关监管年限为六年。从提货之日起两年内不得过户转让。如果海关监管年限内(超过两年)过户转让;车辆所有人须事先报请备案地海关批准过户转让的车辆。交通部门凭海关出具的证明办理车辆购置附加费。已满六年的免税车辆,车辆所有人应到备案地海关办理解除海关监管手续。免税汽车在海关监管年限内因意外事故报损,应按现行有关规定报海关办理手续。

### 2. 新车有缺陷维权渠道

无论是车主自我争取直接找车商讨公道,或是寻求法律的途径,证据搜集的愈齐全,对于本身权利争取的胜算也会相对增加,像是买车后的车主手册、购车契约、每一次维修记录表等,这些文件除了详读之外,更需要妥善的加以保存,当车辆发生状况时,这些回厂的检修记录、通知厂商与双方的存证信函等,这些车主本身一定要多留一份存底,为了有效的向原厂提出有力、直接的证据,车辆最好不要有任何改装,以上这些都是需要特别注意的地方,资料证据愈多,万一将来需要协调或是诉讼等,这些都是攸关车主的权利与保障。

状况发生的解决步骤:

1）第一步

当车主遇到爱车有问题，要向原厂讨公道、赔偿时，先前的证据搜集是相当重要的一环，接着可先向经销商申诉，如果没有回应，可继续向总公司、代理商、制造商投递存证信函，让车厂能正视缺陷车的问题，再与车厂协调时，记得录音或以存证信函留下证据，毕竟谁也无法保障车厂能给车主正面的回应，如果能再找一位专业的律师相伴，相信更能有效地获得善意的回应。

2）第二步

如果经过上面的步骤未能获得有效的正面回应，不妨寻求当地消费者协会的协助，虽然消费者协会没有公权力可强制规范厂商，但透过公众的力量监督便是消费者协会最大的特色。

3）第三步

这个行径通常是一般人最不愿意走的路，花钱又费时，上诉申告一定要熟思。走决定型这条路径时，若双方私下调解不成，消费者协会协调也无结果的情况下，可依民法加以处理，向厂商要求换车或者退钱，但这一般都是最后一步了。

**3. 汽车召回**

汽车召回制度(recall)，就是投放市场的汽车，发现由于设计或制造方面的原因存在缺陷，不符合有关法规、标准，有可能导致安全、环保问题，厂家必须及时向国家有关部门报告该产品存在问题、造成问题的原因、改善措施等，提出召回申请，经批准后对在用车辆进行改造，以消除事故隐患。厂家还有义务让用户及时了解有关情况，对于维护消费者的合法权益具有重要意义。目前实行汽车召回制度的有美国、日本、加拿大、英国、澳大利亚。

按照《缺陷汽车产品召回管理规定》要求的程序，由缺陷汽车产品制造商进行的消除其产品可能引起人身伤害、财产损失的缺陷的过程，包括制造商以有效方式通知销售商、修理商、车主等有关方面关于缺陷的具体情况及消除缺陷的方法等事项，并由制造商组织销售商、修理商等通过修理、更换、收回等具体措施有效消除其汽车产品缺陷的过程。

汽车召回分为主动召回和指令召回。

1）主动召回

制造商确认其生产且已售出的汽车产品存在缺陷，决定实施主动召回的，应当按本规定要求向主管部门报告，并应当及时制定包括以下基本内容的召回计划，提交主管部门备案，并立即将其汽车产品存在的缺陷、可能造成的损害及其预防措施、召回计划等以有效方式通知有关进口商、销售商、租赁商、修理商和车主，并通知销售商停止销售有关汽车产品，进口商停止进口有关汽车产品。制造商须设置热线电话，解答各方询问，并在主管部门指定的网站上公布缺陷情况供公众查询。制造商应该在备案提交附件2的报告之日起1个月内，制定召回通知书，向主管部门备案，同时告知销售商、租赁商、修理商和车主，并开始实施召回计划。

2）指令召回

主管部门依规定经调查、检验、鉴定确认汽车产品存在缺陷，而制造商又拒不召回的，应当及时向制造商发出指令召回通知书。国家认证认可监督管理部门责令认证机构暂停或收回汽车产品强制性认证证书。对境外生产的汽车产品，主管部门会同商务部和海关总署发布对缺陷汽车产品暂停进口的公告，海关停止办理缺陷汽车产品的进口报关手续。在缺陷汽车产品暂停进口公告发布前，已经运往我国尚在途中的，或已到达我国尚未办结海关手续的缺陷汽车产品，应由进口商按海关有关规定办理退运手续。

主管部门根据缺陷的严重程度和消除缺陷的紧急程度，决定是否需要立即通报公众有关汽车产品存在的缺陷和避免发生损害的紧急处理方法及其他相关信息。

制造商应当在接到主管部门指令召回的通知书之日起 5 个工作日内，通知销售商停止销售该缺陷汽车产品，在 10 个工作日内向销售商、车主发出关于主管部门通知该汽车存在缺陷的信息。境外制造商还应在 5 个工作日内通知进口商停止进口该缺陷汽车产品。

### 4．汽车认证管理

中国政府为兑现入世承诺，于 2001 年 12 月 3 日对外发布了强制性产品认证制度，从 2002 年 5 月 1 日起，国家认监委开始受理第一批列入强制性产品目录的 19 大类 132 种产品的认证申请。

它是中国政府按照世贸组织有关协议和国际通行规则，为保护广大消费者人身和动植物生命安全，保护环境，保护国家安全，依照法律法规实施的一种产品合格评定制度。

1）公告认证

中国的汽车管理方式已由以前的目录管理转变为公告管理，并将逐步向型式认证制度过渡。

为了加强对车辆安全、环保、节能、防盗性能的监控，提高企业生产一致性保证能力，建立科学、高效、规范的车辆管理制度，逐步实现与国际通行规则接轨，原机械工业部等在汽车产品必须进行定型试验的基础上开始实施汽车产品强制性检查项目的检验。强检项目从 1995 年最初要求的 12 项逐步增加至 48 项，国家经贸委 2001 年决定对目录管理制度进行改革，以发布《车辆生产企业及产品公告》的方式对车辆产品进行管理。2003 年起，汽车产品公告由发改委进行管理，目前每月发布一次公告，使新产品上市的时间大为缩短。

公告认证规定的检验项目总计为 49 项。国家批准的企业生产的新产品只有通过可靠性考核及 49 项强检试验，并经过专家组的资料审查后，经发改委批准方可列《车辆生产企业及产品公告》发布，进入公告的产品才能进行注册登记，公告及有关参数光盘免费发送给车检部门，车检部门再按公告上牌照，即国产车按"公告"上牌。

企业申报《车辆生产企业及产品公告》的方式有：新产品申报、扩展申报和堪误申报三种方式。其中，企业最多采用的是扩展申报方式，因为很多时候企业需要根据销售需要选装和增加一些配置，而这些配置涉及到强制性标准要求检测的项目。申报《车辆生产企业及产品公告》的周期至少是 3 个月。

2）3C 认证

3C 认证的全称为"强制性产品认证制度"，它是中国政府为保护消费者人身安全和国家安全、加强产品质量管理、依照法律法规实施的一种产品合格评定制度。所谓 3C 认证，就是中国强制性产品认证制度，英文名称 China Compulsory Certification，英文缩写 CCC，如图 8-12 所示。

图 8-12    3C 认证

自 2001 年起，我国政府对外发布了第一批强制性认证产品以来，先后又公布了几批次的强制性认证产品，其中，与汽车相关的项目仅在第一、四、六批强制性认证产品中有所涉及。

目前我国汽车 3C 强制认证项目包括：安全带、安全玻璃、汽车轮胎、汽车防盗报警系统、机动车灯具产品。(前照灯、转向灯、汽车前位灯/后位灯/制动灯/示廓灯、前雾灯、后雾灯、倒车灯、驻车灯、侧标志灯和后牌照板照明装置)、机动车回复反射器、汽车行驶记录议、车身反光标识、汽车制动软管、机动车后视镜、机动车喇叭、汽车油箱、门锁及门铰链、内饰材料、座椅和头枕等。